U0181108

国家出版基金项目
NATIONAL PUBLICATION FOUNDATION

国 家 出 版 基 金 资 助 项 目
"十三五" 国家重点出版物出版规划项目
先进制造理论研究与工程技术系列
黑 龙 江 省 精 品 图 书 出 版 工 程

 机器人先进技术研究与应用系列

服务机器人人机交互的视觉识别技术

Vision Recognition Technique for Human-robot Interaction of Service Robot

李瑞峰　王　珂　王亮亮　著

蔡鹤皋　主审

哈尔滨工业大学出版社
HARBIN INSTITUTE OF TECHNOLOGY PRESS

内 容 简 介

　　本书介绍了面向服务机器人人机交互的视觉识别技术,其主要内容包括视觉识别中的关键技术、人脸表情识别技术、人体手势识别技术和人体动作识别技术。其中人脸表情识别部分包括人脸自动提取及人脸特征提取、无监督特征选择方法和人脸表情分类器设计;人体手势识别部分主要为人体静态手势识别;人体动作识别部分包括基于运动能量流的人体运动分析、基于梯度特征转换算法的动作检测及识别、基于图像势能差分模板的动作识别和基于三通道卷积神经网络的动作识别。

　　本书可作为高等院校相关专业研究生和本科生的教材或参考用书,也可供从事相关领域研究的科研工作者参考。

图书在版编目(CIP)数据

　　服务机器人人机交互的视觉识别技术/李瑞峰,王柯,王亮亮著. —哈尔滨:哈尔滨工业大学出版社,2021.1

　　(机器人先进技术研究与应用系列)

　　ISBN 978 - 7 - 5603 - 9139 - 7

　　Ⅰ.①服…　　Ⅱ.①李…　②王…　③王…　　Ⅲ.①服务用机器人-视觉识别-研究　　Ⅳ.①TP242.3

　　中国版本图书馆 CIP 数据核字(2020)第 208794 号

策划编辑　　王桂芝　李子江
责任编辑　　刘　瑶　刘　威　王　慧
出版发行　　哈尔滨工业大学出版社
社　　址　　哈尔滨市南岗区复华四道街 10 号　邮编 150006
传　　真　　0451-86414749
网　　址　　http://hitpress.hit.edu.cn
印　　刷　　辽宁新华印务有限公司
开　　本　　720 mm×1 000 mm　1/16　印张 15.25　字数 307 千字
版　　次　　2021 年 1 月第 1 版　2021 年 1 月第 1 次印刷
书　　号　　ISBN 978 - 7 - 5603 - 9139 - 7
定　　价　　98.00 元

国家出版基金资助项目

机器人先进技术研究与应用系列

编 审 委 员 会

序

机器人技术是涉及机械电子、驱动、传感、控制、通信和计算机等学科的综合性高新技术，是机、电、软一体化研发制造的典型代表。随着科学技术的发展，机器人的智能水平越来越高，由此推动了机器人产业的快速发展。目前，机器人已经广泛应用于汽车及汽车零部件制造业、机械加工行业、电子电气行业、医疗卫生行业、橡胶及塑料行业、食品行业、物流和制造业等诸多领域，同时也越来越多地应用于航天、军事、公共服务、极端及特种环境下。机器人的研发、制造、应用是衡量一个国家科技创新和高端制造业水平的重要标志，是推进传统产业改造升级和结构调整的重要支撑。

《中国制造2025》已把机器人列为十大重点领域之一，强调要积极研发新产品，促进机器人标准化、模块化发展，扩大市场应用；要突破机器人本体、减速器、伺服电机、控制器、传感器与驱动器等关键零部件及系统集成设计制造等技术瓶颈。2014年6月9日，习近平总书记在两院院士大会上对机器人发展前景进行了预测和肯定，他指出：我国将成为全球最大的机器人市场，我们不仅要把我国机器人水平提高上去，而且要尽可能多地占领市场。习总书记的讲话极大地激励了广大工程技术人员研发机器人的热情，预示着我国将掀起机器人技术创新发展的新一轮浪潮。

随着我国人口红利的消失，以及用工成本的提高，企业对自动化升级的需求越来越迫切，"机器换人"的计划正在大面积推广，目前我国已经成为世界年采购机器人数量最多的国家，更是成为全球最大的机器人市场。哈尔滨工业大学出版社出版的"机器人先进技术研究与应用系列"图书，总结、分析了国内外机器人技术的最新研究成果和发展趋势,可以很好地满足机器人技术开发科研人员的需求。

"机器人先进技术研究与应用系列"图书主要基于哈尔滨工业大学等高校在机器人技术领域的研究成果撰写而成。系列图书的许多作者为国内机器人研究领域的知名专家和学者,本着"立足基础,注重实践应用;科学统筹,突出创新特色"的原则,不仅注重机器人相关基础理论的系统阐述,而且更加突出机器人前沿技术的研究和总结。本系列图书重点涉及空间机器人技术、工业机器人技术、智能服务机器人技术、医疗机器人技术、特种机器人技术、机器人自动化装备、智能机器人人机交互技术、微纳机器人技术等方向,既可作为机器人技术研发人员的技术参考书,也可作为机器人相关专业学生的教材和教学参考书。

相信本系列图书的出版,必将对我国机器人技术领域研发人才的培养和机器人技术的快速发展起到积极的推动作用。

蔡鹤皋

2020 年 9 月

 **前 言**

  随着机器人、计算机视觉和模式识别技术的发展,服务机器人智能化程度不断提高,人机智能交互问题受到越来越多的关注。视觉交互是人机交互中最直接、最有效的手段,而视觉识别是其中最基础、最核心的问题。

  面向服务机器人人机交互的视觉识别技术是一个综合性的交叉课题,本书对其中部分关键技术进行介绍的同时,着重对笔者在人脸表情识别、人体手势识别和人体动作识别3个方面的探索进行阐述。同时,视觉识别技术也是一个新兴且不断发展的研究性课题,本书在对经典理论和方法进行介绍的同时,希望对多个领域的研究人员具有一定的启迪作用。

  本书由哈尔滨工业大学机器人研究所李瑞峰、王珂和王亮亮共同撰写,具体分工如下:第1章、第4~7章由李瑞峰撰写;第2章、第3章和第8章由王亮亮撰写;第9、10章及辅文由王珂撰写;李瑞峰负责全书统稿工作。蔡鹤皋院士审阅了此书。本书在撰写过程中还得到了王丽、曹雏清等人的大力支持与帮助,在此表示衷心的感谢。

  作者在撰写本书的过程中向相关专家进行了咨询,同时查阅了同行专家学者和一些科研单位院校的教材和文献,在此向各位文献作者致以诚挚的谢意。

  由于作者水平有限,书中难免存在不足和疏漏之处,敬请广大读者批评指正。

作 者
2020 年 7 月

目 录

第1章

绪　　论

1.1　服务机器人视觉识别的概念

自 20 世纪 60 年代以来,机器人技术在工业领域的应用取得了飞速发展,有效地提高了生产效率和自动化水平,推进了制造业现代化。机器人技术集机械、信息、材料、智能控制、生物医学等多学科于一体,不但自身技术附加值高,产品应用范围广,而且已经成为重要的技术辐射平台,对增强军事国防实力、提高处理突发事件水平、带动整体经济发展、改善人民群众生活水平都具有十分重要的意义。随着机器人技术的日益发展,机器人的应用已经不仅局限于工厂、仓库等工业环境中,而且开始融入人们的生活环境中,通过改善人们的生活质量,提高人们的生活水平,逐步成为人们日常生活重要的组成部分。

服务机器人是机器人家族中的年轻成员,国际机器人联合会(International Federation of Robotics, IFR)对服务机器人的定义为:服务机器人是一种半自主或全自主工作的机器人,它能完成有益于人类的服务工作,但不包括从事生产的设备。按照用途,服务机器人可分为专业服务机器人和家用服务机器人两类,专业服务机器人又可分为水下作业机器人、空间探测机器人、抢险救援机器人、反恐防爆机器人、军用机器人、农业机器人、医疗机器人以及其他特殊用途机器人;家用服务机器人又可分为家政服务机器人、助老助残机器人、教育娱乐机器人等。服务机器人技术研究正在不断深入,其应用范围也在逐渐扩展,近年来已经被成功应用于家庭伴侣、安全监护、助老助残、交通指挥、心理治疗、乐队指挥、场馆导游等场合。

当服务机器人走进人们的生活中,人们开始认识到机器人不仅是程序化工作的替代者或表演者,还是一个可以交流和学习的对象。服务机器人不仅能在结构化的环境中完成既定简单任务,而且可以通过自然的人机交互过程获取丰富的交互信息,以适应在非结构化的环境中执行复杂任务。因此需要赋予服务机器人交互能力,让服务机器人能够识别并且理解人在日常生活中的各种行为所表达的有效信息,做出快速有效的应对策略,实现机器人与人和谐共存,促进机器人最终融入人类的社会。

人机交互是研究人、计算机以及它们之间相互影响的技术,被定义为通过有效的方式实现人与计算机之间对话的技术,与机器视觉、认知心理、人机工程、人工智能等研究领域有着密切的联系。在全世界从事人机交互的研究人员超过6万,每年有50多个相关的会议在世界各地召开,400多篇专业的文章在杂志上发表,3 000多个研究成果在会议上展示。人机交互技术广义上指人与计算机之间的交互,泛指人与计算机之间信息沟通的方式。其中包含了人与机器人之间的交互,指的是人与机器人之间的感情、信息等各种形式的信息交互。本书中的人机交互指的是人与机器人之间的交互。人类自身的动作行为和认知形式是人机交互的主要研究方向,如人脸、语音、表情、手势识别等。人机交互技术是机器人研究中的关键技术,随着计算机技术、信息技术、机械制造技术的快速发展,现有的人机交互技术已经成为制约服务机器人技术进一步发展的瓶颈之一。

视觉是人类最强大的感觉,人与外界环境的交互中80%以上的信息都由视觉系统提供。赋予机器人以类似于人类的视觉能力,是实现机器人与人及环境非接触式智能交互的重要保障。随着服务机器人智能化需求的不断增长以及图像处理技术、模式识别技术和机器人技术的快速发展,越来越多的国内外研究人员投入到如何使机器人具有人类一般的视觉交互能力这一探索中,并逐渐衍生出机器人视觉这一交叉学科,即通过使用相关设备与技术对人眼进行模拟以实现目标的自动检测、测量和判别等。一个典型的基于机器人视觉的人机交互系统如图1.1所示。机器人首先使用成像设备对视觉场景中的数据进行采集,得到图像后传输到计算设备,利用机器人视觉中的图像处理和模式识别技术实现判别,并输出到机器人决策设备,进而实现机器人与人的智能交互。

在人与机器人的视觉交互中,人可以通过视觉系统对机器人的状态进行识别,为人的交互行为提供保障。同时,使机器人在视觉场景中具有识别能力是实现机器人交互行为中最基础和最核心的问题。为了使机器人具有这一能力,国内外学者普遍采用的方法是对人眼视觉系统进行模仿,随之衍生出视觉识别这一课题。机器人视觉领域中的视觉识别问题可看作对已知视觉类别进行学习,

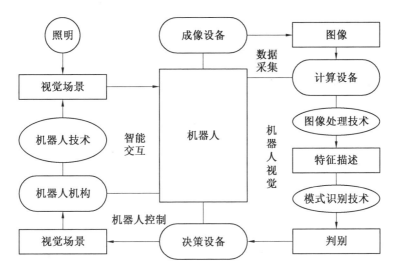

图 1.1　典型的基于机器人视觉的人机交互系统

从而实现新的未知视觉类别分类的过程。由于视觉识别是对视觉类别进行学习和分类,因此其涉及成像学、图像处理、数据挖掘等学科的相关知识;同时,视觉识别的目的是基于已知类别实现未知类别的分类,即经过训练完成测试,因此也属于模式识别中监督学习的范畴。视觉识别是近年机器人视觉领域的研究热点,在人工智能领域有着广泛的应用前景,如虚拟现实、视频检索及视频监控等。同时,随着服务机器人网络化的发展趋势,服务机器人的交互对象将更多地拓展到虚拟的互联网中。在机器人与互联网进行交互的过程中,机器人不仅可以搜索相关资料,更重要的是它可从海量信息中通过不断地学习更好地为人类提供服务,而其中对互联网中的视频进行学习是机器人获得更高的与人交互能力的重要方面。因此视觉识别的研究在未来机器人智能化和网络化的发展中必不可缺。此外,在大数据视频检索领域,用服务机器人代替人快速地完成这一个重复性的工作也需要对视觉识别问题进行深入的研究。同样地,视觉识别还可以应用到服务机器人监控领域,以减少枯燥的人工观察工作。

1.2　服务机器人视觉识别的主要内容

服务机器人视觉识别目前主要涉及服务机器人对交互对象的识别,即对视觉场景和动作执行者的识别。其中,不同于传统的场景识别,针对服务机器人视觉交互的场景识别主要包括整体场景类别,如室内、室外等的识别和场景中具体物体如球、桌子等的识别;而对动作执行者的识别则包括人脸表情识别、手势识别和人体动作识别等。虽然服务机器人的识别对象在形状、大小、颜色等特性上存在很大差别,但总体来说,视觉识别是一个对视觉符号进行标签化的过程,其本质是模拟人眼和人脑对视觉信息进行理解区分。因此,视觉识别问题通常包含3个研究内容:视觉目标检测、视觉特征提取和视觉特征理解,其一般流程如图1.2所示。

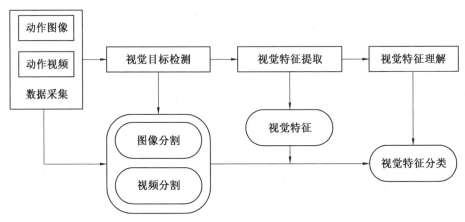

图1.2　典型视觉识别一般流程图

在视觉场景中通过数据采集得到一组动作图像序列或视频后,首先需要对其中包含视觉信息的目标进行检测,即在视频中将包含有效信息的子序列分割出来或在图像中分割出有效区域;然后,需要进一步在检测得到的大规模数据中提取出高效且小容量的视觉特征对视觉对象进行表征;最后,在视觉特征表征的基础上,利用相关技术对视觉特征进行理解,实现视觉特征分类,从而完成视觉识别。

视觉目标检测是实现视觉识别的前提条件;视频分割可以减少无关信息的干扰,保证整个视觉识别的效率;图像分割则可以进一步减少视觉场景中的噪声。值得注意的是,目标检测技术虽然可以为后续的视觉特征提取和视觉特征理解提供更精确和小容量的数据,但很多视觉识别方法将这一过程忽略,直接利用包含视觉信息的数据进行后续处理,因此其并不是视觉识别必需的环节。

视觉特征提取过程是视觉识别过程中最核心的步骤,它可以将视觉信号表征成可处理的小容量特征算子,得到视觉特征,其表征效率的高低直接决定了视觉识别率的好坏。视觉特征理解过程一般是对提取的视觉特征进行训练并完成最后的动作分类,是视觉识别中的重要环节。

由于视觉信号的复杂性,目前并没有一种通用的技术对所有的视觉信号实现有效的识别,因此在服务机器人视觉识别的研究中,需要根据识别对象的不同,研究具有针对性的视觉目标检测、视觉特征提取和视觉特征理解方法。本书主要介绍和研究服务机器人视觉识别中的人体对象识别技术,即人脸表情识别、人体手势识别和人体动作识别。

1. 人脸表情识别

面部表情是形体语言中进行交往和表达情感的一种重要手段,通常由眼睛、嘴唇、眼睑和眉毛的肌肉按照不同的运动方式组合生成。根据社会心理学家的研究,人脸表情包含性情与个性、情感状态和精神病理学等复杂信息。美国心理学家 Mehrabian 研究显示,人类日常交流中情感信息表达主要通过语言、声音和面部表情来实现,其中语言传递 7% 的信息,声音传递 38% 的信息,而人脸表情传递的信息却高达 55%。因此,表情在人类日常交流中占据重要位置,是进行人与人之间情感信息交流的重要方式。在人机智能化交互过程中,如果机器人能够获取并正确理解人脸表情代表的情感信息,对其进行操作从而理解人的生活需求,不仅能促进人工智能的发展,而且更有利于机器人技术应用的推广和发展。同时,通过计算机对人类表情的识别分析亦可改善人与人之间的交流,特别是有助于残障人士对信息的表达,理解对方的内心想法和外在要求,增强彼此间的交流和沟通。

对于人脸识别系统,人脸表情是一个定性而非定量的概念,而在视觉识别任务中,首先需要对其进行定量的分析。Ekman 提出应用最为广泛的面部运动编码系统(Facial Action Coding System,FACS),采用运动单元(Action Units,AUs)描述面部表情,对其进行分类与量化定义。1971 年,Ekman 和 Friesen 提出 6 种基本表情,即恐惧(Fear)、悲伤(Sad)、生气(Angry)、惊讶(Surprise)、高兴(Happy)和厌恶(Disgust),并获得大部分研究学者认可,成为目前大部分表情识别研究工作的基础。人脸表情识别是对表情信息进行提取分析,采用人工智能途径按照人类认知与思维加以归纳和理解,利用人类所具有的情感信息方面的先验知识驱使计算机进行计算及预测,一般包含人脸检测、表情特征提取和表情特征分类 3 个步骤。表情识别技术是智能服务机器人表情交互系统中的主要和关键组成部分,主要目的是让计算机或机器人深刻认识人类的心理活动和情感状态,从而完成和谐、智能化人机环境的构建。计算机和仿人机器人技术的快速发展使得友好、自然、和谐的表情交互成为现实。因此,表情识别对建立友好人机交互界面有着重要的价值和深远的研究意义。

人脸表情识别是计算机应用领域中一个重要的研究方向,涉及人工智能、计算机视觉、图像处理、模式识别及分类等技术。目前,主要针对静态图像、图像序列或视频中二维、三维或四维数据提出大量的表情识别算法。除对 6 种基本表情以及中性表情的分析识别外,还有一些关于疼痛、微表情等的识别,大大促进表情识别在医学、心理学及助老助残上的应用。本书集中研究二维静态图像中的人脸表情,根据识别的3个主要阶段,分别进行特征提取、特征选择和表情分类器算法方面的探索。

首先,表情特征提取通过对人脸区域中表情信息进行计算,将其描述成计算机可以运算区分的数据,构造识别系统以理解人类表情。随着图像处理技术及计算机视觉理论的发展,涌现出大量特征提取算法,并通过不同算法进行表情识别。特征提取的效果因提取算法计算的目标和过程而各异,其主要思想是在各种应用环境中保持人脸特征区域的基本属性,且获得不同表情的可分性信息。

其次,表情识别中特征选择是找到数据中最能描述表情本质属性的特征来代表原始特征。特征点选择是在特征提取后形成的特征空间中挑选最具表述性的特征,多是依据空间中单个特征值的区分度进行取舍。而特征区域选择根据人脸区域中不同部位在表情识别中的重要性来决定提取哪一部分区域作为识别向量,多是选择连续的特征区域,再利用选择后形成的特征向量进行表情识别。

最后,针对不同特征的数据类型,选用或设计表情分类器。静态图像通过单帧图像显示人类在交流或面对某种状况时的情感状态,动态图像则通过视频或图像序列来展现每个时刻情感的变化。分类器根据不同形式的识别对象,设计的目标和过程各不相同。前者通过计算训练集合中数据类别标识实现分类,后者依据不同时刻中人的面部状态描述获得最终的表情类别。

在构建完成识别系统后,通过不同的测试方式,验证相关算法的识别率。数据库类型根据图像的类型可以分为静态、图像序列和视频,而根据图像维数可以分为二维、三维和四维。测试方式主要采用交叉验证。

2. 人体手势识别

手势是一种符合人类日常习惯的交互手段,在日常生活中人与人之间的交流通常会辅以手势来传达一些信息或表达某种特定的意图。某些特殊人群或在特定环境下,交流几乎全部依赖于手势,如聋哑人士或者正在执行秘密任务的战士。囿于早期计算机的处理能力,手势在很长一段时间内未被作为人机交互方式加以研究。不过随着计算机处理能力的提升以及不仅仅以数值处理为目标的多样化计算任务的出现,手势在人机交互中的作用正得到越来越多的关注。

根据手势的采集设备,手势识别系统可以分为基于数据手套的手势识别系统和基于视觉的手势识别系统。最初的手势识别系统是基于数据手套的,当时由于视觉采集设备以及视器视觉技术的限制,不能实时地从灰度图像中提取出用户的手势,所以需要用户戴上数据手套,通过这个机械装置测量出手或手臂的关节角度和位置等信息,进而识别用户手势。基于数据手套的手势识别系统,手势识别系统能够获得充分的用户手势信息,具有较高的识别率,而且对不同手势的辨别能力比较强,能识别的手势数据集比较大,最多能识别上万个单词的手语。由于需要给用户配置复杂的数据手套和位置跟踪器,基于数据手套的识别不适合于构造一个自然的人机交互系统,并且输入设备比较昂贵。大约从 1992 年开始,由于彩色图形采集卡的出现,使得基于视觉实时地获取用户手势变得可能,使用手的肤色信息可以快速地分割出用户的手部区域,满足应用于人机交互的手势识别系统所要求的实时性、自然性等要求,可以说基于视觉的手势识别研究从这时开始了。基于视觉的手势识别是利用摄像机采集手势信息并进行识别。由于从视觉信息中要完整地恢复出原始的手势信息相对比较困难,因此能识别的手势集比较小,但是其优点是输入设备比较便宜,对用户限制少,人手处于自然状态,使人能够以自然的方式与机器进行交互,是手势识别技术发展的趋势和目标。因此本书主要关注和研究基于视觉传感的手势识别。

人体手势根据手势的运动状态主要分为动态手势(Hand Gesture)和静态手势(Hand Posture)两类。动态手势是指一系列静态手势姿态按照一定时间顺序的组合。静态手势检测是对某一时间点下图像中手势姿态的描述,分析手指及手掌部分在不同姿态下的语义信息。由于动态手势自由度大,相关研究不充分,本书将手势识别限定为静态手势识别。基于视觉的静态手势识别能为交互对象提供一个自然友好的与机器人对话的接口,交互对象不需要经过特殊的训练或佩戴专用的设备,是人机交互技术的研究热点之一,但是与静态手势中相关联的主要关节共有 27 个自由度,从视觉信息中寻找稳定的特征和合适的手势模型对静态手势进行表征较为困难。目前基于视觉的静态手势识别主要分为两种思路,第一种是基于静态手势模型的方法,先构建静态手势模型再从当前图像中获取相关的参数和模型匹配,从而获得静态手势的姿态描述。常见的静态手势模型有卡片模型、骨骼模型及分布点模型。第二种是基于静态手势特征的方法,先从某类静态手势图像中提取静态手势特征对静态手势进行描述,然后通过机器学习的方法对特征进行训练,构建不同类型静态手势的分类器,实现对静态手势类型的区分。

基于手势模型的方法对静态手势的描述较为准确,但是静态手势整体模型中的参数较多、计算复杂,难以满足实时性要求,实际研究中只有使用颜色手套或手势标签进行模型参数简化才能达到较好的识别率,不符合自然人机交互的要求。基于手势特征的方法计算量相对较低,实时性较好,是近年来静态手势识别的主要研究方向,而且更符合自然的人机交互要求,所以本书从基于图像特征的方法对静态手势识别进行研究。

基于特征模型的静态手势识别中最常用的两种主要特征是手形特征和轮廓特征,但是在实际图像获取中受到复杂背景的影响,不易获得完整的手形特征或连续的轮廓特征,识别率都相对较低。近年来部分学者开始寻求从图形中提取更加稳定的静态手势特征,其中在人机交互中获得较好应用效果的有弹性图像匹配法、指间特征匹配法等。这些新方法的出现促进了静态手势识别技术的发展,推动了静态手势识别率的逐渐提高,但是现有的静态手势识别技术距离实际应用仍有一定的距离,很多识别技术的研究局限于实验室理想条件,在应用中的一些关键问题并没有得到足够的重视,常见问题有:

(1)手势模型仅限于简单背景环境下应用。

(2)现有文献中都未涉及手势部分遮挡的问题。

(3)手势特征局限于某类特殊手势或某几个交互对象,不具备通用性和扩展性。

上述问题约束了静态手势识别技术在实际人机交互中的应用,在多方式人机交互研究中需要重点解决这些问题。

手势识别包含手势区域检测和分割、特征提取及分类3个阶段。其中手势区域分割效果的好坏对后续特征提取有着直接影响,需要考虑到环境中光照变化以及不同背景下对手势区域分割的影响,同时保证实时性的要求。由于手势自身比较复杂,有27个自由度,所以如何对不同手势进行表征、从手势图片中提取稳定的手势特征,考虑到人体手势识别中用户的独立性、手势区域的部分遮挡以及复杂背景环境等实际人机交互中存在的问题,是手势识别技术的难点。

3. 人体动作识别

人体动作是一系列空间静态姿态在时域中的表征,包含各姿态的空间位置、姿态特征以及其在时间上的排列组合和彼此间的相互关系等因素。动作识别的目标是根据人体运动中细节的变化对动作的类型进行判别。由于人体动作是二维空间信号在时间上不断变化组合而成的三维复杂信号,动作识别是目前视觉识别中最具挑战性的课题,其难点主要来源于以下两个方面:

(1)空间复杂性。空间复杂性主要是指人体静态姿态、动作场景以及在空间中人体姿态和场景相互作用的复杂性。人体肢体由许多关节组成,其自身具有巨大的自由度,而众多肢体形成的姿态在空间的方向、大小、尺寸和形状等方面具有无数的表现形式,因此人体姿态本身在空间上是一个极其复杂的信号。此外,动作发生于一定的场景中,动作场景也具有一定的复杂性,如视角、光照条件、前景和背景等要素都是动作场景的不可预测变量。在空间中,人体姿态与其动作场景会相互作用,从而形成姿态在空间中不同位置、不同尺度和不同上下文关系的表征,并有可能导致遮挡问题的产生。

(2)时域多变性。时域多变性主要是指动作及其场景随时间变化的多样性。动作的空间姿态在时域上有无数种组合排列形式,动作频率也有无数种变化形式,而且动作中会存在停顿或空白。同时,动作场景也可能随着时间产生变化,更重要的是,场景中的动作随着时间的变化会在位置和尺度上产生变化,导致动作在时域中的描述存在巨大困难。

动作识别任务要求机器人视觉系统可以像人眼和大脑一样看到并区分出不同的人体动作,而人体动作是最典型的三维视觉信号,是一系列静态人体姿态信息在时域中的组合。因此动作识别中对于空间姿态复杂性和时域动态特性的探索能够促进静态图像分类、场景识别、数据挖掘、信号处理等相关课题的发展。同时,鉴于动作识别涉及相关技术的广泛性,近年来,基于视觉的人体动作识别已逐渐成为整个人工智能领域的研究热点。

1.3　服务机器人视觉识别技术研究现状

1.3.1　服务机器人研究现状

国际上关于服务机器人技术研究的优势科研机构包括:MIT(Massachusetts Institute of Technology)计算机科学和智能实验室、Stanford University 人工智能实验室、Carnegie Mellon University(CMU)机器人研究所、Georgia Institute of Technology 人机交互实验室、Waseda University 仿人机器人研究院、日本本田公司机器人研究中心、University of Tsukuba 智能机器人研究室、德国宇航中心机器人研究室、德国 Fraunhofer Gesellschaft 应用研究中心、Universitat de Girona 水下机器人研究室等。知名的国际服务机器人行业领先企业有:美国的 iRobot 公司、Northrop Grumman 公司、Intuitive Surgical 外科手术机器人公司、Remotec 公司,英国的 ABP 公司、Saab Seaeye 水下机器人公司,德国的 Reis 机器人集团,瑞士的 ABB 公司,日本的 Yaskawa Electrics 公司,加拿大的 Pesco 公司,法国的 Aldebaran 公司等。

在仿人/生机器人方面,1999 年日本本田公司率先研究双足仿人机器人的预测运动控制,并在 2000 年发布了首款 ASIMO 机器人,2011 年其行走速度达到 9 km/h,而且实现了单足、双足弹跳功能,并能够行走于非平整地面,如图 1.3 所示。 在人机交互方面,ASIMO 能够实现自主避障,并能够从 3 个人的同时对话中区分出每个人员。随后日本产业技术综合研究所、日本丰田公司、美国通用公司、美国波士顿动力公司、中国北京理工大学等也开展了相关研究,研制了HRP - 4C、Toyota's Partner Robot、Robonaut - R2、Petman、"汇童"BHR - 5 等仿人机器人,未来人形机器人将在提高与各年龄段人类的交互并提供帮助上得到发展。

图 1.3　ASIMO 机器人

在家用服务机器人的研究与开发方面,日本无疑是技术领先者,韩国紧随其后。美国虽然对服务机器人的研究投入没有日本多,但产业化和公司运作很成功,在产品定位与开拓方面做得比日本和韩国出色,培育了 iRobot 和 WOWWEE 等机器人公司。家务机器人主要提供卫生打扫、健康护理、家庭助手等方面的服务,目前在卫生清洗机器人方面主要有 iRobot 公司的 Roomba 系列吸尘器机器人、Mint 公司的 Mint 机器人、Aquabot 公司的 Aquabot 泳池清洗机器人等。家用个人辅助机器人主要有 Willow Garage 公司的 PR2 机器人(图 1.4)、Future Robot 公司的 FURO 机器人等,这些机器人都能够实现一定程度的人机交互。在辅助行走方面,Independence Technology 公司开发的 iBOT4000 机器人能够实现跨越台阶、上下楼梯等功能。

在医疗康复机器人方面,Intuitive Surgical 公司率先突破外科手术机器人 3D 视觉精确定位及多自由度末端操作手结构设计与精确控制问题,于 1999 年首次发布 da Vinci 外科手术机器人(图 1.5),目前该系统在 1 450 余家科研及医院场所得到安装使用。在智能假肢方面,Ottobock 公司自 20 世纪 60 年代率先开发出肌电假肢并确立组件式假肢国际标准后,目前在世界范围内提供各类假肢并在自动轮椅方面开展了相关工作。日本 Cyberdyne 公司研发的外骨骼机器人 Robot Suit HAL 重 23 kg,续航能力达到 2 小时 40 分钟,这款机器人更倾向于辅助老年

图 1.4 PR2 机器人

人、残疾人行走,并赋予一定的负载能力。另外,Lockheed Martin 公司开发的外骨骼机器人 HULC 面向战场需求,能够辅助士兵抱起最大 90 kg 的负载并以 16 km/h 的速度突击。

图 1.5 da Vinci 外科手术机器人

在助老助残机器人方面,德国的 Care - 0 - Bot Ⅱ 是帮助残疾人和老年人独立生活的移动家庭看护系统。它可以摆放座椅、拿饮料、控制空调和报警;可以从床上或椅子上支撑用户起身,智能辅助行走;还可以管理视频电话、电视等,与医疗和公共服务机构通信,检测危险信号并紧急呼救。爱尔兰的 VA - PAM - AID、日本的 RFID 和 Walking Helper 导航机器人可以帮助老年人和弱视者独立行走。这类机器人一般带有环境感知和传感器实现导航、避障,可以根据用户的行走习惯设定工作参数,具有操作和信息反馈的人机接口。

我国在服务机器人领域的研发与日本、美国等国家相比起步较晚,虽然我国在 20 世纪 90 年代中后期就已经开始了服务机器人相关技术的研究,但是我国服务机器人市场从 2005 年前后才开始初具规模。主要研究成果有哈尔滨工业大学研制的导游机器人(图 1.6)、迎宾机器人、清扫机器人;华南理工大学研制的机器人护理床;中国科学院自动化研究所研制的商用娱乐机器人等。

图 1.6　导游机器人

1.3.2　服务机器人人机交互技术研究现状

　　人与机器人的自然交互与合作就是要赋予机器人类似人一样的观察、理解和生成各种情感特征的能力,使机器人能够完成像人一样进行真实、亲切、生动且富有情感的交互,并可以针对人类的需求进行功能辅助合作完成既定的工作任务。在人与人的交流过程中,可以通过人脸表情、语音情感、行为动作和文本信息等方式来感知对方的情绪及需求,因此,人机交互与合作中涉及诸多信息技术。

　　人机交互的发展历史,是从人适应计算机到计算机不断地适应人的发展史,它经历了以下几个阶段:

　　(1) 早期的手工作业阶段。当时交互的特点是由设计者本人(或本部门同事)来使用计算机,他们采用手工操作和依赖机器(二进制机器代码)的方法去适应现在看来十分笨拙的计算机。

　　(2) 作业控制语言及交互命令语言阶段。这一阶段的特点是计算机的主要使用者 —— 程序员,采用批处理语言方式的交互命令和计算机打交道,虽然要记忆许多命令和熟练地敲键盘,但已可用较方便的手段来调试程序,了解计算机执行情况。

　　(3) 图形用户界面(Graphical User Interface,GUI) 阶段。GUI 的主要特点是桌面隐喻、WIMP 技术、直接操纵和"所见即所得(WYSIWYG)"。由于 GUI 简明易学,减少了敲键盘,实现了"事实上的标准化",因而使不懂计算机的普通用户也可以熟练地使用,开拓了用户人群。它的出现使信息产业得到空前的发展。

　　(4) 网络用户界面的出现。以超文本标记语言 HTML 及超文本传输协议

HTTP 为主要基础的网络浏览器是网络用户界面的代表,由它形成的 WWW 网已经成为当今 Internet 的支柱。这类人机交互技术的特点是发展快,新的技术不断出现,如搜索引擎、网络加速、多媒体动画、聊天工具等。

（5）多通道、多媒体的智能人机交互阶段。以虚拟现实为代表的计算机系统的拟人化和以手持电脑、智能手机为代表的计算机的微型化、随身化、嵌入化,是当前计算机两个重要的发展趋势。而以鼠标和键盘为代表的 GUI 技术是影响它们发展的瓶颈。利用人的多种感觉通道和动作通道（如语音、手写、姿势、视线、表情等输入）,以并行、非精确的方式与（可见或不可见的）计算机环境进行交互,可以提高人机交互的自然性和高效性。

近年来随着计算机视觉与图像处理技术的发展,基于视觉的眼睛及视点跟踪技术日益受到重视,并被引入多模态人机交互之中。如 Akay 等人构造的一个多模态人机交互系统集成了语音、手势符号及眼睛跟踪等多种交互方式用于远程医疗分析和决策。Pastoor 等人构造了一个三维数据可视化多媒体实验系统,该系统可通过眼睛注视的方式控制所要查看的信息。Tsui 等人构造了一个基于多模态信息的工作调度管理系统,该系统可以输出声音、图形和文本等信息。另外,Tosa 等人研制了一个多模态自主智能 Agent - NeuroBa - By,该系统可以识别人的语气和声调,跟踪人的眼睛和手势,并能够通过表情和声音与用户交流。目前该系统已经可以通过网络实现不同文化背景的两个用户之间的非语言交流。在计算机视觉和三维可视化方面,MIT 媒体实验室以 Pentland 为首的智能感知（Perceptual Intelligence）研究组所从事的智能屋（Smart Rooms）的研究人员在此屋内可以用语言、表情或手势与计算机进行交互,如控制运行计算机程序,浏览多媒体信息或进入虚拟环境与虚拟生物进行交互等。除了 Smart Rooms 的研究外,Pentland 还领导研究了类似的智能工程,如智能椅子、智能服装、智能汽车等。MIT 的媒体实验室也开始了类似的研究。CMU 交互系统实验室（Interactive System Lab）在 Waibel 的领导下,开展了诸如计算机视觉、人脸检测跟踪、注视跟踪、手势识别等多项智能人机交互技术的研究。

服务机器人领域的人机交互中也更多地采用语音、肢体、手势、眼神、感觉等方式实现情感交互与人机合作。近年来国外关于服务机器人人机交互方面的研究有:Dennis 等人开发了 Coyote 机器人,如图 1.7 所示,该机器人以声音和手势动作作为主要的交互方式,通过融合多方式交互信息获得较好的任务执行效果。Schmidt - Rohr 等人在其研发的服务机器人平台上,利用获取的肢体动作和声音信息,执行在未知动态环境下完成对物体的抓取等任务。Rabie 和 Handmann 建立具有用户独立性的多方式人机交互系统,通过贝叶斯网络融合肢体动作、人脸表情、语音信息,有效地提高了任务决策的准确性。爱尔兰都柏林大学的 Han 等人通过设计乐高机器人平台下的人脸识别、语音识别及视线识别技术,有效地提升了人机交互的自然性。

图 1.7　Coyote 机器人交互示意图

　　此外,国内外学者研制出许多专门用于人脸表情交互的仿人头机器人,如日本明治大学展示的名为"Kansei"的机器人头部,可实现 36 种人类面部表情。东京理工大学郁雄原教授开发的机器人 SAYA,通过观察人的面部表情可做出相应的面部表情。哈尔滨工业大学研制的仿人头部机器人系统(图 1.8),由头部实体机构和控制系统构成。头部机构尺寸为:头部长约 150 mm,宽约 110 mm,高约160 mm,符合人类头部尺寸,可消除视觉上的差距。控制系统根据表情类别信息,控制面部机构运动作为表情输出,实现智能化人机表情交互。

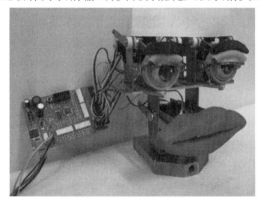

图 1.8　哈尔滨工业大学研制的仿人头部机器人系统

1.3.3　服务机器人人脸表情识别研究现状

1. 人脸特征提取

　　人脸表情体现在面部特征:眼眉、眼睛、眼角和嘴部的运动。如何有效提取这些特征是实现准确进行表情识别的关键。目前表情识别算法中特征提取方法众多,大致可分为几何特征、纹理特征以及二者相结合。其中基于几何特征的表情识别算法主要有 ASM(Active Shape Model)、FAUs(Facial Action Units)等,根据面部特征点位移或网格变形构成几何特征。纹理特征主要是基于局部纹理特征计算,常用算法有局部二值模式(Local Binary Patterns,LBP)、局部方向模式(Local Directional Patterns,LDP)、Gabor 小波变换、方向梯度直方图(Histogram of Oriented Gradient,HOG)、旋转尺度不变转换(Scale Invariant Feature Transformation,SIFT)等算子或组合用于计算表情特征,形成特征向量进行表情识别。另外,Ekman 提出的 AUs 和 FACS 也被众多研究学者用于表情识别。

(1)基于几何特征的提取算法。

在基于几何特征表情识别算法中,ASM 通过提取面部特征点位置构成几何特征实现表情识别。Huang 等人通过改进 ASM 并利用模型中三角形特征进行几何特征提取。AAM(Active Appearance Model)作为一种统计模型,结合纹理和形状进行人脸建模、识别和表情分析。为改进 AAM 中特征点收敛问题,引进 ASM 以改善此方面缺点,由此得到 AAM 和 ASM 相结合的表情识别算法。

AUs 作为另外一种重要的几何特征用于表情识别。Patil 等人采用 Candide 网格框架中人脸的几何形状和活动外观作为表情特征向量。在人脸分析中,Rapp 等人提出一种两步面部特征点检测算法,结合多尺度特征提取和多核学习算法勾勒出人脸变化的形状轮廓。根据 FACS、Tian 等人通过分析图像序列中恒定面部特征和瞬时特征进行多种特征跟踪与建模,以此进行表情识别。通过采用点分布和灰度值模型,Huang 等人选择 10 个活动参数(Action Parameters,APs)表示特征点位置变化提取表情特征。Essa 等人通过采用光流优化估计算法和几何移动模型描述面部结构实现表情识别。

(2)基于纹理特征的提取算法。

纹理特征在表情识别中具有重要的地位,通过计算图像中主要特征部位纹理的变化来描述表情特征。LBP 作为局部算子可用于图像纹理分析、人脸识别及表情识别等。Lin 等人通过权重结合 2DPCA(Two - dimensional Principal Component Analysis)和 LBP 计算多阶段(Multistage)区分模型进行混合特征提取。Jabid 等人在 LBP 思想基础上提出 LDP 算子,该算子由不同方向的边缘响应构成,用于提取面部纹理特征进行表情识别。LDN(Local Directional Number Pattern)在方向掩码的基础上,计算不同方向的微小模式结构获得编码方向索引和符号差异的信息,构成表情特征,用于表情分类。Kabir 等人利用 LDP 方差对 LDP 特征进行加权计算,然后通过 PCA(Principle Component Analysis)计算 LDP 最具区分力的方向以减少特征维数。Ahmed 提出的 GDP(Gradient Directional

Pattern）算子通过量化梯度方向的角度计算局部区域的纹理信息，形成面部表述特征。

Lyons 等人于 20 世纪末采用 Gabor 特征计算表情特征，该算法结合弹性图匹配和线性分析实现表情分类，而高维度 Gabor 特征是快速识别表情的障碍。Gu 等人根据人类大脑皮层的特性，将图像分成局部子区域以此提取多尺度 Gabor 特征来描述人类视觉的拓扑映射结构。Liu 等人通过分数次幂多项式 KPCA（Kernel PCA）计算局部 Gabor 的低维特征进行表情识别。Ahsan 等人结合 Gabor 特征和局部瞬时模式编码提取表情特征。Poursaberi 等人提出 Gauss - Laguerre 小波和面部基准结合的算法描述表情特征，该算法中的前者提取纹理特征，后者计算几何特征。

（3）其他图像特征提取方法。

Long 等人采用独立成分分析（Independent Component Analysis，ICA）计算视频中时空过滤器，提取时空信息用于无监督表情分类。Lajevardi 等人研究表情识别中人脸检测、特征提取和选择的相关算法，包括 AdaBoost 算法、Gabor 及 Log - Gabor 小波变换、LBP 算子、HLAC（Higher - Order Local Autocorrelation）和 HLACLF（HLAC - like Features）等。奇异值分解和流形学习等数据分析算法用于提取表情特征，实现表情分类。Lu 等人提出基于像素模式的纹理特征（Pixel - Pattern - based Texture Feature），采用灰度图像在边缘和线模式中的映射计算面部表情特征。

多特征融合是有效表征表情的一种方式，是许多算法结合不同特征所描述的面部表情。Gabor 和 LBP 相结合特征被 Zavaschi 等人用于表情识别，通过遗传算法（Genetic Algorithm，GA）选择最小化错误率和特征维数的组合描述表情特征。Li 等人采用 SIFT 和 PHOG（Pyramid Histogram of Oriented Gradient）计算局部纹理和形状信息。TC（Topographic Context）作为特征算子描述静态人脸图像的表情特征，经验证在检测到人脸混乱区域和面部表情方面具有稳定性。PCA 作为经典的降维算法用于提取表情特征，采用径向基网络分类。Yu 等人基于多视角降维算法采用谱嵌入融合多特征提取表情特征。Yang 等人采用 Haar - like 特征表征面部外观随时间变化的表情特征，并依据二值模式编码进行编码形成动态特征，构成强分类器。

随着电子设备及计算机技术发展，出现大量人脸信息采集设备，许多更复杂、更全面的表情分析或识别算法应运而生，三维甚至四维的面部表情识别算法不断出现，如基于 AAM、PDM（Point Distribution Model）、网格 SIFT 等的 3D 表情人脸重构、识别及分析。由于设备配置、计算量和采集到的数据繁杂，此类算法不便于实际应用。表 1.1 所示为上述特征提取方法,包括提出方法的作者、类别数、数据库和识别率。

表 1.1　表情识别中的主要特征提取方法

作者	特征提取	类别数	测试集合	识别率
Majumde 等人	KSOM	6	MMI	90.2%
Huang 等人	ASM	7	JAFFE	86.96%
Patil 等人	Candide	4	Cohn－Kanade	85%
Tian 等人	FACS	7	Cohn－Kanade	96.7%
Zhao 等人	LBP－TOP	6	Cohn－Kanade	96.26%
Lin 等人	LBP	7	JAFFE	89.65%
		6	Cohn－Kanade	85.85% ～ 91.75%
Gu 等人	Gabor	7	JAFFE	89.67%
		7	Cohn－Kanade	91.51%
Lajevardi 等人	Log－Gabor	7	JAFFE	82.3%
		6	Cohn－Kanade	97.7%
Poursaberi 等人	Gauss－Laguerre	6	Cohn－Kanade	90.37%
		7	MMI	85.97%
Jabid 等人	LDP	7	Cohn－Kanade	93.4% ±1.5%
		7	JAFFE	85.4% ±4.0%
Zavaschi 等人	LBP＋Gabor	7	JAFFE	96.2%
		7	Cohn－Kanade	99.2%
Rivera 等人	LDN	6	MMI	94.1% ±2.7%
		7	Cohn－Kanade	95.1% ±4.1%
		7	JAFFE	91.1% ±3.0%

2. 人脸特征选择

　　特征提取算法随着表情特征描述的发展,出现大量以此为基础的表情识别算法。但由于图像包含信息量大、产生维数过高、信息冗余和噪声污染等一系列问题,因此,采用降维算法或特征选择进行二次特征计算,有助于提取更有价值的信息,改进表情识别速度和效果。降维算法通过保存原始数据的某种属性,将原始数据映射到低维空间。特征选择不同于特征提取,是通过保留原始数据的主要信息促进高维数据问题的预测分析,它可分为特征空间中有效特征点的选择和数据中更具描述性样本的抽取。特征选择根据特定的判别标准选择特征点或样本构成新特征空间,除去烦琐表情信息,降低特征集合维度,提高识别速率。

　　目前,有效特征点和特征区域选择是特征选择算法中两个主要的研究方向。特征点包括灰度值、特征提取后特征向量元素、转换空间后主要特征元素和转换中主要系数等。特征区域选择通过计算人脸区域内不同部位重要性,将表情特征显著区域提取出来,在所选区域内计算表情特征或识别表情,最后获得表情分类结果。本节针对表情识别中特征选择问题进行相关阐述。

(1) 特征点选择技术。

Gao 等人在保持同类样本相似性基础上提取不同类别样本间的区分性特征,基于流形学习提出正交化局部识别嵌入(Orthogonal Local Discriminant Embedding)实现降维。Ptucha 等人采用半监督方法进行特征降维,利用最小化噪声系数分析图像。Ruan 等人在 PSDA(Probabilistic Semi – Supervised Discriminant Analysis)基础上提出基于图嵌入概率的半监督降维算法 GPSDA(Graph – Embedded Probability – Based Semi – Supervised Discriminant Analysis)进行表情识别。Wang 等人采用径向基核函数将图像映射到 Hilbert 空间,并在此空间中用 Hilbert 距离代替 Euclidean 距离计算近邻图,最后改进 MDS(Multidimensional Scaling)提取表情特征实现表情分类。Zafeiriou 等人采用更具区分力的面部特征点降低表情特征维数识别表情。

图谱理论由 Belkin 和 Niyogi 引入流形学习,涌现出大量基于该理论的降维算法,用于多类别的分类或识别,如文本、人脸和表情等。Zhao 和 Liu 利用数据内在基本属性提出监督和无监督特征选择联合框架,实现数据降维并建立具有通用性能的数据集合。Cai 等人提出无监督多聚类特征选择,根据图谱回归分析计算稀疏系数向量实现聚类。Yan 等人提出 MFA(Marginal Fisher Analysis)进行降维实现模式分类,该算法利用类内和类间散度矩阵对不同类别数据的描述,构建类内和类间权重图并使其比率最小化,获得最优化转换空间。

此外,Wei 等人提出正交前向搜索算法,选择最大化整体相关性选择特征构成新样本子集。Wang 等人根据每个特征点在原始数据样本对于分类或聚类中权重的不同,利用 MWMR(Maximum Weight and Minimum Redundancy)标准选择特征进行模式识别。多目标 GA 通过选择 2DPCA 系数进行降维来识别表情。

(2) 特征区域选择技术。

根据交互信息标准(Mutual Information Criteria)选择 Log Gabor 特征,由选择的特征作为表情特征。Praseeda 等人提取选定兴趣区域中轮廓信息和 Gabor 特征描述表情特征,减少计算特征的工作量。Owusu 等人基于 AdaBoost 假设选择 Gabor 特征并采用 3 层神经网络训练的后反馈分类器进行表情分类。NSGA – Ⅱ(Nondominated Sorting Genetic Algorithm – Ⅱ)由 Soyel 等人提出用于优化特征权重,选择主要特征提高识别准确率。Sánchez 等人通过选择整体人脸特征点形成低维特征向量识别表情,改进识别性能。Kyperountas 等人利用类区分测量技术,在选择特征的基础上生成 SFVs(Salient Feature Vectors)并获得分类器

SDHs(Salient Discriminant Hyper – planes) 进行表情分类。Buciu 等人分析了 ICA 及 KICA(Kernel ICA) 在表情识别中提取纹理特征的性能。MAP(Maximum a Posteriori) 由 Chen 等人利用 sICA(supervised ICA) 学习规则,提供先验知识实现降维,选择有效特征。

表 1.2 所示为基于特征选择的表情识别特征选择方法,分别列出采用的特征选择算法、类别、测试集合及识别率。

表 1.2　表情识别特征选择方法

文献	特征选择算法	类别	测试集合	识别率
Lajevardi 等人	MMI	6	JAFFE	97.9%
Hazar 等人		6	Cohn – Kanade	93%
Yu 等人	GA	7	JAFFE	80.95%
Ruan 等人	GPSDA	6	Cohn – Kanade	88.9% ±1.5%
Danisman 等人	MLP	7	JAFFE	82%
Kyperountas 等人	SFVs	7	JAFFE	85.92%
		7	MMI	93.61%
Zafeiriou 等人	GS	6	Cohn – Kanade	97.1%
Owusu 等人	Adaboost	7	JAFFE	97.57% 96.81%
Rahman 等人		7	Cohn – Kanade	95.23% ±2.4%

3. 人脸表情分类器

分类器设计是表情识别的关键,是验证特征提取或选择性能的工具,也是对表情进行识别或分析的方法。通过对特征进行分析、选择和分类,设计表情分类器以识别未知输入样本类别或分析其表情属性。随着模式识别扩展到众多领域,在统计学和其他数学理论的基础上,出现一系列不同类型的分类器,包括支持向量机(Support Vector Machines,SVMs)、神经网络(Neural Network,NN)、线性分类器(Linear Discriminant Analysis,LDA)、隐马尔可夫模型(Hidden Markov Model,HMM)、K 近邻分类器(K Nearest Neighborhood,K – NN) 及多种分类器的组合等,均在表情识别中有着不同程度的运用。由于特征数据格式不同,分类器结构和识别过程也不同,如 SVMs 通过选择类别边缘的特征向量计算最佳分类面,而神经网络通过模仿动物神经网络行为特征计算数学模型,因而,获得的识别率也不尽相同。本节主要针对各种分类器在表情识别中的应用进行相关介绍。

（1）静态图像表情识别。

首先基于先验概率分布理论的分类器，通过计算已知数据集合的先验概率获取未知数据的概率分布，以此进行数据类别估计，这是模式识别中的基本方法。Cheng 等人合成贝叶斯和核技术学习，形成 GP（Gaussian Process）算法并用于表情分类。Cohen 等人通过训练有标识和无标识数据下的概率分类器进行表情识别，提出无标识的结构学习算法。Wang 等人采用多变量 t 分布混合模型学习图像中标志点的 Gabor 小波变换特征，根据先验概率估计样本的类别概率进行表情分类。

其次，NMF（Non-negative Matrix Factorization）作为较流行的子空间算法，由 Lee 等人于 1999 年提出，根据大脑中部分感知思想，采用非负限制提取人脸中直观概念部分，广泛地应用于人脸识别、表情分析等领域。该算法假设数据分布具有单峰有限性，因而 Nikitidis 等人受识别分析聚类启发，考虑类别中子类信息，提出一种多峰限制，实现合理客观的表情识别。非线性和非线性半监督的 NMF 经 Pan 等人分析，用于表情识别。Zafeiriou 等人在 NMF 基础上提出非负张量因式分解 NTF（Nonnegative Tensor Factorizations）和 PGKNMF（Projected Gradient Kernel NMF）的表情识别算法。对于线性和非线性 NMF，Kumar 等人提出一种监督最大化间隔限制方法，解决非凸集限制的优化问题。

支持向量机是一种基于统计理论的算法，已经成为机器学习的重要研究领域，通过计算最优分类面将不同类别数据最大化地分开。Patil 等人利用其识别由主动外观算法跟踪 Candide 网格中人脸位移构成的几何特征。Kazmi 等人利用 SVM 对离散小波变换特征（Discrete Wavelet Transform Features）进行多类识别。Qu 等人利用 Shearlet 变换提取图像的方向、位置、频率和非均质性特征用 SVM 进行表情分类。表情识别算法（Cerebella Model Articulation Controller with a Clustering Memory，CMAC – CM）由 Liao 等人提出，以低频 DCT 系数块作为特征向量进行表情分类。

稀疏表示（Sparse Representation，SP）理论兴起于 20 世纪 90 年代，主要应用于信号领域，有效降低数据处理的成本，将测试数据用已知数据线性组合表示，达到以稀疏矩阵描述数据的目的。在模式识别领域，John Wright 等人提出采用 SP 分类器识别人脸的算法；Ruan 等人采用 SP 分类器进行表情识别，并通过计算训练集合中样本特征点的重要性选择测试集合中样本的特征点，构成新测试子空间，利用模糊积分融合脸部元素分类。

LDA 的主要目的是寻求保持同一属性数据紧致性和不同属性数据可分性的低维子空间，便于在其中对数据进行分析。Rahulamathavan 等人将局部线性分析（Local Fisher Discriminant Analysis，LFDA）用于加密空间中图像的表情分析。正交 LFDA 通过增加正交约束计算正交特征向量，获得不相关的 LFDA 用于识别表情。

张量在向量空间中由多线性映射构成,通过不同角度的分解提取特征,广泛地应用于模式识别、机器学习、计算机视觉、数据挖掘等领域。Wang 等人通过 DTSA(Discriminant Tensor Subspace Analysis)提取二阶张量,保留图像空间结构信息,采用数据降维并结合 ELM(Extreme Learning Machine)进行表情分类。Ruan 等人通过有效张量分析,在保留聚类性和可分性的同时进行表情分类。同时,Ruan 等人还提出 SSCCA(Spectral Supervised Canonical Correlation Analysis)和 FLNFL(Fuzzy Local Nearest Feature Line)进行表情分类,前者利用协方差矩阵的谱特征,后者在 NFLS(Nearest Feature Line based Subspace Learning)的基础上被提出。

流形学习通过揭示原始数据空间所蕴含的几何信息来分析数据的内在属性,将高维数据嵌入保持局部特征的低维空间,便于数据分析和信息提取。Hu 等人通过低维表情流形进行面部表情分析。Ptucha 等人提出监督 LPP(Locality Preserving Projections)和 LGE - KSVD(Linear extension of Graph Embedding K - Means - based Singular Value Decomposition)算法通过降维实现表情识别和分析。Wang 等人采用 DLE(Discriminant Laplacian Embedding)进行静态和动态图像的表情分类。

(2)动态图像表情识别。

针对动态图像序列的表情识别,大量分类器通过计算和推理连续时间图像中的表情状态获取表情分类结果。HMM 是一种统计参数化模型,通过对观测到的动态序列数据进行建模来预测测试数据的行为变化和所能达到的状态。Zhu 等人采用 HMMs 对矩不变(Moment Invariants)特征进行分类,该特征具有平移、缩放和旋转不变性。在视频图像序列中,Yeasin 等人通过光流法提取数据运动信息,利用线性分类器计算其表情特征,最终训练离散 HMMs 进行表情分类。

Li 等人利用多种面部特征构建 3 层动态贝叶斯网络(Dynamic Bayesian Network,DBN)分析图像或视频中人脸的活动:底层特征,即眼睛、嘴巴等特征点的描述;中层特征,与表情相关的面部肌肉活动单元;上层特征,代表整体面部肌肉运动的特征。Tong 等人集合刚性和非刚性人脸在运动过程中内在和连续的时空互动,提出一种基于 DBN 的概率面部活动模型,描述复合人脸的移动以及和时空相关的图像估计。Liao 等人通过光流提取表情运动信息,计算特征的时空权重训练表情分类器图像识别表情。

4. 人脸数据库

基于特征提取、特征选择和分类器设计的表情识别算法的测试采用 4 个常用表情数据库:JAFFE、FEEDTUM、MMI 和 Cohn - Kanade。

JAFFE（Japanese Female Facial Expression）数据库由日本 Kyushu 大学提供，共由10位日本女性构成，每人摆出6种基本表情和无表情（7种状态），每人每种状态的图像数量2～4不等，均为256级灰度图像，大小为256×256，且收集时未控制光照和头部姿态。JAFFE 数据库中同一主体不同表情的样本示例如图1.9所示。

生气　　　　厌恶　　　　恐惧　　　　高兴　　　　悲伤　　　　惊讶

图1.9　JAFFE 数据库中同一主体不同表情的样本示例

FEEDTUM 由慕尼黑大学的人机交互实验室提供，共由19个人组成，用于人脸图像的科学研究。每人选取21张表情图像，包含6种基本表情和无表情，皆为3通道彩色格式，大小为320×240。图1.10为该数据库中同一主体的不同表情的样本示例。

生气　　　　厌恶　　　　恐惧　　　　高兴　　　　悲伤　　　　惊讶

图1.10　FEEDTUM 数据库中同一主体不同表情的样本示例

MMI 由 Maja Pantic 和 Michel Valstar 发起采集，提供1 500多个含有表情的正脸或侧脸静态图像和图像序列，均为3通道彩色图像。参加采集的人中44%是女性，年龄从19岁到62岁，来自欧洲、亚洲及南美洲。图1.11所示为 MMI 数据库中同一主体不同表情的样本示例。

生气　　　　厌恶　　　　恐惧　　　　高兴　　　　悲伤　　　　惊讶

图1.11　MMI 数据库中同一主体不同表情的样本示例

Cohn-Kanade 由美国卡耐基梅隆大学机器人实验室采集构成，此数据库由年龄在18～30岁之间的100个人提供不同数量的表情图像序列，表达1～6种基本表情。参与图像采集的人中65%是女性，15%是非裔美国人，3%来自亚洲和拉丁美洲。图1.12所示为 Cohn-Kanade 数据库中同一主体不同表情的样本示例。

| 生气 | 厌恶 | 恐惧 | 高兴 | 悲伤 | 惊讶 |

图 1.12　Cohn－Kanade 数据库中同一主体不同表情的样本示例

1.3.4　服务机器人手势识别研究现状

1. 手势建模

手势模型对于整个手势识别系统来说至关重要,决定了系统的识别范围,模型的选择取决于具体的应用要求。对于某个特定的应用,一个非常简单且粗糙的模型可能就是充分的,然而在某些应用场合,比如基于手势的 3D 空间作图,必须建立一个精细有效的手势模型,使得识别系统能够对用户所做的操作性手势做出正确的响应。

手势建模方法可以分为两大类:基于 3D 模型的手势建模和基于表观的手势建模。基于 3D 模型的手势建模方法考虑手的几何结构,用一些柱体和超二次曲面来近似手指关节和手掌;而基于表观的手势模型是建立在手势图像的表观之上,通过分析手势在图像(序列)里的表观特征给手势建模。基于表观的手势模型有以下 4 种:基于 2D 灰度图像、基于可变形 2D 模板、基于图像属性和基于图像运动的表观模型。

第一种基于 2D 灰度图像,是使用 2D 灰度图像本身建立手势模型,对静态手势进行识别,把整幅图像建模为特征空间中的一个样本;对手势识别系统,其手势由一个图像序列来表示,如 Darrell 等人把人手的完整图像系列作为手势模板,Bobick 等人提出的时序模板,是把运动历史图像作为手势模型,在某个时间段内累加图像序列里各个像素点的运动位置而形成的 2D 图像。

第二种基于可变形 2D 模板,是用物体轮廓上某些插值点的集合来近似物体轮廓。模板由平均点集、点可变参数和外部形变参数构成。平均点集描述了某一组形状的"平均形状",点可变参数描述了在这组形状内允许的形变,通常把这两组参数称为内部参数。外部形变参数描述了一个可变形模板的全局运动、热旋转、平移等。基于可变形模板的人手模型通常用于手势跟踪,如 Heap 等人扩展了 2D 可变形模板,使用 3D 点分布模型来跟踪手势。高维度的 3D 手模型计算复杂,Wang 等人用一组 2D 手势模型替代 3D 手势模型,实现了对变形手势快速准确的连续跟踪。

第三种基于图像属性的表观模型,图像属性参数(比如轮廓、边缘、图像矩和图像特征向量)可直接从图像中导出。这些参数在手势分析阶段也要用到。最常用的图像属性参数是图像矩,可以比较容易地从手势剪影或者轮廓中计算得到,其他的还有Zemike矩、方向直方图和颜色直方图等。大部分基于表观的手势模型都是基于图像属性的。

第四种基于图像运动的表观模型,主要应用在动态手势识别里,从图像运动参数中抽取手势模型参数。它主要是基于光流或者运动图像来提取运动参数,如 Ren 等人提出的时空表观模型,结合手势的时序信息、运动表观以及形状表观等多模式信息,分层次抽取时空表观模型的参数。

2. 手势分析

手势分析就是估算所选手势模型的参数,由特征检测和参数估计两个过程组成。在特征检测过程中,首先需要对场景中的用户手势进行定位。定位技术有基于颜色信息、基于运动信息和基于综合信息3种方式。基于颜色信息的定位技术利用肤色在颜色空间中的分布特性,利用阈值的方法将人手分割出来。由于肤色受光照的影响比较大,使得检测密的麸色区域有较大的误差,因此通常需要单一的背景或者颜色手套来有效地检测用户的手部区域。基于运动信息的定位方法利用时间差分把用户的手部区域和背景分离开来,同时要求场景中只有一个人在做手势,一般要与其他方式配合使用才能达到较好的手势定位效果。基于综合信息的定位方法则综合利用肤色信息和运动信息来定位用户的手势。手势定位结束之后,为了避免在随后的视频序列中每一帧地定位手势,需要跟踪场景中用户的手,以节省计算资源。在特征检测结束之后,需要根据所选用的手势模型来估计模型参数。

虽然不同的手势模型需要估计不同的模型参数,但是用于计算模型参数的图像特征通常都是非常相似的。常用的图像特征包括灰度图像、二值影像、区域、边界、轮廓及指尖等。

3D 手模型的参数估计通常涉及两组参数:角度参数(如手指关节的角度)和线条参数(如指骨长度和手掌尺度)。从检测出的特征去估计这两组参数通常包括两个步骤:初始参数的估计和手势变化时的参数更新。目前,所有 3D 人手模型都预先假定线条参数是已知的,这个假定把求解人手关节角度问题转化为逆运动学问题。给定终端执行器的 3D 位姿置于运动关节链的基座,逆运动学的任务就是找出各连杆之间的关节角度,通常情况下,逆运动学存在多个节,并存在多个解,并且计算量大,因而不能用于实时问题。某些更简单的解决方法是让用户交互式地初始化模型参数。一旦估计出入手模型的初始参数,利用某种预测、平滑策略就可以更新参数估计,最常用的策略是卡尔曼滤波和预测。

基于表观的手势模型参数估计也相应地有4种:第一种通常使用基于灰度图像本身的表观时序模型来描述手势动作,这些模型使用不同的参数。最简单的情况是选择那些关键的视图序列作为模型参数,也可以使用序列里各帧图像关于平均图像的特征分解来表示。Bobick 等人提出了运动历史图像,对一个图像序列里的时空信息进行累加,形成单个的 2D 图像,然后基于 2D 图像描述技术(如几何矩或者特征分解)去参数化那些2D 图像。第二种使用基于可变形2D 模板的表观模型来描述手或臂甚至人体轮廓的空间结构模型,其模型参数由模板节点的均值和方差对确定。基于可变形模板的方法在参数更新阶段的计算量不是很大,但是在参数初始化阶段的计算量是巨大的。这种方法能够为识别阶段提供充足的信息,适用于操作手势和交流手势的识别。第三种表观模型是基于手势的剪影图像或者灰度图像,要求所使用的参数不仅要简单,还要能够充分地描述手势的形状。经常采用的是基于手势形状的几何矩描述,一般使用到二阶矩。其他的如 Zernike 矩(其幅值具有旋转不变性,经常用于旋转不变的形状分类)和方向直方图(表示图像中某一块方向的累加信息)等。这些图像特征参数易于估计,不受光照变化的影响(一般手势的运动会引起场景中光照条件的变化),但是它们对场景中其他图像里的运动轨迹非常敏感,因此在手势的运动过程中需要一个紧凑的手势跟踪包围窗口。第四种基于运动图像表观模型的参数包括平移运动参数、旋转运动参数及图像变形参数等,如 Quek 等人通过对图像的平移运动参数进行聚类,抽取人手在图像里的运动轨迹;Culter 等人使用的手势模型参数,包括图像块的平移和旋转运动参数。

3. 手势识别

静态手势识别算法可以采用模式识别中常见的分类方法,如 Bayesian 分类器、Fisher 线性判别分析及非线性聚类技术等。

目前大部分静态手势识别系统的分类方法本质上属于基于距离比较的方法,采用的是统计分析技术,通过大量手势样本的学习,得到手势的模板,然后将待识别手势的特征参数与预先存储的模板特征参数进行匹配,通过测量两者之间的相似度来完成识别任务。各种方法之间的不同之处在于所选的特征和所用的测度。例如,Zhang 等人利用 Hausdorff 距离模板匹配思想实现30 个手指字母手势的识别,将待识别手势和模板手势的边缘图像变换到欧几里得距离空间,求出它们的 Hausdorff 距离或修正的 Hausdorff 距离,用该距离值代表待识别手势和模板手势的相似度,识别率取与最小距离值对应的模板手势。Jain 等人开发了基于人手的几何特征的用户身份认证系统,使用加权的欧几里得距离作为分类器,识别时用户的手平放在传感设备上。Chalechale 等人提取手势二值化剪影的 7 个 hu 矩,使用高斯混合模型(Gaussian Mixture Model,GMM)作为分类器,识别的是正向手势。也有研究者探索使用神经网络技术实现静态手势的识别,如 Jiang 等人采用基本的 RBF 神经网络对手势特征进行分类;Nolker 等人基于立体视觉图像,使用局部线性映射(Local Linear Mapping)神经网络检测指尖的 2D 位置,然后通过参数化的自组织映射(Parametric Self – Organizing Map)神经网络把这些 2D 位置映射为 3D 位置,实现不同视角下的手势识别。

4. 手势数据库

手势数据库有 JT(Jochen Triesch) 数据库和 MU(Massey University) 数据库等。JT 数据库的手势数量更多,配有多样的背景,包含 24 个人在不同背景下表示的 10 种类型的手势。手势的背景分为简单(光线变化) 背景和复杂背景两类,在静态手势识别检测中具有代表性,部分静态手势图片如图 1.13 所示。MU 手势数据库含有来自 5 个人在不同光照下的 36 种手势,共 2 425 张图像,部分静态手势图片如图 1.14 所示。

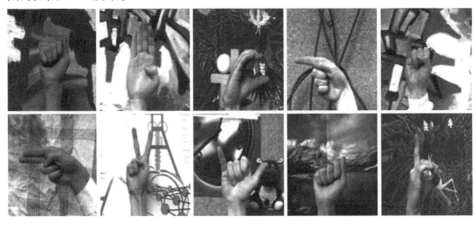

图 1.13　JT 数据库中部分静态手势图片

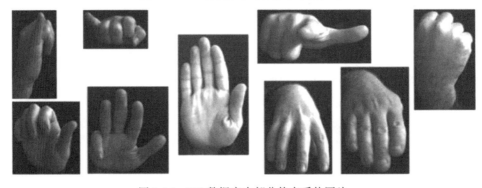

图 1.14　MU 数据库中部分静态手势图片

1.3.5　服务机器人人体动作识别研究现状

基于视觉的人体动作识别仍处于实验室研究阶段,动作识别方法需要以公共的动作数据库为前提和基础,进行相关实验和验证,因此,本节首先对动作识别用到的动作数据库进行调研。同时,动作识别是一个综合课题,按照本书将动作识别问题划分为运动目标检测、动作特征提取和动作特征理解3个子过程的研究路线,本小节进一步从这3个方面对国内外研究工作进行相关介绍和总结。

1. 运动目标检测技术

不同于机器视觉领域中狭义的运动目标检测,本书将运动目标检测的概念限定为对动作视频或图像序列中的动作区域进行分割。运动目标检测可以作为动作识别的预处理过程,部分方法在进行动作识别时省略了这一过程,但其与图像中的物体分割紧密相关,并得到了广泛研究。动作识别过程中的运动目标检测主要分为动作分割技术和图像分割技术。

(1)动作分割技术。

动作分割就是在视频中将包含动作信息的部分抽离出来,去除无效的视频内容。动作分割可以提高动作识别的精度,降低噪声的干扰,更重要的是,可以提高动作识别的效率。值得注意的是,动作分割通常作为动作识别的一个预处理过程,并且绝大多数针对动作识别的方法都直接利用分割好的动作数据库作为识别对象。尽管如此,动作分割技术仍然是动作识别甚至是整个机器人视觉领域的研究难点。

动作分割按照所采用技术在时域中所处理对象的相对关系可分为两类:局部动作分割和全局动作分割。

① 局部动作分割方法常用的一种策略是利用人体动作在物理上的连续性特点在视频中通过搜索相应的速度、加速度或曲率拐点找到动作边界,进而对动作部分进行分割。例如,Ali 和 Aggarwal 构建了一个关于人体姿态角度的特征向量,在此基础上通过在动作视频中计算像素点间的角度信息与特征向量的相似度实现动作的分割。Ghodrati 等人则利用人体运动的特征轨迹对视频进行对比,以此实现动作帧的检测即动作分割。Lan 等人将人体动作看作一个包含隐性速度变量的子单元,然后利用构建的动作模型通过匹配实现动作分割。利用动作连续性实现动作分割的方法受构建的连续性模型影响较大,而此模型通常较难实现很好的鲁棒性,因此基于动作连续性模型的方法在效果上往往不能满足要求。局部动作分割采取的另一种策略是滑窗法,即利用已经分割好的动作信息对视频逐帧进行匹配,并将匹配的帧提取出来,完成分割。例如,Kong 和 Fu 将已有动作特征融入一个多尺度的核函数中,然后再利用核函数对未分割的视频进行建模,最后通过核函数相似度判别完成动作的分割。类似地,Lee 等人利用视场中的线性变化提出了一个视频检测系统,通过利用标定的最小视频窗口对场景中的目标进行分割。Chiu 等人则通过计算视频的尺度不变性特征构建滑窗,

然后根据滑窗和待分割视频间的相似度利用阈值法进行动作的分割。局部分割方法一般通过匹配和阈值法进行动作分割,缺少统计分析和学习过程,因此总体来说误差较大。

② 全局动作分割技术则根据整个动作视频特征的分布情况及其彼此间的相互关系进行动作的分割。全局动作分割中普遍使用的技术是基于统计的方法,如马尔可夫随机场、词袋模型和条件随机场等。Zhou 等人直接通过大替换光流追踪器算法对动作视频中的人体运动轨迹进行提取,并利用词袋模型对其进一步表征,最后利用支持向量机对动作视频的每帧进行识别,并根据识别的结果进行检测,完成分割。Zhu 等人则通过特征的统计分析将视频中的运动信息合并到一个二层的条件随机场模型中,通过对模型的极值进行求解,得到动作分割结果。此外,隐马尔可夫模型也是实现动作分割的重要手段,如 Zhang 等人将隐马尔可夫模型融入卷积神经网络框架中,通过对图像的深度学习实现对动作的分割。

局部动作分割方法不需要复杂的训练过程,效率较高,但其结果过分依赖于局部的特征模型,在精度上有较大局限性。全局动作分割结果往往经过大量已分割视频的训练,且以动作视频中全部的帧为对象进行统计,精度较高,但计算过程复杂,实时性相对较低。

(2) 图像分割技术。

动作识别中许多方法需要对动作在图像中的区域进行定位,即实现基于动作特征的图像分割。在本节讨论中,将图像分割限定为在没有先验知识的情况下直接对未知图像进行分割的过程。

一个简便的动作图像分割的实现方式是直接采用通用的图像分割算法对整个图像进行分割,然后根据人体动作的特性选取出人体动作区域。通用的图像分割算法的相关研究已经规范化,其技术可分为3类:区域法、边界法和数学形态学法,其中区域法又可进一步分为阈值分割法、生长法和分裂合并法。各种图像分割方法的相关介绍见表1.3。

基于以上图像分割方法,针对动作图像的特点,许多学者对动作图像分割方法展开了研究。Tseng 等人首先利用颜色特征对人脸进行检测,之后通过生长法对人体区域进行分割。Chen 和 Liu 则利用小波分析算法得到整个图像的模糊轮廓,之后通过数学形态法对人体的轮廓进行精确检测,实现对动作的分割。Bhandari 等人则首先利用布谷鸟算法对图像进行搜索,之后通过阈值法对动作区域进行分割。类似地,基于图像显著性地图的动作图像分割方法近年来越来越受到国内外研究人员的关注,如 Zhang 和 Sclaroff 提出的基于布尔型边界检测的显著性地图方法以及 John 等人提出的基于卷积神经网络的显著性地图方法。此外,还有许多学者试图通过根据动作本身的特点构建人体模型,然后根据图像与模型的匹配程度实现图像分割。例如,Gong 等人提出了一种分段线性动态模型,该模型由可穿戴的传感器系统通过对人体各部分应力的分析获得,在此基础上,利用图像与动态模型在不同尺度上的聚类程度实现了动作的图像分割。Ghaddar 等人基于人体圆柱的特点和人体各个部分的相互关系对人体进行了建模,通过分析人体动作图像和人体模型之间的相似性,完成对动作图像的分割。

表1.3 经典图像分割方法

方法		原理	特点
区域法	阈值分割法	将像素点灰度值与定义的阈值进行比较来区别前景和背景	直接,快速
	生长法	以一个像素点为种子,通过与其邻域像素点的比较逐步获得新种子,进而得到种子合集的区域	计算简单,对于较均匀的连通目标有较好的分割效果,对噪声敏感
	分裂合并法	将图像分割成一些区域,根据相似性检验标准将满足条件的区域合并	对复杂图像的分割效果较好,但算法较复杂,计算量大,还可能破坏区域的边界
边界法		检测图像灰度及结构中不连续的边界,从而分割图像	对噪声敏感,只适合于噪声较小、不太复杂的图像
数学形态学法		用具有一定形态的结构元素去量度和提取图像中的对应形状	简单,易于实现,但对噪声敏感,适用于噪声较小的图像

2. 动作特征提取技术

动作特征提取是提取动作图像或视频中有效的动作信息,将动作利用小容量的特征算子进行表征的过程。动作特征提取是动作识别问题中最关键的环节,其方法按照实现特征提取的手段可分为表观特征提取和深度学习特征提取两种。表观特征提取是指利用传统算法对动作在图形层面表现出来的浅层次特征进行提取,得到预期的特征算子。在图像最底层表观特征——亮度(深度或颜色)的基础上,表观特征可分为剪影特征、光流特征、梯度特征和深度特征 4 种。深度学习特征是指利用深度学习框架对动作特征在多个层次上进行自动提取,得到不可预期的特征算子。根据目前流行的深度学习框架的不同,深度学习特征可分为卷积神经网络(Convolutional Neutral Networks,CNNs)学习特征和循环神经网络(Recurrent Neutral Networks,RNNs)学习特征。

(1)剪影特征。

剪影特征是最直观的动作表观特征,基于剪影的动作特征提取方法试图在动作图像或视频中通过人体剪影与其他视觉场景的不同,直接对视觉场景信息进行去除,仅保留剪影实现动作的表征。人眼虽然可以很容易区分出动作剪影,但对于计算机等设备来说,如何准确地实现剪影特征的提取是一个极具挑战的任务。剪影特征是早期动作识别研究的热点,根据其提取中采用的手段可分为基于静态模型和基于动态模型的剪影提取方法。

① 基于静态模型的典型剪影特征提取方法有剪影能量图像(Silhouette Energy Image,SEI)、Li 等人构建的剪影重构形状模型(Shape – from – Silhouette)和 Gorelick 等人提出的时空剪影模板(Space – Time Shapes)。SEI 和 Shape – from – Silhouette 的原理基本相同,都是通过比较图像中各个像素点的亮度检测出关键点,再将其进行滤波和阈值化处理,得到人体剪影。Space – Time Shapes 则利用泊松公式对图像进行描述,并通过公式的最优化求解实现剪影的提取。

② 基于动态模型的剪影特征提取有两种经典算法:一种是高斯混合模型(Gaussian Mixture Model,GMM);另一种是运动能量图像(Motion Energy Image,MEI)。GMM 是一种基于高斯分布的概率统计方法,能够通过分析连续动作图像每个像素点的特征建立动态背景模型,在动态动作图像分割中被广泛采用。GMM 自 1999 年提出以来取得了巨大成功,并激发了很多相关的研究,如 Zhou 和 Zhang 对 GMM 进行了改进,通过融合光流特征对人体动作进行了建模,实现了动态的剪影提取;Maeda 和 Ohtsuka 将人体动作图像间的差分特征融入传统 GMM 中,并对图像差分特征进行了均值化处理,然后利用构建的模型对剪影进行提取。MEI 是 Bobick 和 Davis 于 2001 年提出的动作剪影特征提取方法。MEI 的操作对象一般为两幅相邻的图像,通过差分、二值化和阈值操作即可实现剪影分割。MEI 操作快捷且具有很高的精度,是很多剪影提取方法的基础。Wu 等人直接利用 MEI 对运动物体的特征进行了提取,经过图像形态学滤波后,对人体区域实现了检测。类似地,Ahad 等人将 MEI 扩展到光流特征中,通过计算光流的 MEI 模型对人体部分进行了定位。Gebre 等人则通过对 MEI 模型进行概率统计来完成对典型动作的表征,并以此为标准对图像中的动作进行识别。

(2)光流特征。

光流特征是最重要的可以描述运动变化的表观特征,基于光流的特征提取方法旨在找出由运动引起的图像中亮度的变化,由此实现动作特征的表征。光流特征一直是动作识别领域的研究热点,但总体来说,光流特征普遍遵循光流不变性假设。

最早实现光流计算的是 Horn 和 Schunk 提出的 HS 光流法,在光流不变性假设的基础上,进一步提出了运动光滑性假设,从而构建了拉格朗日目标函数,最后通过求解目标函数的最值实现了光流的估计。随后,光流的研究进入了快速发展阶段,出现了许多著名的光流研究方法,如 LK 光流法、Black 和 Anandan 提出的光流法和 Brox 和 Malik 提出的光流法等。近些年,新的光流法也不断被提

出,如 Weinzaepfel 等人利用卷积和最大池化操作构建了一个 6 层的匹配框架,对每个像素点的稠密亮度特征进行优化,并通过相邻图像间的匹配效果进行光流的计算;Kumar 等人基于 HS 光流法进一步构建了分数尺度上的偏微分方程,并通过 Grünwald – Letnikov 微分法对偏微分方程进行了求解,实现了稠密光流的计算。

光流计算方法一般基于光流不变假设,因此对光照变化较为敏感。为了克服这一问题,许多学者在光流不变假设的基础上提出了各种解决方案来估计运动引起的特征变化。一种流行的解决方法是对图像像素点的亮度信息进行转换,最简单的实现方式是利用高斯平滑技术对图像进行滤波,如 Liu 等人提出的 SIFT Flow 以及 Mozerov 提出的限制性光流特征(Constrained Optical Flow);将亮度空间转换到颜色空间也是可以减小光照影响的光流计算方法,如 Meliva 等人在 HSV 颜色空间以及 Golland 和 Bruckstein 在 RGB(Red,Green,Blue) 颜色空间对光流进行的计算取得了较好的效果。另一种解决光照影响的策略是对图像像素点的关系进行相关性处理,如 Luo 和 Konofagou 则提出了一种归一化交叉相关性方法(Normalized Cross Correlation) 来对光流进行计算,以克服光照的影响。

光流特征能够对动作进行很好的表征,很多方法直接通过计算光流对动作进行特征提取,然后实现识别。例如,Chun 和 Lee 通过对运动中光流特征进行区域划分,并通过统计不同人体部位光流的信息及其相互关系对人体动作进行特征的提取;Abdelwahab 等人利用前向视角和侧面视角两种光流信息在多个尺度空间内对人体动作的特征进行了提取,实现了动作的高效表征。此外,值得注意的是,仅仅依靠光流特征往往不能实现动作的精确识别,因此许多动作识别方法更多地将光流作为一项重要的补充特征,通过与其他动作特征的融合对动作进行表征。

(3) 梯度特征。

梯度特征是应用最广泛的动作特征,虽然梯度计算时只需要将像素点与其邻近点的亮度值做差,形式单一,但对其经过组合、变换或统计等操作后可以实现动作的高效表征,因此,国内外学者基于梯度提出了大量的动作特征提取方法。

方向梯度直方图(Histogram of Oriented Gradient,HOG) 是最具代表性的基于梯度的特征提取方法,通过利用直方图这一简便有效的数学工具对梯度在各个方向的分布进行统计,实现了很好的表征效果。早期动作识别研究中还广泛采用尺度不变特征变换(Scale – Invariant Feature Transform,SIFT) 去提取动作图像中的角点,然后通过主成分分析(Principal Component Analysis,PCA) 对数据进行降维处理,实现动作的识别。SIFT 在本质上也是基于梯度的特征提取算法,它首先对图像做高斯图像金字塔变化,然后通过比较像素点与邻域的卷积值得到极值点,最后利用直方图去统计梯度的分布实现特征点的输出。尽管 SIFT 特征在机器视觉领域取得了巨大成功,但其在人体动作图像的特征提取过程中获得的特征点数量较少且不够稳定,因此最近关于人体动作识别研究的国内外学者更偏向于利用 HOG 对动作图像进行特征提取。Ohn - Bar 和 Trivedi 则利用一个核算子对 HOG 算子进行变换,然后选取其中一半特征,进一步利用直方图进行统计来对人体动作进行表征。最近,将梯度和光流利用直方图进行融合,以对动作视频进行特征提取来实现目前最好的人体动作表征效果,如 Wang 等人将光流特征利用中值滤波进行处理,并在图像的色彩和饱和度区间内计算梯度,实现了更高精度的动作特征提取。

（4）深度特征。

深度特征是指利用特殊的传感器设备或图像定位技术对视觉场景中的距离信息进行分类、判别和输出,是近年来动作识别领域一个重要的特征表征方式。深度特征不同于光流特征、剪影特征或梯度特征,它不受图像亮度的影响,只与场景中的位置关系有关;但是,如果深度特征在动作识别领域以三维点云的形式表示,往往计算复杂,因此,它常常以剪影图或深度图的形式表示,而剪影图可看作利用深度数据分割好的剪影特征,深度图在进行处理时也可以转换为梯度特征或光流特征。限于本书研究的内容,本节只对基于深度图的动作特征提取进行简要说明。

早期深度特征较难获取,基于深度特征的动作识别研究较少。随着深度传感器的出现,国内外许多学者投入到利用深度信息对人体动作进行特征提取的研究中。如 Oreifej 和 Zhu 利用 Kinect 深度传感器获得的深度图像序列,对各个点梯度的三维方向进行统计,同时,记录深度图像相邻帧间运动点的变化情况,最后利用直方图对三维方向和帧间变化情况进行表示,完成人体动作特征的提取。

深度特征虽然受图像光照变化影响小,但其精度往往不高,提供的数据不准确;同时,在进行动作识别研究时,往往对空间位置信息进行归一化处理以减小其带来的误差,因此深度特征的优势往往不能在人体特征提取中得到体现,相关方法也不能实现很好的动作识别率。

（5）CNNs 学习特征。

CNNs 学习特征是经过 CNNs 深度学习框架训练得到的特征,是近几年的研究热点。自 CNNs 框架首次在图像分类领域取得巨大成功以来,考虑到动作的复杂性,基于 CNNs 学习特征的动作识别引起了广泛关注。

Ji 等人于 2013 年成功将 CNNs 框架应用到动作识别领域,其构建的 CNNs 深度学习框架包含一个硬连接层,将动作序列信息分解为梯度、亮度和光流空间;之后是 3 个卷积层和 2 个池化层交替处理动作信息,然后输出到一个全连接层,完成动作特征的提取。特别地,该方法在执行卷积操作时是在三维空间进行的,即以图像序列为单位,利用三维卷积核算子对其进行卷积。Karpathy 等人直接在 ImageNet 这一用于图像分类的 CNNs 框架中对动作图像进行特征学习,之后对不同 CNNs 学习特征融合机制进行了对比。

基于 CNNs 学习特征的动作识别方法需要大量的训练数据集和大量的时间进行相关计算,而且由于动作的三维性,目前该方法并没有取得理想的高识别率,但其研究仍有巨大前景。

(6)RNNs 学习特征。

RNNs 学习特征也是一种基于深度学习框架的特征,相比于 CNNs 深度学习框架,RNNs 能够很好地处理时域信号,更好地表征动作间的关联性,因此近年来许多学者尝试利用 RNNs 对动作进行特征提取。

RNNs 框架包含许多类型,其中动作识别中应用最广泛的是长短时记忆(Long Short – Term Memory,LSTMs)。基于 LSTMs,Veeriah 等人将其隐含层的状态向量变换为对时间参数的导数,并基于 KTH 动作数据库构建了包含一个输入层(450 个输入单元)、一个隐含层(300 个记忆细胞)和一个输出层(6 个输出单元)的深度学习框架,对动作特征进行提取。虽然 LSTMs 框架对于时域信号有良好的表征性能,但其对二维图像信号的学习能力较差,因此在利用 RNNs 框架进行动作识别时,通常结合 CNNs 框架对动作进行特征的提取。

CNNs 学习特征和 RNNs 学习特征是近期最流行的动作特征提取方法,得益于计算设备能力的大幅提升,其在动作识别及整个机器人视觉领域都得到了较快发展。然而,其方法的理论基础并不完善,在处理三维动作信号时暂时没有显示出非常大的优势。但是,通过融合 CNNs 框架、RNNs 框架以及相关表观特征提取技术实现对动作特征的提取仍显示出了巨大的潜力,是未来的研究趋势。

3. 动作特征理解技术

人体动作经过特征提取进行表征后,得到的特征算子往往过于分散且维数较大,不便于后续的分类处理,因此,大部分提取的动作特征需要经过进一步的时空表征,最后将表征的算子送到分类器中进行分类识别。本书将经过动作特征提取后利用时空表征模板对特征进一步表征,进而利用分类器实现分类的过程统称为动作特征理解,并分别从时空表征模板和分类器两个方面对其技术进行相关调研。

(1)动作时空表征模板。

动作时空表征模板可分为局部表征模板和全局表征模板。其中,局部表征模板大多采用数据编码的方法在时域对动作的空间特征进行数理统计,获得表征模型。全局表征模板则偏重于探索动作空间特征在时域中的相互关系。局部表征模板主要包括词袋模型（Bag of Words，BoW）、费舍尔向量（Fisher Vector，FV）和局部聚积算子向量（Vector of Locally Aggregated Descriptors，VLAD）等，而全局表征模板的种类较多，并没有统一的研究框架。

局部表征模板最经典的模型是BoW，其最早在图像分类领域取得巨大成功，鉴于其通用性，许多方法将其直接应用到动作特征的时空表征中，如Iosifidis等人对BoW进行了改进，将BoW聚类中心与待表征算子间的距离利用欧几里得距离重新进行归一化处理，提出了Discriminant BoW模型，以此实现动作的时空表征。BoW原理并不复杂，缺陷也十分明显，即它忽略了动作特征在时域中的联系，但提取的动作特征经过其时空表征后取得的效果远胜于其他方法，其中最成功的动作特征表征框架首先进行光流和梯度特征的提取，然后利用BoW对其进行时空表征。FV也是一种流行的局部时空表征模板，它基于费舍尔核算子对数据进行解码，即首先对动作的每个图像进行FV变换，得到一维FV算子，然后对动作序列的所有图像进行二次FV变换，得到表征动作的二维FV时空算子。受BoW和FV的启发，2012年，Jegou等人结合了二者的特点提出了VLAD对图像特征算子进行编码，随后许多方法将其应用到动作识别领域，取得了理想的效果。

虽然局部表征模板是动作识别领域公认的效果最好的动作表征策略，但全局表征模板一直以来都是国内外学者研究的重点。早期全局动作表征模板主要是基于光流特征的方法，如Efros等人介绍了一种基于光流的运动模板，并通过最近邻算法实现了动作的分类。随后，Bobick和Davis提出了著名的运动历史图像（Motion History Image，MHI），在时域中按照时间顺序对动作图像亮度间的差分进行标定，实现动作间相互关系的全局表征。此外，Derpanis等人利用时空能量表征方法计算了动作间的运动关系特征，进而将运动关系利用时间标签构建成一个时空全局表征模板。最近，Sadanand和Corso提出了一种动作银行（Action Bank）模板，首先通过卷积完成动作特征的提取，然后通过定义7个时空位置的相互关系构建高级表征模板，最后通过支持向量机完成模板的匹配，即动作识别。此外，基于核函数的时空特征模板也在动作识别领域取得了重大成功，如Sun等人利用一种多核函数对不同通道的动作特征进行最优权重估计，进而将一种类型的动作表征到一个数学模型中，获得了较高的动作识别率。

（2）动作分类器。

动作经过特征表征后，动作识别过程通常选取已知样本的特征进行训练，得到一个分类器模型，然后基于这个分类器对未知样本进行测试，进而实现动作分类，即完成一个监督学习过程。

在人体动作识别领域，早期往往利用样本特征间的极值距离作为分类器分类的标准，如Bobick等人利用MHI时空模板对动作进行表征，将已知样本的MHI特征作为训练集，通过搜寻训练集中与测试样本MHI特征欧几里得距离最小的样本完成动作匹配,并将测试样本归类为与其距离最小训练样本的动作类别。基于极值距离的典型分类器还有 K 近邻分类器。Devanne 等人基于深度图利用一种运动轨迹特征在多个尺度上对动作进行了时空表征,之后利用 K 近邻分类器在每个尺度上进行了特征分类,最后将各层分类的平均值作为动作识别的标准。Liu 则通过对 K 近邻分类器增加条件假设、增加非负性约束和进行归一化处理,实现了其匹配效果的优化,并基于动作的多种时空特征对其算法进行了验证。

人体动作识别过程甚至大部分机器人视觉问题都可看作一个条件概率估计问题,因此除了基于极值距离的绝对分类器,另一种更可靠的分类实现方式是基于概率统计理论,其中最经典的是贝叶斯理论。贝叶斯理论是机器人视觉领域最重要的基础之一,许多动作表征方法在本质上都基于贝叶斯理论。Magnanimo 等人基于深度图和颜色直方图,对动作特征在时域上构建了动态贝叶斯模型,并利用训练样本对模型参数进行估计,通过与测试样本的匹配实现了动作的分类。此外,隐马尔可夫模型也是一种基于贝叶斯理论的分类器,其通过已知动作对模型参数进行估计,可以实现对未知动作的分类。

基于极值距离的分类器依赖于绝对距离,对于存在随机噪声的数据不能实现很好的分类效果;而基于贝叶斯理论的分类器构建复杂,实现难度大。1995年,Vapnik 在统计学习基础上于提出了支持向量机(Support Vector Machine,SVM),实现了鲁棒性极好的数据分类。在动作识别领域,由于动作信号的复杂性、样本的多样性,SVM 普遍被认为是最适合动作识别的分类器,目前大多数动作识别方法均采用 SVM 作为分类器。此外,深度学习网络框架中普遍采用 Softmax 回归作为分类器,对最后一个全连接层的学习特征进行分类。

4.动作公共数据库

一个公共开放的动作数据库是动作识别方法开展和校验的基础,也是进行动作识别研究的重要先决条件。动作公共数据库对动作识别有两个重要作用:① 可以提高动作识别过程的效率,节约数据收集的时间;② 为各种动作识别方法提供统一的测试和比较平台,通过公正、透明的比较促进动作识别技术的发展。

(1)KTH 动作数据库。

在早期的动作识别研究中,往往使用随机的动作数据作为数据库。真正意义上第一个流行的动作公共数据库是 2004 年瑞典皇家理工学院公开的 KTH 动作数据库,它在随后的十几年中被广泛采用,成为机器视觉领域一个里程碑式的数据库。KTH 动作数据库包含 4 个动作场景:户外场景、视觉尺度变化的户外场景、着装不同的户外场景和室内场景。为了对特定的动作进行识别,其动作视角和场景都固定不变。

KTH 数据库由 600 个 6 种类型的动作视频组成,这 6 种动作都是日常中典型的简单动作,分别为走(Walking)、跑(Running)、拳击(Boxing)、小跳(Jogging)、挥手(Hand Waving)和拍手(Hand Clapping),由 25 人完成。其样本示例如图1.15 所示。KTH 数据库中既包含彼此差异较大的动作,如走和挥手,也包含彼此较为相似的动作,如跑和小跳,可以很好地检验动作识别算法的可靠性,是目前动作识别领域最重要的公共数据库。虽然很多动作识别方法在 KTH 数据库中达到了很高的识别率(大于 95%),但其在近年的研究中依然被大量采用。

图 1.15　KTH 动作数据库样本示例

(2)Weizmann 动作数据库。

2005 年以色列威兹曼科学院为了研究用于人体动作的时空剪影特征提出了Weizmann 动作数据库,随后被逐渐应用到整个动作识别领域。Weizmann 动作数据库的动作场景相对固定,相机视角没有明显变化,包含 90 段 10 种动作视频,分别为走(Walk)、弯腰(Bend)、顶举(Jack)、跳(Jump)、垂直跳(Pjump)、侧着行走(Side)、跳跃(Skip)、单手挥手(Wave1)和双手挥手(Wave2),由 9 人完成。此外,Weizmann 动作数据库提供了动作的剪影,其样本示例如图 1.16 所示。

图 1.16　Weizmann 动作数据库样本示例

Weizmann 动作数据库只有一个动作场景,但其动作类型较多,且部分动作间相似度较大,对于动作识别方法的精度具有很好的检测效果。许多动作识别方法在 Weizmann 动作数据库中的识别率达到了 95% 以上。随着动作识别算法的不断发展和越来越高的应用需求,Weizmann 逐渐被更为复杂的动作数据库替代。

（3）UCF Sports 动作数据库。

UCF Sports 动作数据库是中佛罗里达大学于 2008 年通过搜集电视和网络中的动作视频建立的包含 167 段体育动作视频的大型数据库,其 10 种动作类型分别是跳水（Diving）、打高尔夫（Golfing）、踢球（Kicking）、举重（Lifting）、骑马（Horse Riding）、跑步（Running）、滑板（Skating）、鞍马（Swinging - Bench）、单杠（Swinging - Sideangle）和走（Walking）。相比于 KTH 动作数据库和 Weizmann 动作数据库,UCF Sprots 动作数据库的动作场景更加复杂且视角变化大,其样本示例如图 1.17 所示。

图 1.17 UCF Sports 动作数据库样本示例

UCF Sports 动作数据库中各个动作类型间差异较大,每种动作类型视频的差异性也较大,是用于验证动作识别算法精度和对于动态场景鲁棒性的重要平台。UCF Sports 数据库是目前流行的小型动作识别数据库,许多方法在其中测试的平均识别率达到了 85% 以上。

（4）HMDB 动作数据库。

HMDB 动作数据库是布朗大学在 2011 年建立的复杂人体动作数据库,包含51 种动作,共计 6 681 段视频动作,其样本示例如图 1.18 所示。

HMDB 动作数据库的视频主要来源于网络、电视和其他小型数据库,动作场景十分复杂,视角变化大,分辨率和帧频率都不同,包含人体面部动作、体育动作、与环境的交互动作和日常动作等。HMDB 动作数据库是目前最接近真实动作场景的数据库,同时也是最具挑战性的动作数据库,近年来,很多方法都选择HMDB 动作数据库作为检验其算法精度的平台,但大多数动作识别方法的平均识别率在 80% 以下。

图 1.18　HMDB 动作数据库样本示例

（5）UCF101 动作数据库。

UCF101 动作数据库同样由中佛罗里达大学于 2012 年发布，除了包含体育动作外，还有 101 种人体动作的 13 320 段视频。UCF101 动作数据库视频同样大部分来源于网络，场景和视角变化较大，但视频都被固定为统一大小：分辨率为320 ×240；帧频率为 25 帧／s。UCF101 动作数据库是目前容量最大的动作数据库，普遍被近年的动作识别方法所采用，其样本示例如图 1.19 所示。

图 1.19　UCF101 动作数据库样本示例

此外，目前流行的动作数据库还有 2008 年的 HOLLYWOOD 动作数据库、2009 年的 MSR 动作数据库和 2010 年的 MuHAVi 动作数据库等。

1.4　本章小结

本章对服务机器人、人机交互及视觉识别的基础概念进行了介绍，并对本书的主要研究内容进行了阐述。在此基础上，对国内外服务机器人、人机交互和视觉识别技术进行了全面的调研，加深了读者对面向服务机器人人机交互的视觉识别技术的理解。

第 2 章

视觉识别关键技术

视觉识别技术涉及诸多理论和方法,鉴于前文将视觉识别划分为视觉目标检测、视觉特征提取、视觉特征理解和视觉特征分类 4 个步骤,本章分别对其进行介绍。同时,对于不同的视觉识别对象,视觉识别技术不尽相同,针对本书侧重的人脸、手势和人体动作识别,对各个步骤中典型的关键技术进行着重阐述。

2.1 视觉目标检测关键技术

如前文所述,视觉识别中的目标检测包含视频分割和图像分割。视频分割一般通过人工手段进行,图像分割则可分为静态图像分割和动态图像分割。静态图像分割以单个图像为对象,主要考虑像素点间的相互关系,可分为 3 类:区域法、边界法和数学形态法,而其中区域法又可进一步分为阈值分割法、生长法和分裂合并法。动态图像分割以两个或多个图像为对象,不仅考虑单个图像像素点间的关系,也依赖图像间的相互关系,主要有背景减除法、帧差法和光流法。下面介绍阈值分割法、帧差法和光流法。

2.1.1 阈值分割法

阈值分割法是一种广泛使用的图像分割技术,它首先确定一个处于图像灰度级范围内的灰度阈值 T,然后将图像中每个像素的灰度值都与这个阈值 T 比较,根据它是否超过阈值 T 而将该像素归于两类中的一类。设输入图像是

$F(x,y)$,输出图像是 $B(x,y)$,则

$$B(x,y) = \begin{cases} 1, & F(x,y) \geqslant T \\ 0, & F(x,y) < T \end{cases} \tag{2.1}$$

该方法的关键是确定一个最优阈值,常用最大类间方差法。最大类间方差法又称大津法,简称 Otsu 法,是在判决分析最小二乘法原理的基础上推导得出的求最佳阈值的方法。假设原始图像灰度级为 L、灰度为 i 的像素个数为 n_i,则总的像素是 $N = \sum_{i=0}^{L-1} n_i$,各灰度值出现的概率为 $P_i = \dfrac{n_i}{N}$,其中,$P_i \geqslant 0$,$\sum_{i=0}^{L-1} P_i = 1$。设以灰度 t 为门限将图像分割为灰度级在 1 到 t 的背景区域 A 和灰度级在 $t+1$ 到 $L-1$ 的前景区域 B,事件 A 和 B 出现的概率分别为

$$P_A = \sum_{i=0}^{t} P_i, \quad P_B = \sum_{i=t+1}^{L-1} P_i = 1 - P_A \tag{2.2}$$

A 和 B 的灰度均值分别为

$$w_A = \sum_{i=0}^{t} iP_i/P_A, \quad w_B = \sum_{i=t+1}^{L-1} iP_i/P_B \tag{2.3}$$

图像总的灰度均值为

$$w_0 = P_A w_A + P_B w_B = \sum_{i=0}^{L-1} iP_i \tag{2.4}$$

定义 A 和 B 的类间方差为

$$\sigma^2 = P_A (w_A - w_0)^2 + P_B (w_B - w_0)^2 \tag{2.5}$$

P_A、w_A、P_B 和 w_B 都是关于 t 的方程,因此类间方差 σ^2 是关于 t 的一元方程,Otsu 法将公式(2.5)定义为最佳阈值的目标函数,认为使得类间方差最大的 t' 为最佳阈值,即

$$t' = \arg \max_{0 \leqslant t \leqslant L-1} \left[P_A (w_A - w_0)^2 + P_B (w_B - w_0)^2 \right] \tag{2.6}$$

2.1.2　帧差法

帧差法的基本思想是视频图像的相邻帧间运动前景的空间位置变化相较背景更加明显。通过设置时间窗口,对多帧间的像素按照空间位置进行比较,像素差异较大的为运动前景的可能性更大。帧差法根据参数与比较帧数的不同,可以分为二帧差分法和三帧差分法。

二帧差分法的实现较为简单,通过比较前后两帧图像的像素来完成,一般首先对图像进行灰度化处理,设像素点 (x,y) 在 t 帧中的灰度值为 $I(x,y,t)$,在其相邻 $t-1$ 帧中的灰度值为 $I(x,y,t-1)$,则定义差分值 $\Delta I_t(x,y)$ 为

$$\Delta I_t(x,y) = |I(x,y,t) - I(x,y,t-1)| \tag{2.7}$$

通过引入阈值 α 对 $\Delta I_t(x,y)$ 进行二值化处理,将 $\Delta I_t(x,y)$ 较小即图像帧间

灰度变化不明显的像素点归类为背景,将其余归类为前景,从而实现目标检测,即

$$\Delta I'_t(x,y) = \begin{cases} 1, & |\Delta I_t(x,y)| \geqslant \alpha \\ 0, & |\Delta I_t(x,y)| < \alpha \end{cases} \tag{2.8}$$

由于运动较慢的目标在图像区域存在重叠,利用二帧差法进行目标检测时存在"过分割"问题,即检测不出部分重叠的运动区域,在二帧差分法的基础上,三帧差分法可用来解决此问题。设像素点 (x,y) 在 t 帧中的灰度值为 $I(x,y,t)$,在其前向相邻 $t-1$ 帧中的灰度值为 $I(x,y,t-1)$,在其后向相邻 $t+1$ 帧中的灰度值为 $I(x,y,t+1)$,三帧差法的差分值定义为

$$\Delta I_t(x,y) = |I(x,y,t) - I(x,y,t-1)| \otimes |I(x,y,t) - I(x,y,t+1)| \tag{2.9}$$

同样,通过引入阈值进行二值化处理,三帧差分法可实现目标检测。

2.1.3　光流法

光流普遍被认为是由物体运动引起的相对应的图像中亮度模式的表观运动,而为了描述这一表观运动,国内外学者提出了各种光流算法,其中最著名的是 HS 光流法。HS 光流法首先假定图像任意像素点的强度在时空上均匀变化,继而推出光流约束方程,然后通过限定光流场在整个图像中均匀变化,利用最小二乘法估算使得所有像素点速度误差总和最小的参数,最终得到每个像素点的速度,即光流。HS 光流法中最重要的理论基础是光强不变性假设,即图像的光照强度在很短的时间内不发生变化。其数学表达为:假设图像中像素点 (x,y) 在时间 t 的强度为 $E(x,y,t)$,其光流表示为分别沿着 x 方向和 y 方向的 $\mu(x,y)$ 和 $\nu(x,y)$;经过时间间隔 δt 后,像素点位置变为 $(x+\delta x, y+\delta y)$,其中 $\delta x = \mu\delta t, \delta y = \nu\delta t$,且

$$E(x+\mu\delta t, y+\nu\delta t, t+\delta t) = E(x,y,t) \tag{2.10}$$

式中　$E(x+\mu\delta t, y+\nu\delta t, t+\delta t)$——$t+\delta t$ 时刻的光强,cd。

同时,HS 光流法假设运动在时空上都是平滑的,因此可以将式(2.10)左侧用泰勒公式展开,从而得

$$E(x,y,t) + \delta x \frac{\partial E}{\partial x} + \delta y \frac{\partial E}{\partial y} + \delta t \frac{\partial E}{\partial t} + o = E(x,y,t) \tag{2.11}$$

式中　o——关于 δx、δy、δt 的二阶和高阶项。

对式(2.11)左、右两边进行化简,得

$$\frac{\partial E}{\partial x}\frac{\mathrm{d}x}{\mathrm{d}t} + \frac{\partial E}{\partial y}\frac{\mathrm{d}y}{\mathrm{d}t} + \frac{\partial E}{\partial t} = 0 \tag{2.12}$$

式(2.13)实质上定义了光强 E 关于时间 t 的导数为 0,即 $\dfrac{\mathrm{d}E}{\mathrm{d}t} = 0$。此外,由于

$\mu = \dfrac{\mathrm{d}x}{\mathrm{d}t}, \nu = \dfrac{\mathrm{d}y}{\mathrm{d}t}$,同时规定 $E_x = \dfrac{\partial E}{\partial x}, E_y = \dfrac{\partial E}{\partial y}, E_t = \dfrac{\partial E}{\partial t}$,光流约束方程最终可简化为

$$E_x \mu + E_y \nu + E_t = 0 \qquad (2.13)$$

其中,E_x、E_y、E_t 均可以从图像序列中估计得出。

仅仅依靠光流约束方程无法直接计算出光流,因此,Horn 和 Schunk 提出了另一光流平滑性假设:图像中绝大部分的运动场均匀变化,由此得出目标约束方程为

$$e_s = \iint \left[(\mu_x^2 + \mu_y^2) + (\nu_x^2 + \nu_x^2) \right] \mathrm{d}x\mathrm{d}y \qquad (2.14)$$

光流约束方程所限定的目标方程为

$$e_c = \iint (E_x \mu + E_y \nu + E_t)^2 \mathrm{d}x\mathrm{d}y \qquad (2.15)$$

给定两个约束方程(即式(2.14)和式(2.15)),光流估计问题就变成了最小化 $e_s + \lambda e_c$ 的求解问题。因此可构建以下拉格朗日目标函数:

$$\iint F(\mu, \nu, \mu_x, \mu_y, \nu_x, \nu_y) \mathrm{d}x\mathrm{d}y \qquad (2.16)$$

对式(2.16)的各个参数进行偏导数计算,求得其欧拉方程为

$$F_\mu - \frac{\partial}{\partial x} F_{\mu_x} - \frac{\partial}{\partial y} F_{\mu_y} = 0 \qquad (2.17)$$

$$F_\nu - \frac{\partial}{\partial x} F_{\nu_x} - \frac{\partial}{\partial y} F_{\nu_y} = 0 \qquad (2.18)$$

式中 $\qquad F = (\mu_x^2 + \mu_y^2) + (\nu_x^2 + \nu_y^2) + \lambda (E_x \mu + E_x \nu + E_t)^2$

利用高斯 – 赛德尔迭代法,可以求得光流为

$$\mu^{n+1} = \overline{\mu}^n - \frac{E_x \overline{\mu}^n + E_y \overline{\nu}^n + E_t}{1 + \lambda (E_x^2 + E_y^2)} E_x \qquad (2.19)$$

$$\nu^{n+1} = \overline{\nu}^n - \frac{E_x \overline{\mu}^n + E_y \overline{\nu}^n + E_t}{1 + \lambda (E_x^2 + E_y^2)} E_y \qquad (2.20)$$

式中 $\quad \overline{\mu}$——μ 在其领域里的平均值,cd;

$\overline{\nu}$——ν 在其领域里的平均值,cd。

HS 光流法突破性地解决了光流计算问题,其理论框架是绝大多数光流法的理论基础,但是,由于 HS 光流法直接以图像像素点的亮度值作为底层特征,对于像素点速度的估计误差在光照变化较大的情况下,往往不能满足实用要求。

2.2　视觉特征提取关键技术

2.2.1　SIFT 特征提取

SIFT 特征提取算法是一种提取局部特征的算法,首先于 1999 年由 Lowe 提出,2004 年完善总结,其提取的特征对旋转、尺度缩放、亮度变化具有不变性,对视角变化、仿射变换、噪声也有一定的稳定性。SIFT 算法的具体步骤如下:

1. 关键点检测

(1) 建立尺度空间。

由尺度空间理论可知,高斯核是唯一可以产生多尺度空间的核,一个图像的尺度空间 $L(x,y,\sigma)$ 定义为原始图像 $I(x,y)$ 与一个可变尺度的 2 维高斯函数 $G(x,y,\sigma)$ 的卷积,即

$$L(x,y,\sigma) = G(x,y,\sigma) \times I(x,y) \tag{2.21}$$

其中

$$G(x_i,y_i,\sigma) = \frac{1}{2\pi\sigma^2}\exp\left[-\frac{(x-x_i)^2 + (y-y_i)^2}{2\sigma^2}\right] \tag{2.22}$$

然后构建图像高斯金字塔,并计算图像的高斯差分(Difference of Gaussian,DoG) 算子,即

$$D(x,y,\sigma) = [G(x,y,k\sigma) - G(x,y,\sigma)] \times I(x,y) =$$
$$L(x,y,k\sigma) - L(x,y,\sigma) \tag{2.23}$$

式中,$k = 2^{\frac{1}{S}}$,S 是图像高斯金字塔的尺度。σ 的大小决定图像的平滑程度,大尺度对应图像的概貌特征,小尺度对应图像的细节特征。大的 σ 值对应粗糙尺度(低分辨率);反之,对应精细尺度(高分辨率)。

(2) DoG 的局部极值点检测。

关键点是由 DoG 空间的局部极值点组成的。为了寻找 DoG 函数的极值点,每一个像素点要和它所有的相邻点比较,看其是否比它的图像域和尺度域的相邻点大或者小。

中间的检测点与它同尺度的 8 个相邻点和上下相邻尺度对应的 9×2 个点共 26 个点比较,以确保在尺度空间和二维图像空间都检测到极值点。

在极值比较的过程中,每一组图像的首末两层是无法进行极值比较的,为了满足尺度变化的连续性,在每一组图像的顶层继续用高斯模糊生成 3 幅图像,高斯金字塔每组有 $S + 3$ 层图像。

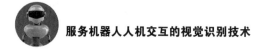

（3）关键点精确定位。

由于 DoG 值对噪声和边缘较敏感，因此，若在 DoG 尺度空间中检测到局部极值点，则还要经过进一步的检验才能确认为特征点。为了提高关键点的稳定性，需要对尺度空间 DoG 函数进行曲线拟合。利用 DoG 函数在尺度空间的泰勒展开式

$$D(X) = D + \frac{\partial D^{\mathrm{T}}}{\partial X}X + \frac{1}{2}X^{\mathrm{T}}\frac{\partial^2 D}{\partial X^2}X \qquad (2.24)$$

对其进行求导，可得

$$\hat{X} = -\frac{\partial D^{\mathrm{T}}}{\partial X}\left(\frac{\partial^2 D}{\partial X^2}\right)^{-1} \qquad (2.25)$$

将式（2.25）代入式（2.24）得

$$D(\hat{X}) = D + \frac{1}{2}\frac{\partial D^{\mathrm{T}}}{\partial X}\hat{X} \qquad (2.26)$$

根据式（2.26）去除对比度较低的不稳定极值点。Lowe 的实验显示，所有取值小于 0.04 的极值点均可抛弃。

DoG 函数在图像边缘有较强的边缘响应，还需要排除边缘响应。DoG 函数的峰值点在横跨边缘的方向有较大的主曲率，而在垂直边缘的方向有较小的主曲率。主曲率可以通过计算在该点位置尺度的 2×2 的 Hessian 矩阵得到，导数由采样点相邻差来估计：

$$H = \begin{bmatrix} D_{xx} & D_{xy} \\ D_{xy} & D_{yy} \end{bmatrix} \qquad (2.27)$$

式中　D_{xx}——DoG 金字塔中某一尺度的图像 x 方向求导两次。

D 的主曲率和 H 的特征值成正比，为了避免直接计算这些特征值，只需考虑它们之间的比率。令 α 为最大的特征值，β 为最小的特征值，则

$$\alpha = r\beta \qquad (2.28)$$

$$\mathrm{Tr}(H) = D_{xx} + D_{yy} \qquad (2.29)$$

$$\mathrm{Det}(H) = D_{xx} \times D_{yy} - D_{xy} \times D_{xy} \qquad (2.30)$$

$$\frac{\mathrm{Tr}(H)^2}{\mathrm{Det}(H)} = \frac{(\alpha + \beta)^2}{\alpha\beta} = \frac{(r + 1)^2}{r} \qquad (2.31)$$

在两特征值相等时达到最小，随 r 的增长而增长。Lowe 的论文中建议 r 取 10。当 $\frac{\mathrm{Tr}(H)^2}{\mathrm{Det}(H)} < \frac{(r + 1)^2}{r}$ 时，将关键点保留；反之剔除。

2. 关键点描述

（1）关键点方向分配。

通过尺度不变性求极值点，可以使其具有缩放不变的性质，利用关键点邻域

像素的梯度方向分布特性,可以为每个关键点指定参数方向,从而使描述子对图像旋转具有不变性。

首先通过求每个极值点的梯度来为极值点赋予方向,像素点梯度的幅值和方向分别表示为

$$m(x,y) = \sqrt{\left[L(x+1,y) - L(x-1,y)\right]^2 + \left[L(x,y+1) - L(x,y-1)\right]^2}$$

$$(2.32)$$

$$\theta(x,y) = \arctan\left[\frac{L(x,y+1) - L(x,y-1)}{L(x+1,y) - L(x-1,y)}\right] \tag{2.33}$$

采用梯度直方图统计法确定关键点的方向,统计以关键点为原点,一定区域内的图像像素点对关键点方向生成所做的贡献。直方图以每 $10°$ 方向为一个柱,共 36 个柱,柱所代表的方向为像素点的梯度方向,柱的长短代表梯度的幅值。

关键点的主方向:极值点周围区域梯度直方图的主峰值,也是特征点方向。

关键点的辅方向:在梯度方向直方图中,当存在另一个相当于主峰值80%能量的峰值时,将这个方向认为是该关键点的辅方向。

图像的关键点已检测完毕,每个关键点有 3 个信息:位置、尺度及方向;同时也就使关键点具备平移、缩放和旋转不变性。

（2）特征描述符的生成。

描述符的目的是在关键点计算完后,用一组向量将这个关键点描述出来,这个描述子不但包括关键点,还包括关键点周围对其有贡献的像素点,用来作为目标匹配的依据,也可使关键点具有更多的不变特性,如光照变化、3D 视点变化等。通过对关键点周围图像区域分块,计算块内梯度直方图,生成具有独特性的向量,这个向量是该区域图像信息的一种抽象,具有唯一性。

2.2.2　HOG 特征提取

方向梯度直方图(Histogram of Oriented Gradient,HOG) 算法由 Dalal 和 Triggs 于 2005 年提出。HOG 特征提取最早被用于图像中人体的检测,由于其对人体特征提取的高效性,后来在动作识别领域也取得了巨大成功。HOG 算法最重要的理论基础是利用直方图这一简单有效的数学工具对图像的梯度在不同方向上进行统计,具体实现步骤为:

（1）预处理。

预处理即对图像进行Gamma矫正,并在 RGB 空间进行归一化。Gamma矫正的目的是优化图像显示对比度,归一化的目的则是减小光照对图像质量的影响。然而,HOG 后续处理中的范化过程抵消了预处理的效果,因此这一步骤经常被省略。

（2）梯度计算。

计算每个像素点(x,y)处的幅值和方向角，即

$$G_r(x,y) = \sqrt{G_x(x,y)^2 + G_y(x,y)^2} \tag{2.34}$$

$$\theta(x,y) = \arctan\frac{G_y(x,y)}{G_x(x,y)} \tag{2.35}$$

式中　　$G_x(x,y)$、$G_y(x,y)$——像素点在x、y方向的方向导数，且

$$G_x(x,y) = I(x+1,y) - I(x-1,y) \tag{2.36}$$

$$G_y(x,y) = I(x,y+1) - I(x,y-1) \tag{2.37}$$

其中，$I(\cdot)$为图像的强度表示函数。

（3）空间／方向进仓。

首先在图像内定义以像素点为单位的元组，在元组内根据每个像素点周边的方向值在不同方向区间内对其进行投票，投票时的权值定义为方向值对应的幅值。以元组而非像素点为统计单位不但使表达方向梯度的容量减少，而且非线性也得以提高。方向仓值α的范围在有标志的情况下定义为$0° \sim 180°$，在无标志的情况下定义为$0° \sim 360°$，一般在9个尺度上进行量化，最后的仓值$B(x,y)$的计算公式为

$$B(x,y) = \begin{cases} G_r(x,y), & \theta \in \alpha \\ 0, & 其他 \end{cases} \tag{2.38}$$

（4）归一化和描述区域计算。

将仓值进一步聚类为块（Block），进行归一化处理。在一个元组（Cell）内的利用L_1范数在Block内的表达B_{Block}为

$$B_{Block} = \frac{\sum\limits_{(x,y)\in Cell} B(x,y) + \varepsilon}{\sum\limits_{(x,y)\in Block} G_r(x,y) + \varepsilon} \tag{2.39}$$

式中　　ε——无穷小值。

2.2.3　LBP特征提取

LBP特征提取通过计算邻域内中心与周围像素点间灰度值差值，根据正负进行二进制加权计算，计算此点的二值模式，来描述图像的纹理变化。图像局部邻域的纹理可用灰度值联合分布描述如下：

$$T = t(g_c, g_0, \cdots, g_{P-1}) \tag{2.40}$$

式中　　g_c——局部区域中心像素点的灰度值；

　　　　$g_0, \cdots, g_{P-1}$——g_c圆周上像素点的灰度值。

在保留纹理信息的情况下，中心像素灰度值g_c与区域内其他像素点的灰度值相减，得

$$T = t(g_c, g_0 - g_c, \cdots, g_{P-1} - g_c) \tag{2.41}$$

假设 g_c 与邻域内像素点的灰度值差相互独立分布,得

$$T \approx t(g_c)t(g_0 - g_c, \cdots, g_{P-1} - g_c) \tag{2.42}$$

以上两式中　$t(g_c)$—— 图像整体光照的分布情况,与局部图像纹理关系不大,未能提供有效的纹理分析信息,因此,其差值联合分布为

$$T \approx t(g_0 - g_c, \cdots, g_{P-1} - g_c) \tag{2.43}$$

根据式(2.43)可知,差值符号与平均亮度的变化无关,则

$$T \approx t[s(g_0 - g_c), s(g_1 - g_c), \cdots, s(g_{P-1} - g_c)] \tag{2.44}$$

式中　$s(x)$—— 中心像素和邻域内其他像素间的变化趋势,即

$$s(x) = \begin{cases} ,1 & x \geqslant 0 \\ 0, & x < 0 \end{cases}$$

当 $s(x) \geqslant 0$ 时,根据像素点位置采用 $2^{i-1}(i = 1, \cdots, P)$ 进行加权求和,得 LBP 算子为

$$\text{LBP}_{(P,R)} = \sum_{i=1}^{P} s(g_0, g_i)2^{i-1}, s(g_0, g_i) = \begin{cases} 1, & g_i \geqslant g_0 \\ 0, & g_i < g_0 \end{cases} \tag{2.45}$$

式中　P—— 邻域内像素的数目;

　　　R—— 邻域内中心与邻域内像素点之间图像坐标的距离,称为邻域半径,由 (P, R) 表示。

原始 LBP 算子仅实现 4 - 邻域 LBP 算子计算,即 LBP(4,3),其示意图如图 2.1 所示。

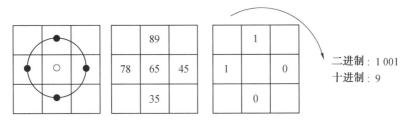

图 2.1　4 - 邻域 LBP 算子计算示意图

2.3　视觉特征理解关键技术

通过 Interest - HOG 及序列融合机制操作得到动作时空特征后,由于动作的时空特征相比于静态的动作特征提取包含更多、更有用的信息,人体动作识别中一个难点在于如何在时空中准确地表征动作。基于动作时空特征,本节进一步利用基于数据解码的策略对时空特征进行表征,其中所用到的数据解码策略有

词袋模型(Bag of Words,BoW)、局部聚积算子向量(Vector of Locally Aggregated Descriptors,VLAD)和费舍尔向量(Fisher Vector,FV)。

(1)BoW。

BoW 最早被用于文本分类中,后被广泛用于图像及动作视频的识别,其动作表征流程图如图 2.2 所示。在动作识别中用 BoW 来表示动作的大体思想为:首先将所有动作的局部特征进行聚类,通常采用 K-Means 算法;得到 k 个聚类中心后,将局部特征分类到距离其最近的聚类中心,然后利用直方图对每个动作的局部特征集合进行重新统计,归一化后形成新的表征集合。BoW 在进行直方图归一化时一般采用曼哈顿距离或欧几里得距离。

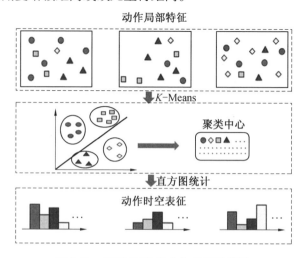

图 2.2 基于 BoW 的动作表征流程图

在本书中,对于 Interest - HOG 及序列融合机制操作得到动作时空特征集 $S = \{x_1, x_2, \cdots, x_n\}$,首先随机选取 $K = 4\,000$ 个聚类中心 u,然后利用式(2.46)将每个动作时空特征聚集到与其距离最近的聚类中心:

$$V = \sum_{i=1}^{K} \sum_{x_j \in S_i} (x_j - u_i)^2 \tag{2.46}$$

其中,$0 < i < K$。然后对聚类中心点重新进行计算,并对所有动作时空特征重新进行聚类,直到聚类中心点不再变化。得到聚类中心后,对于任意动作时空特征 x_i,根据聚类中心统计特征中所有 K 个中心在其中出现的次数,并利用直方图进行归一化统计。

(2)VLAD。

VLAD 则是基于欧几里得距离的 BoW 改进模型,其动作表征流程图如图 2.3 所示。不同于 BoW 利用直方图来统计各个特征所属的聚类区间,VLAD 则直接利用每个动作特征相对于聚类中心的距离对原动作特征进行重新描述。对于本

书动作特征集合 S,类似于 BoW 的聚类方法,首先利用 K − Means 算法得到聚类中心,并将每个特征分类为距离其最近的中心:

$$N(\boldsymbol{x}_i) = \arg\min_{u_j} \| \boldsymbol{x}_i - \boldsymbol{u}_j \| \tag{2.47}$$

然后,对每个聚类中心及其动作特征,利用式(2.48)计算其距离:

$$\boldsymbol{d}_i = \sum_{x_i : N(x_i) = u_j} (\boldsymbol{x}_i - \boldsymbol{u}_j) \tag{2.48}$$

最后,将所有归一化的距离连接,形成动作特征的 VLAD 表征向量。

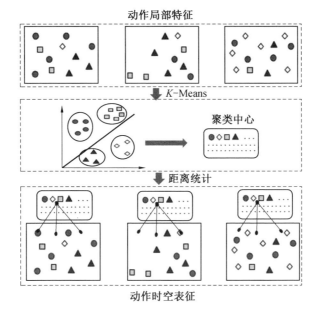

图 2.3　VLAD 的动作表征流程图

(3)FV。

FV 可以看作是基于概率统计的 BoW 改进模型。相比于 BoW,FV 一般采用高斯混合模型对所有的动作特征向量进行建模,避免了利用 K − Means 聚类的硬性分配问题。对于本节求得的动作时空特征集 $S = \{x_1, x_2, \cdots, x_n\}$,首先利用费舍尔核机制对其进行建模,令 $\boldsymbol{\mu}$ 为 S 的概率密度函数,其参数记为 θ,则

$$G_{\theta} = \sum_{i=1}^{N} \frac{\partial}{\partial \theta} \log \boldsymbol{\mu}(\boldsymbol{x}_i) = \frac{\sum_{i=1}^{N} \frac{\partial}{\partial \theta} \boldsymbol{\mu}(\boldsymbol{x}_i)}{\boldsymbol{\mu}(\boldsymbol{x}_i)} \tag{2.49}$$

然后利用高斯混合模型得到动作特征的 K 个高斯分布,则

$$\boldsymbol{\mu}(\boldsymbol{x}) = \sum_{k=1}^{N} w_k \boldsymbol{\mu}_k(\boldsymbol{x}) \tag{2.50}$$

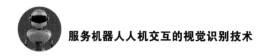

式中　w_k——权重函数，且 $\sum\limits_{k=1}^{N} w_k = 1$，$\boldsymbol{\mu}_k \sim N(\bar{\boldsymbol{\mu}}_k, \boldsymbol{\Sigma}_k)$。

其次，FV 将 θ 参数分别利用高斯分布函数中的 3 个参数 w_k、$\bar{\boldsymbol{\mu}}_k$ 和 $\boldsymbol{\Sigma}_k$ 替换，通过求导可得 S 的 FV 为

$$G_{w_k} = \sum_{i=1}^{N} \left[\frac{\boldsymbol{\gamma}_k(\boldsymbol{x}_i)}{w_k} - \frac{\boldsymbol{\gamma}_1(\boldsymbol{x}_i)}{w_1} \right] \tag{2.51}$$

$$G_{\mu_k} = \sum_{i=1}^{N} \left[\boldsymbol{\gamma}_k(\boldsymbol{x}_i) \frac{x_i - \bar{\boldsymbol{\mu}}_k}{\boldsymbol{\Sigma}_k^2} \right] \tag{2.52}$$

$$G_{\Sigma_k} = \sum_{i=1}^{N} \boldsymbol{\gamma}_k(\boldsymbol{x}_i) \left[\frac{(x_i - \bar{\boldsymbol{\mu}}_k)^2}{\boldsymbol{\Sigma}_k^3} - \frac{1}{\boldsymbol{\Sigma}_k} \right] \tag{2.53}$$

式中　　　　　　　　　$\boldsymbol{\gamma}_k(\boldsymbol{x}_i) = \dfrac{w_k \boldsymbol{\mu}_k(\boldsymbol{x}_i)}{\boldsymbol{\mu}(\boldsymbol{x}_i)}$

最后，将以上 3 个向量级串联起来，便形成了动作特征集合 S 的 FV 最终解码，即实现动作的特征表征。

2.4　视觉特征分类关键技术

视觉特征分类常用的分类器有 3 种：最近邻分类器、贝叶斯分类器和支持向量机。

1. 最近邻分类器

最近邻分类器是早期动作识别领域最经典的分类策略。顾名思义，最近邻分类器的理论基础是在训练集中找到与测试样本距离最近的样本。假定已经训练好的属于 i 类别的第 j 个动作表征特征向量表示为 $\boldsymbol{x}_{i,j}$，对于一个待测特征样本 $\boldsymbol{x}$，若其对于所有的训练样本都满足：

$$| \boldsymbol{x}_{k,l} - \boldsymbol{x} | < | \boldsymbol{x}_{i,j} - \boldsymbol{x} | \tag{2.54}$$

则最近邻分类器将测试样本 $\boldsymbol{x}$ 分类为 k 类别。

最近邻分类器一个显著的问题是不同训练样本特征会有交集，因此与测试样本 $\boldsymbol{x}$ 距离最近的训练样本也许是某个类别中最边缘的特例，从而导致分配会有很大的随机性甚至误差。因此在最近邻的基础上，可以选取 K 个与测试样本 $\boldsymbol{x}$ 距离最近的训练样本，然后根据这 K 个样本的共同决策对 $\boldsymbol{x}$ 进行分类，即著名的 K 近邻算法。K 近邻算法简单实用，因其决策一般采用加权投票方法，比最近邻算法的鲁棒性更高。K 近邻分类器中最关键的问题是 K 值的设定，一般采用经验法。

2. 贝叶斯分类器

贝叶斯分类器是基于经典贝叶斯理论的概率分类方法,对于机器视觉中基于概率的决策方法,贝叶斯分类器是最基础和重要的理论支撑。假设待分类的 m 维样本特征为 $\boldsymbol{x} = \{\alpha_1, \alpha_2, \cdots, \alpha_m\}$,其可能所属于的 n 维类别集合为 $C = \{y_1, y_2, \cdots, y_n\}$,若

$$P(y_k \mid \boldsymbol{x}) = \max\{P(y_1 \mid \boldsymbol{x}), P(y_2 \mid \boldsymbol{x}), \cdots, P(y_n \mid \boldsymbol{x})\} \tag{2.55}$$

式中　$P(\cdot)$——概率函数。

则 $\boldsymbol{x}$ 被分配为第 k 类。

在机器视觉分类问题的实际应用中,一般假设 $\boldsymbol{x}$ 的 m 个特征相互独立,即朴素贝叶斯分类器。通过统计训练样本中的概率分布可以确定 C 中各个类别对应的 $\boldsymbol{x}$ 中各个特征的条件概率为 $P(\alpha_{1,2,\cdots,m} \mid y_{1,2,\cdots,n})$,根据贝叶斯定理,可知 $\boldsymbol{x}$ 对于第 i 个类别的条件概率为

$$P(y_i \mid \boldsymbol{x}) = \frac{P(\boldsymbol{x} \mid y_i) P(y_i)}{P(\boldsymbol{x})} \tag{2.56}$$

其中 $P(\boldsymbol{x})$ 可通过统计获得,而 $P(\boldsymbol{x} \mid y_i) P(y_i)$ 可通过式(2.57)计算:

$$P(\boldsymbol{x} \mid y_i) P(y_i) = P(y_i) \prod_{j=1}^{m} P(\alpha_j \mid y_i) \tag{2.57}$$

3. 支持向量机

支持向量机是目前动作识别领域最为成功的分类器。支持向量机在对 n 维特征样本进行分类时,若其线性可分,则通过求取线性最优判别函数实现分类器的构建;若特征样本线性不可分,则通过核函数将其映射到高维甚至无穷维空间,然后求取线性最优判别函数。两个不同类别(如分别属于 1 和 −1)的线性最优判别函数 H 的求取通过最大化支持向量函数 H_1 和 H_2 间的距离 l 实现,如图 2.4 所示。为了最大化 $l = 2/(\boldsymbol{w}^{\mathrm{T}} \boldsymbol{w})$,且保证所有样本点在 H_1 和 H_2 包含的空间之外($y_i(\boldsymbol{w}^{\mathrm{T}} \boldsymbol{x}_i + b) \geqslant 1, i = 1, \cdots, N$),即

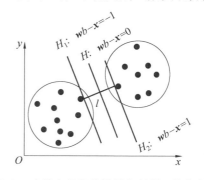

图 2.4　支持向量机线性最优判别函数的求取

$$\begin{cases} \min\limits_{w,b} \dfrac{1}{2} \parallel \boldsymbol{w} \parallel^2 \\ \text{s. t.} \quad y_i \left[(\boldsymbol{w} \cdot \boldsymbol{x}_i) + b \right] + 1 \geqslant 1, i = 1, \cdots, l \end{cases} \tag{2.58}$$

通常采用 KKT 条件构建拉格朗日目标函数：

$$L(\boldsymbol{w},b,a) = \frac{1}{2}(\boldsymbol{w}^{\mathrm{T}}\boldsymbol{w}) - \sum_{i=1}^{N} a_i [y_i(\boldsymbol{w}^{\mathrm{T}}\boldsymbol{x}_i + b) - 1] \tag{2.59}$$

式中　a_i——非负拉格朗日系数。

为了求解式(2.58)，一般利用拉格朗日函数的对偶性，首先求其关于 $\boldsymbol{w}$ 和 b 的偏导数，然后求其关于 a 的极大值，最后利用 SMO(Sequential Minimal Optimization) 算法求解出线性可分情况下的最优判别函数为

$$f^*(\boldsymbol{x}) = \mathrm{sgn}\Big[\sum_{i=1}^{N} a_i^* y_i(\boldsymbol{x}_i \cdot \boldsymbol{x}) + b^*\Big] \tag{2.60}$$

线性不可分情况下最优判别函数为

$$f^*(\boldsymbol{x}) = \mathrm{sgn}\Big[\sum_{i=1}^{N} a_i^* y_i K(\boldsymbol{x}_i \cdot \boldsymbol{x}) + b^*\Big] \tag{2.61}$$

其中 $K(\cdot)$ 表示核函数，目的是将在当前维线性不可分的特征映射到更高维空间，从而使其线性可分。常用的核函数有径向基核函数、多项式核函数及最新效果较佳的 χ^2 核函数等。

2.5　本章小结

本章对识别中的关键技术进行了重点介绍，详细阐述了视觉目标检测中的阈值分割法、帧差法和光流法，视觉特征提取技术中的 SIFT、HOG 和 LBP 特征，视觉特征理解技术中的词袋模型、局部聚积算子向量和费舍尔向量，以及视觉特征分类技术中的贝叶斯分类器、K 近邻分类器和支持向量机。本章是全书的基础理论，有助于对后续章节的理解。

第3章

人脸自动提取及人脸特征提取

　　智能化人机交互需要理解人类表现出来的心理状态和所要表达的情感信息,可通过语音识别、肢体动作分析、表情分析识别等实现。由于表情在情感信息中占主要部分,因此产生一系列表情识别算法。目前,识别算法可分为人脸检测、特征提取和表情分类3部分。在表情识别研究过程中,人脸检测提取和特征提取至关重要,为是否继续进展识别提供决策以及为下一步分类识别提供关键表情信息。本章主要研究人脸自动提取及人脸特征提取过程,重点介绍一种基于 FACS 和复合 LBP(Compound LBP,C – LBP) 特征的表情识别算法。

3.1　表情区域自动提取

　　在实时表情识别中,人脸和表情特征的快速计算是衡量其实际应用价值的重要指标之一,有效、简便、稳定的特征描述可以保证实时性和实用性。在姿态、光照和表情变化影响下,快速、准确地检测并分割出图像中人脸区域是实现智能化表情交互最基本的步骤之一,能够为表情识别和交互提供表情特征提取与交互的操作对象。对此本章提出采用 ASM 和 FACS 相结合的算法检测人脸,并精确抽取产生表情的重要面部区域,进行特征提取以识别表情。针对表情识别中准确提取人脸区域和表情特征,提出一种基于 FACS 和 C – LBP 特征的表情识别算法。该算法通过 ASM 检测人脸,依据 FACS 提取相对重要的人脸特征区域,组合面部运动单元(AUC),并进一步提取 C – LBP 特征,采用最近邻分类器进行表情识别,其技术路线如图3.1所示。

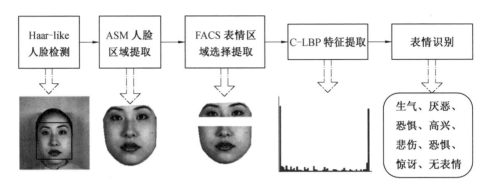

图3.1 技术路线图

3.1.1 Haar – like 级联分类器的人脸检测

Haar – like特征是一种图像中代表不同区域变化的特征,能反映人脸区域内的变化信息及各器官之间的空间分布关系。图3.2所示为 Haar – like 特征,该特征具有旋转和缩放不变性,可检测图像中不同尺寸的相似结构,有效处理人脸变形的影响。

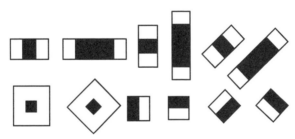

图3.2 Haar – like 特征

通过计算图像中不同颜色区域内像素点的灰度差值,计算点 $P(x,y)$ 的 Haar –like 特征。为提高计算速度,采用灰度积分方法。若图像中像素点的灰度值为 $P(x,y)$,其中 x 和 y 为像素点的坐标值,对应的灰度值积分计算如下:

$$I(x,y) = \sum_{x'<x,y'<y} p(x',y') \tag{3.1}$$

图 3.3 中区域 D 内像素点灰度值为

$$G_D = I_d + I_a - I_b - I_c \tag{3.2}$$

式中　　I_d ——a、b、c 和 d 区域内像素点的灰度值,$I_d = G_a + G_b + G_c + G_d$;

　　　　I_a ——a 区域内像素点灰度值积分,$I_a = G_a$;

　　　　I_b ——a 和 b 区域内像素点灰度值积分,$I_b = G_a + G_b$;

　　　　I_c ——a 和 c 区域内像素点灰度值积分,$I_c = G_a + G_c$。

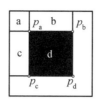

图 3.3　灰度值积分值计算

图 3.4 所示为多种 Haar – like 特征在人脸特征部位分布图。该图由多种边缘、直线、中心特征描述眼眉、眼睛、鼻子及嘴部等主要面部区域的特征,有效地将面部区域与背景分开。Haar – like 级联分类器根据 Haar – like 特征通过改进 Boosting 学习算法,在训练过程中选取最优 Haar – like 特征构成单一弱分类器,最后联合多个弱分类器构成强分类器以实现人脸检测,并粗略定位人脸区域,其训练结构图如图 3.5 所示。

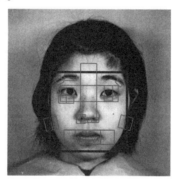

图 3.4　多种 Haar – like 特征在人脸特征部位分布图

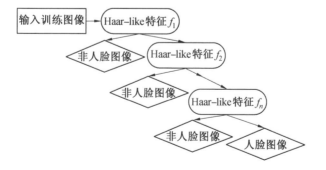

图 3.5　级联分类器训练结构图

3.1.2 ASM 人脸区域自动提取

人脸建模与分析已广泛应用于人脸检测及运动分析、表情识别等领域,基于形状和外观的人脸运动分析与追踪系统多数采用 ASM。ASM 通过训练图像集合中描述人脸主要特征部位的特征点获得,自动提取图像中人脸的轮廓。若样本图像 $I(x,y)$ 由 n 个特征点构成,则表示为 $x = (x_1,\cdots,x_n,y_1,\cdots,y_n)^{\mathrm{T}}$。图 3.6 所示为不同表情、脸型和姿态的特征点图像。

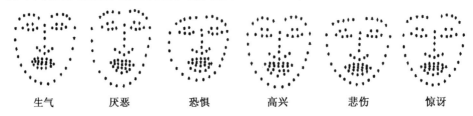

生气	厌恶	恐惧	高兴	悲伤	惊讶

图 3.6　不同表情、脸型和姿态的特征点图像

假设有 m 张训练样本图像,构成训练特征点集合 X,即 $X = (x_1,\cdots,x_m)$。通过旋转、缩放和平移,计算特征集合的协方差矩阵的特征值和特征向量,保留与特征值相对应的前 k 个特征向量构建 ASM,以加快计算速度和减少存储量,所得模型如下:

$$x = \bar{x} + Pb \tag{3.3}$$

式中　$\bar{x}$—— 样本集合平均形状;

b——X 协方差矩阵前 k 个特征值,$b = (b_1,b_2,\cdots,b_k)^{\mathrm{T}}$;

P—— 对应的特征向量,$P = (p_1 \mid p_2 \mid \cdots \mid p_k)$。

图 3.7 所示为平均形状和前 5 个特征向量所对应的图像轮廓。

(a) 平均形状模型　　　　(b) 前5个特征向量所对应的图像轮廓

图 3.7　平均形状模型和前 5 个特征向量所对应的图像轮廓

训练目标是获得具有同类目标的泛化形状统计模型,且适应待检测图像中目标物体形变要求,如姿态、旋转等变化。在模型训练阶段,利用 Procrusters 算法对集合中人脸形状进行对齐操作,再计算平均形状向量,经收敛计算生成最初样本空间,有利于图像中目标物体的搜索和检测。训练集合中样本的特征点组成的形状向量定义为

$$X = T_{X_t, Y_t, s, \theta}(\bar{x} + Pb) \tag{3.4}$$

式中　　$T_{X_t, Y_t, s, \theta}$——坐标平移(X_t, Y_t)、尺度缩放 s 和旋转 θ 的函数。

如特征点(x, y)采用 $T_{X_t, Y_t, s, \theta}$ 函数计算,则

$$T_{X_t, Y_t, s, \theta}\begin{pmatrix} x \\ y \end{pmatrix} = \begin{pmatrix} X_t \\ Y_t \end{pmatrix} + \begin{pmatrix} s\cos\theta & -s\sin\theta \\ s\sin\theta & s\cos\theta \end{pmatrix}\begin{pmatrix} x \\ y \end{pmatrix} \tag{3.5}$$

当输入新样本图像 x_n 时,其目标函数为寻找对应的模型参数,通过计算 P 和 b 使模型的形状向量与输入图像中对应特征点之间的距离最平方小,计算函数为

$$|x_n - T_{X_t, Y_t, s, \theta}(\bar{x} + Pb)|^2 \tag{3.6}$$

ASM 人脸区域提取流程图如图 3.8 所示。由式(3.3)计算 ASM 中的 $\bar{x}$、P 及 b,在测试集合中迭代计算得到优化特征点集合 Y,实现输入图像中目标物体的检测和分割,以获取目标区域。

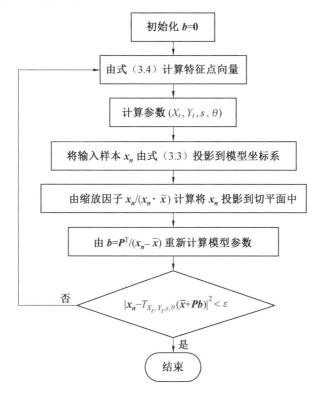

图 3.8　ASM 人脸区域提取流程图

3.1.3　面部表情单元组合

人类视觉通过大脑经视觉系统处理眼睛从外界获取的信息,并且实验表明

获知的信息和本身意识里希望看到的内容有关。而在人类交流中,注意力集中在对方的五官,经众多特征提取算子计算后的人脸数据显示眼眉、眼睛和嘴部等主要特征区域。这些特征部位的提取和运动能够显露交流对象的心理活动状态和情感趋向,在模式识别中即为表情识别。可见,主要表情部位提取在表情识别中极为重要。FACS 提出 30 年后,仍被广泛地应用于表情分析,通过观测面部行为和肌电图扫描学习,决定单一或多块肌肉组合收缩来确定面部外观的改变,是一种描述任何面部基本运动行为的科学方法。

根据 FACS,人脸活动部位主要集中在嘴部和额头的肌肉活动单元,不同 AUs 运动的组合带动对应皮肤下的肌肉产生不同的表情,因此,可以利用这些组合进行表情特征提取。人脸不同部位对不同表情的贡献各异,因此通过分析重要部位特征有益于表情识别。由于数据采集背景或环境的复杂性和多变性,对人脸图像进行降噪、几何和图像数据格式归一化等处理具有重要意义。将此过程和人脸检测相结合有助于缩减识别步骤,提高识别效率。因此,采用 ASM 中形状向量依据 FACS 理论剔除人脸中与表情生成无关的区域,仅保留主要面部特征区域,为精细表情特征计算提供更有意义的面部区域。

在 FACS 的基础上经 ASM 计算主要的面部特征点,提取表情区域,即为面部运动单元(AUC),构成面部表情特征提取区域。本节提出两种表情区域提取方法:① 将人脸区域分割成上、下两部分,上半部分包含眼眉和眼睛,下半部分包含鼻子和嘴巴,表示为 $R_{\mathrm{eg}}=2$;② 提取面部的左眼、右眼及嘴部 3 部分,表示为 $R_{\mathrm{eg}}=3$。上述两种方法根据 FACS 中 AUC 构成面部组合集中提取表情区域,提高表情特征提取的精确性和有效性。未采用 AUC 分割方法表示为 $R_{\mathrm{eg}}=1$。图 3.9 所示为 AUC 提取原理示意图,AUC 方法可消除脸颊上部和双眼之间的无效区域。

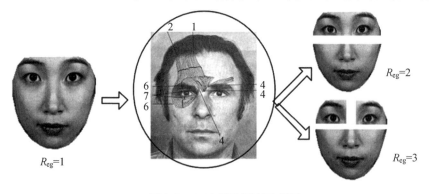

图 3.9　AUC 提取原理示意图

3.2　C – LBP 表情特征

特征提取在表情识别中起着至关重要的作用,通过计算人脸表情区域内纹理或形状的变化形成特征向量以实现表情分类。局部二值模式(LBP)作为一种纹理描述算子来提取图像局部邻域内的纹理信息,广泛应用于纹理分析、生物统计和人脸图像分析等。

3.2.1　改进 LBP 算子

一般情况下,LBP 算子采用对称圆形局部邻域,不能保证所有像素点都恰好落在图像坐标系的整数坐标值上,因此采用双线性插值算法计算此类像素点的图像灰度值,坐标位置为 $(x_{g_p}, y_{g_p}) = (- R\sin(2\pi p/P), R\cos(2\pi p/P))$。采用双线性插值后的 8 – 邻域 LBP 算子计算示意图如图 3.10 所示。

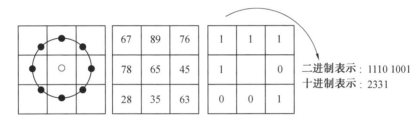

图 3.10　8 – 邻域 LBP 算子计算示意图

图 3.11 所示为不同 (P, R) 的 LBP 算子示例,采用双线性差值计算非整数图像坐标值与灰度值,扩大其多尺度适应性。为提高 LBP 特征描述的有效性和计算时间,可利用一种具有均匀模式的 LBP 算子,此算子在表征图像时所起作用比其他模式大,能够描述 90% 的空间结构特性。其定义是:在环形对称局部区域内,相邻两个灰度差值的符号由 0 到 1 或 1 到 0 跳变的次数最多为 2,而不满足此条件的 LBP 特征被定义为同一种其他的 LBP 模式,得该类模式共 $P(P - 1) + 3$ 种。图 3.12 所示为 8 – 邻域的 59 种均匀的 LBP 模式,其定义为

$$
\text{LBP}_{P,R}^{u2} = \begin{cases} \displaystyle\sum_{p=0}^{P-1} s(g_P - g_0), & U(\text{LBP}_{P,R} \leqslant 2) \\ P + 1, & \text{其他} \end{cases} \tag{3.7}
$$

式中

$$
U(\text{LBP}_{P,R}) = |s(g_{P-1} - g_c) - s(g_0 - g_c)| + \sum_{p=1}^{P-1} |s(g_P - g_c) - s(g_{P-1} - g_c)|
$$

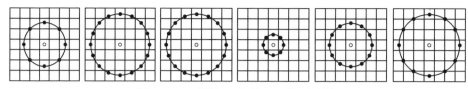

图 3.11　不同 (P, R) 的 LBP 算子示例

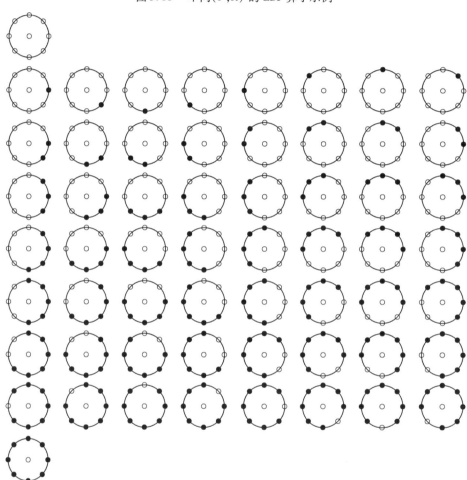

图 3.12　8 - 邻域的 59 种均匀的 LBP 模式

3.2.2　C - LBP 算子

　　人类视觉系统通过 3 种视锥细胞实现对光照和色彩的感知以及分辨空间和时间的频率,其中视网膜细胞感知光,圆锥细胞感知光照度和颜色,杆状细胞仅感知光照情况。Gabor 作为最流行的局部纹理算子,广泛地应用于人脸图像分析、手势识别、指纹验证等领域。Gabor 变换利用卷积提取图像特定区域内多尺

度、多方向及空间频率特征,获取面部的显著特征区域,能很好地模拟视觉捕捉轮廓的运行方式,接收视场内图像的突出特征。由于该特征采用多个 Gabor 过滤器计算获得,导致数据维数随着过滤器数量的增加而急剧增加,令基于 Gabor 特征的表情识别速度变慢。

本章基于 LBP 特征实现多方向和多邻域特征提取,拟合小波变换来表征人脸图像的纹理,即为 C – LBP 特征;与之相对的单邻域和半径的 LBP 算子称为单一 LBP(Single LBP,S – LBP)。在纹理分析中,LBP 通过平移局部邻域窗口提取中心像素在局部区域内的空间变化,当邻近像素点的灰度值大于中心像素的灰度值时,即触发 LBP 算子计算,类似于锥细胞对光照范围内的物体提取视觉信息。但 S – LBP 仅实现半径 R 内间隔为 $360/P$ 的 P 个方向上纹理变化的计算,所得纹理信息较之多尺度和方向的小波变换具有不完整性。为改善 S – LBP 在多方向和尺度的不足,提出 C – LBP 算子。

在提取 S – LBP 特征的过程中,首先将图像分割成许多矩形块,然后在每个矩形块中提取 LBP 特征,最后将矩形块的 S – LBP 值矩阵按分割顺序连在一起构成整张与原始图像大小相同的图像矩阵,并将 LBP 特征矩阵转换到灰度值空间得到 LBP 特征图。不同像素数目和半径值的 S – LBP 特征图像如图 3.13 所示。可见,不同 LBP 算子的面部纹理特征图各不相同,有效地表述了主要面部区域特征。随着 R 或 P 增加,特征图像亮度逐步增加,但是眼睛、鼻子、嘴部等的区分越来越模糊。不同 (P,R) 的 LBP 特征对主要面部区域的表征在区域大小和明暗程度上不同,证实了 C – LBP 算子对面部特征的描述可以构造出类似于小波变换在不同方向和尺度特征的提取。

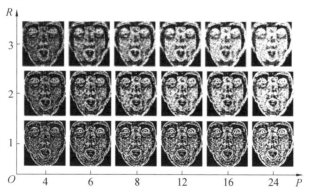

图 3.13　不同像素数目和半径值的 S – LBP 特征图像

S – LBP 在局部区域内计算中心像素与邻域内像素间的差值来描述图像纹理的变化,忽略提取更为微小或大范围区域内外观或纹理的变化。通过 C – LBP 可以提取空间中不同辐射角度的纹理特征。本章提出利用 C – LBP 算子计算邻域特征,如图3.14所示,从多个方向和邻域提取纹理变化,分别为多方向的、多邻域的和多方向多邻域的 C – LBP。不同 C – LBP 的定义如式(3.8)～(3.10)所示,其中式(3.8)是多半径C_R – LBP,式(3.9)是多邻域C_P – LBP,式(3.10)是多方向多邻域 $C_{R,P}$ – LBP。

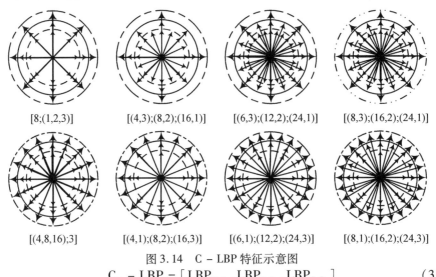

[8;(1,2,3)]   [(4,3);(8,2);(16,1)]   [(6,3);(12,2);(24,1)]   [(8,3);(16,2);(24,1)]

[(4,8,16);3]   [(4,1);(8,2);(16,3)]   [(6,1);(12,2);(24,3)]   [(8,1);(16,2);(24,3)]

图 3.14　C – LBP 特征示意图

$$C_R - \mathrm{LBP} = \left[\mathrm{LBP}_{P,R_1}, \mathrm{LBP}_{P,R_2}, \mathrm{LBP}_{P,R_3} \right] \tag{3.8}$$

$$C_P - \mathrm{LBP} = \left[\mathrm{LBP}_{P_1,R}, \mathrm{LBP}_{P_2,R}, \mathrm{LBP}_{P_3,R} \right] \tag{3.9}$$

$$C_{R,P} - \mathrm{LBP} = \left[\mathrm{LBP}_{P_1,R_1}, \mathrm{LBP}_{P_2,R_2}, \mathrm{LBP}_{P_3,R_3} \right] \tag{3.10}$$

FACS 被大量研究学者用于表情识别,本章采用 AUC 组合提取产生表情的主要面部区域,然后提取各个区域内的 C – LBP 特征,最后合成直方图形成表情特征。图 3.15 所示为采用 AUC 中 $R_{\mathrm{eg}} = 2$ 时提取的上、下两部分面部区域的直方图及两部分组合后的直方图,上半部分体现眼部动作,下半部分体现嘴部动作。

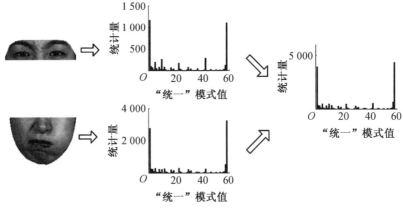

图 3.15　AUC 组合提取的直方图

3.2.3　最近邻分类器

本书采用最近邻分类器(The Nearest Neighborhood，NN) 完成表情识别。该分类器是一种重要的非参数化分类方法,根据输入样本和已有样本间的非相似性来判断样本类别,在模式识别和机器学习中应用广泛。假定某数据集合中有 c 个类别,分别为 $w_1, w_2, \cdots, w_c$,每个类别的样本数量为 $N_i (i = 1, 2, \cdots, c)$,判断函数如下:

$$g_i(\boldsymbol{x}) = \min_k \| \boldsymbol{x} - \boldsymbol{x}_i^k \| , \quad k = 1, 2, \cdots, N_i \tag{3.11}$$

式中, $\boldsymbol{x}_i^k$ 的上角标 k 为 w_i 类样本集中第 k 个样本,下角标为 w_i 类。根据最近邻算法原则,其决策函数为

$$g_j(\boldsymbol{x}) = \min_i g_i(\boldsymbol{x}) \tag{3.12}$$

则判断样本 $\boldsymbol{x}$ 为 w_j 类,其中 $i = 1, 2, \cdots, c$。

图 3.16 所示基于 AUC 和 C – LBP 特征的表情识别及训练流程图。首先采用 Haar – like 级联分类器检测输入测试图像中是否含有人脸,然后训练 ASM,并通过 AUC 提取主要表情区域,在选择区域内计算 C – LBP 特征,最后选取 NN 计算样本之间的相似性识别表情。

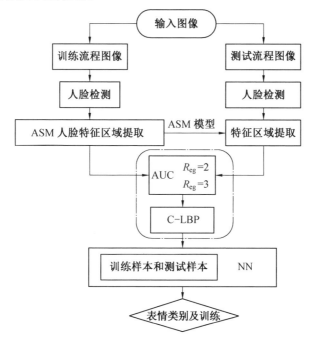

图 3.16　基于 AUC 和 C – LBP 特征的表情识别及训练流程图

3.3　实验结果及分析

本节进行依赖和独立主体交叉验证两种测试方式,表3.1和3.2中分别给出 LBP 特征中(P,R) 取值及其对应编号。图 3.18 ~ 3.24 中横坐标与表中编号对应,表示算子 S – LBP 和 C – LBP 中(P,R)的具体值,在以下实验分析中用 L 表示编号。表情混合矩阵的表格中从上往下依次代表生气、厌恶、恐惧、高兴、中性表情、悲伤和惊讶,分别用 AN、DI、FE、HA、NE、SA 和 SU 表示。

表 3.1　S – LBP 及其对应的编号

编号	(P,R)	编号	(P,R)	编号	(P,R)	编号	(P,R)	编号	(P,R)	编号	(P,R)
1	$(4,1)$	4	$(6,1)$	7	$(8,1)$	10	$(12,1)$	13	$(16,1)$	16	$(24,1)$
2	$(4,2)$	5	$(6,2)$	8	$(8,2)$	11	$(12,2)$	14	$(16,2)$	17	$(24,2)$
3	$(4,3)$	6	$(6,3)$	9	$(8,3)$	12	$(12,3)$	15	$(16,3)$	18	$(24,3)$

表 3.2　C – LBP 及其对应的编号

编号	(P,R)	编号	(P,R)	编号	(P,R)
19	$[4;(1,2,3)]$	20	$[6;(1,2,3)]$	21	$[8;(1,2,3)]$
22	$[12;(1,2,3)]$	23	$[16;(1,2,3)]$	24	$[24;(1,2,3)]$
25	$[(4,8,16);1]$	26	$[(4,8,16);2]$	27	$[(4,8,16);3]$
28	$[(6,12,24);1]$	29	$[(6,12,24);2]$	30	$[(6,12,24);3]$
31	$[(8,16,24);1]$	32	$[(8,16,24);2]$	33	$[(8,16,24);3]$
34	$[(4,3);(8,2);(16,1)]$	35	$[(4,1);(8,2);(16,3)]$	36	$[(6,1);(12,2);(24,3)]$
37	$[(6,3);(12,2);(24,1)]$	38	$[(8,3);(16,2);(24,1)]$	39	$[(8,1);(16,2);(24,3)]$

根据训练集合所得 ASM 中的平均形状模型,提取测试集中人脸区域,归一化到平均形状大小,消除噪声影响,并分别提取 S – LBP、C_R – LBP、C_P – LBP 和 $C_{P,R}$ –LBP 进行表情识别,计算交叉验证结果的平均值和标标准差来验证算法。图 3.17 所示为图 3.18 ~ 3.24 中不同识别率曲线对应的数据库和 AUC 算法中的 R_{eg} 标识,图中 J、F、M 均为 JAFFE 数据库、FEEDTUM 数据库和 MMI 数据库的简写。

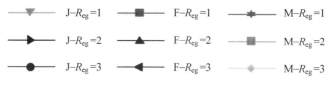

图 3.17　实验结果标识

3.3.1　基于近邻分类器的依赖主体交叉验证实验

图 3.18 所示为在 JAFFE 数据库、FEEDTUM 数据库和 MMI 数据库中,基于 S－LBP 的依赖主体交叉验证结果。JAFFE 数据库的最高识别率出现在 $(R_{eg},L)=(3,3)$。MMI 数据库中的测试结果最好,当 $(R_{eg},L)=(1,6)$ 时,识别率达到 97.67%。而 FEEDTUM 数据库中的识别率较差,当 $(R_{eg},L)=(3,8)$ 时,识别率最高。当 $R_{eg}=3$ 时,JAFFE 数据库和 FEEDTUM 数据库中表情特征的描述力要好于 $R_{eg}=\{1,2\}$,相比之下,识别率受邻域 P 的影响较小。

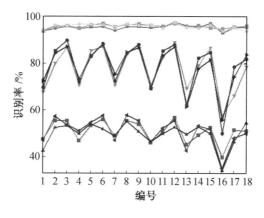

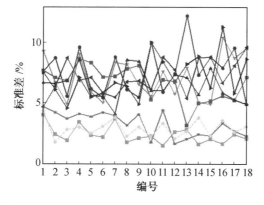

图 3.18　基于 S－LBP 的依赖主体交叉验证结果

图 3.19 所示为在 JAFFE 数据库、FEEDTUM 数据库和 MMI 数据库中,基于 C_R-LBP 和 C_P-LBP 的依赖主体交叉验证结果($L = 19 \sim 33$)。在该部分实验结果中,AUC 在 JAFFE 数据库和 FEEDTUM 数据库中的识别率要好于在 MMI 数据库中的识别率,当 $R_{eg} = 3$ 时标准差总和最小。C_P-LBP 的识别率比 C_P-LBP 的识别率稳定,说明纹理变化主要产生在不同邻域间,在不同方向上变化微小,如眼眉部分,在小邻域内各个方向灰度值几乎相同。当 $R_{eg} = 1$ 时,MMI 数据库的标准差总和最小,由于此数据库中各种标准差差值较小,因此对识别率的影响不大。JAFFE 数据库和 FEEDTUM 数据库中的最高识别率分别出现在 $(R_{eg}, L) = (3, 12)$ 和 $(R_{eg}, L) = (3, 3)$。

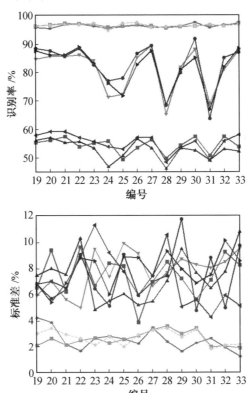

图 3.19 基于 C_R-LBP 和 C_P-LBP 的依赖主体交叉验证结果

由于 Cohn-Kanade 数据库中样本数量过大,该部分仅进行 $L = 1 \sim 15$ 和 $L = 19 \sim 22$ 的实验。基于 S-LBP 和 C_R-LB 在 Cohn-Kanade 数据库中的依赖主体交叉验证结果如图 3.20 所示。在 $L = 1 \sim 15$ 中,最高识别率出现在 $(R_{eg}, L) = (3, 8)$。而 C_R-LBP 的识别率在 $(R_{eg}, L) = (3, 20)$ 时,标准差总和要小于 $L = 1 \sim 15$ 时的总和。$R_{eg} = 1$ 时的识别率不稳定。从总体识别效果来看,AUC 的性能较好,能有效描述表情变化,识别率稳定。

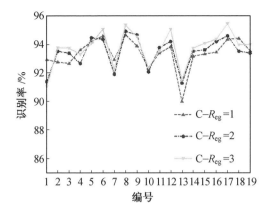

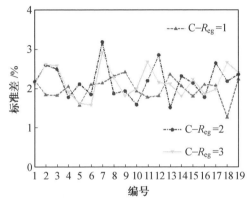

图 3.20　基于 S – LBP 和 C$_R$ – LB 在 Cohn – Kanade 数据库中的
依赖主体交叉验证结果

图 3.21 为 C$_{P,R}$ – LBP 在 JAFFE 数据库、FEEDTUM 数据库和 MMI 数据库中的识别率。由图可知，R_{eg} = 3 时的识别率高于 R_{eg} = 2 时的识别率。当 (R_{eg},L) = (3,39) 时，MMI 数据库中的识别率较高。在 FEEDTUM 数据库中，L = 34 ~ 39 中的识别率较好，而当 R_{eg} = 2 时稳定性最好。整体来说，当 L = 36 时，在所有数据库中识别率均最高，说明该复合算子表征力较强。JAFFE 数据库和 MMI 数据库中标准差在 L = 36 时最小，该类型算子从 60°、30° 和 15° 方向提取特征。

表 3.3 所示是 C – LBP 结合 AUC 特征提取在 JAFFE 数据库、MMI 数据库和 Cohn – Kanade 数据库中依赖主体的 10 – fold 交叉验证的识别率。在 JAFFE 数据库中，R_{eg} = 3 的识别率高于 R_{eg} = 2 的识别率，而其余两个数据库中的识别率比较接近。可见，AUC 对不同数据库中图像表情区域提取的效果存在差异。

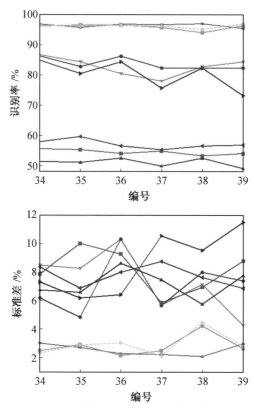

图 3.21 $C_{P,R}$ – LBP 在 JAFFE 数据库、FEEDTUM 数据库和 MMI 数据库中的识别率

表 3.3 C – LBP 结合 AUC 特征提取在 JAFFE 数据库、MMI 数据库和 Cohn – Kanade 数据库中依赖主体的 10 – fold 交叉验证的识别率

R_{eg}	(P, R)	JAFFE 数据库的识别率 /%	MMI 数据库的识别率 /%	Cohn – Kanade 数据库的识别率 /%
2	$(4, [1,2,3])$	84.76 ±9.5	95.67 ±4.8	93.09 ±1.4
	$(8, [1,2,3])$	86.67 ±6.3	95.67 ±5.1	95.77 ±1.3
	$(16, [1,2,3])$	85.71 ±7.1	97.00 ±2.9	96.06 ±1.8
	$([4, 1];[8, 2];[16, 3])$	85.71 ±8.2	95.83 ±5.0	95.43 ±1.4
	$([4, 3];[8, 2];[16, 1])$	85.71 ±8.2	96.50 ±3.9	95.31 ±1.2
3	$(4, [1,2,3])$	86.19 ±1.7	95.33 ±5.0	93.94 ±1.7
	$(8, [1,2,3])$	89.05 ±6.0	95.33 ±4.9	95.77 ±1.3
	$(16, [1,2,3])$	86.67 ±3.2	96.17 ±4.1	95.83 ±1.8
	$([4, 1];[8, 2];[16, 3])$	87.62 ±1.8	95.50 ±4.8	95.49 ±1.3
	$([4, 3];[8, 2];[16, 1])$	87.62 ±6.8	95.50 ±4.8	95.83 ±1.8

表 3.4 所示为其他相关特征提取方法分别在 JAFFE 数据库、MMI 数据库和 Cohn – Kanade 数据库中依赖主体的 10 – fold 交叉验证结果,"—"表示该方法中未采用对应的数据库做测试。本节所提 C – LBP 结合 AUC 特征在 JAFFE 数据库中最高平均识别率为87.62% ±6.8%,略低于 LDN 算法(91.1% ±3.0%),相比于 LD_iP(85.9% ±1.8%)算法、LBP(81.59% ±3.5%)算法和 Gabor(85.9% ±5.1%)算法具有更强的识别能力;在 Cohn – Kanade 数据库中,本书提出算法的最高平均识别率达到了96.06% ±1.8%,识别率强于其他相关特征算法。同时,虽然 MMI 数据库中各种算法的识别率没有给出,但本书算法的最高识别率为97.00% ±2.9%,实现了较好的识别能力。因此,根据识别率可知,本书所提方法在识别率上具有较高的优越性,且在不同数据库中均具有较好的鲁棒性。

表 3.4　其他相关特征提取方法分别在 JAFFE 数据库、MMI 数据库和 Cohn – Kanade 数据库中依赖主体的 10 – fold 交叉验证结果

其他算法	JAFFE 数据库的识别率 /%	MMI 数据库的识别率 /%	Cohn – Kanade 数据库的识别率 /%
LDN	91.1 ±3.0	—	95.1 ±4.1
LD_iP	85.9 ±1.8	—	94.3 ±3.9
LBP	81.59 ±3.5	—	94.88 ±3.1
Gabor	85.9 ±5.1	—	—
GDP	—	—	91.6

表 3.5 中所示为 JAFFE 数据库中依赖主体交叉验证的 C – LBP 表情混合矩阵($R_{eg} = 1$)。由表可见,对惊讶的识别率较好,主要误认为恐惧,两者产生时下颌部位运动在方向上类似。相比之下,对悲伤的识别率较低,分别误认为除惊讶之外的 5 种表情,主要误认为高兴。两者产生的相似之处在嘴角区域的运动,当运动方向和幅度相近时极易混淆。7 种类别中将中性表情看作是高兴的情况较多,主要由于高兴的程度较小,导致嘴部动作不大,而有些人在无表情时可能习惯性地将嘴部略微张开,导致两者较易相混。

表 3.5　JAFFE 数据库中依赖主体交叉验证的 C – LBP 表情混合矩阵

	AN	DI	FE	HA	NE	SA	SU
				$R_{eg} = 1$			
AN	**84.9**	8.1	0.0	0.0	0.0	7.0	0.6
DI	4.7	**86.0**	5.2	0.0	0.0	2.8	0.0
FE	0.0	5.2	**89.7**	0.0	1.8	7.5	2.6
HA	1.7	0.0	0.0	**87.7**	13.2	8.9	0.0
NE	0.0	0.0	0.0	4.5	**73.1**	4.2	0.6
SA	7.0	0.0	4.0	3.9	4.1	**69.5**	0.0
SU	1.7	0.6	1.1	3.9	7.8	0.0	**96.2**

表 3.6 所示是 JAFFE 数据库中基于 AUC 依赖主体交叉验证的 C－LBP 表情混合矩阵($R_{eg} = \{2,3\}$)。同 $R_{eg} = 1$ 一样,惊讶的识别率最高,但最低识别率发生在对无表情的识别上。在采用 AUC 后,对生气、厌恶的识别率均有所提高。当 $R_{eg} = \{2,3\}$ 时,中性表情主要误认为高兴和悲伤,将无表情判别为高兴的误认率最高。根据面部表情肌肉运动可知,高兴表现为眼部周围有所变化,并伴随嘴角和嘴部的运动。但在现实生活中高兴程度不同,体现为微笑、大笑等不同形式的面部外观,致使微笑与中性表情有时很难区分。$R_{eg} = 3$ 的识别率优于 $R_{eg} = 2$ 的识别率,降低了对恐惧和惊讶的误认率。

表 3.6　JAFFE 数据库中基于 AUC 依赖主体交叉验证的 C－LBP 表情混合矩阵

$R_{eg} = 2$							$R_{eg} = 3$						
AN	DI	FE	HA	NE	SA	SU	AN	DI	FE	HA	NE	SA	SU
90.4	2.6	1.0	0.0	2.8	7.4	0.0	**91.7**	1.4	2.6	0.0	2.0	4.1	0.0
7.2	**89.7**	4.6	0.0	0.0	5.4	1.4	7.7	**91.8**	4.1	0.0	0.0	6.7	1.8
0.0	7.7	**83.5**	0.0	2.4	4.4	0.7	0.0	6.8	**86.2**	0.0	2.0	3.6	0.6
0.0	0.0	0.0	**87.1**	13.8	8.8	4.7	0.0	0.0	0.0	**90.4**	12.7	7.3	3.0
0.0	0.0	1.0	2.2	**64.8**	2.9	0.0	0.6	0.0	0.0	1.4	**69.4**	2.1	0.6
0.0	0.0	6.2	5.0	10.7	**67.2**	1.4	0.0	0.0	4.1	4.1	10.6	**73.6**	1.2
2.4	0.0	3.6	5.8	5.5	3.9	**91.9**	0.0	0.0	3.1	4.1	3.3	2.6	**92.7**

表 3.7 所示为 FEEDTUM 数据库中依赖主体交叉验证的 C－LBP 表情混合矩阵($R_{eg} = 1$)。高兴的识别率最高,对惊讶的误认率最高,也是整体数据中最低的误认率。其次是惊讶的识别率较高,对恐惧的误认率较高,两者的相似性表现在眼眉和嘴部的运动。整体表情误认率最高值出现在将生气看作厌恶,悲伤的识别率最低,误认的表情主要有生气、恐惧和中性表情。由于悲伤主要表现在眼神中,而面部动作产生悲伤有时并不明显,极易与中性表情相混淆。

表 3.7　FEEDTUM 数据库中依赖主体交叉验证的 C－LBP 表情混合矩阵

	$R_{eg} = 1$						
	AN	DI	FE	HA	NE	SA	SU
AN	**55.8**	10.8	6.1	2.4	7.3	12.8	5.0
DI	19.2	**59.5**	10.0	7.4	5.7	7.2	3.1
FE	4.6	6.9	**47.4**	1.7	10.4	11.0	12.8
HA	2.7	6.9	6.4	**74.7**	3.1	6.2	6.9
NE	4.6	7.3	5.8	3.0	**49.0**	16.4	7.5
SA	10.1	4.2	11.4	3.0	17.2	**42.1**	4.0
SU	3.0	4.2	13.0	7.7	7.3	4.4	**60.7**

表 3.8 所示为 FEEDTUME 数据库中基于 AUC 依赖主体交叉验证的 C－LBP 表情混合矩阵（$R_{eg} = \{2,3\}$）。从表中可以看出,厌恶、高兴和惊讶的识别率在采用 AUC 后得到不同程度的提高。当 $R_{eg} = 2$ 时,中性表情的识别率较好,是依赖交叉验证的 FEEDTUM 数据库中所有混合表情矩阵的最高值。当 $R_{eg} = 2$ 时,对悲伤的识别率最差,其中大部分误认为厌恶、恐惧和中性表情。面部出现悲伤体现为眉毛内角皱在一起并抬高,眼内角的上眼皮抬高,嘴角下拉或嘴角颤抖。由此可得,悲伤在面部行为中主要体现在眼部。而 FEEDTUM 数据库中多为欧洲人,眉毛颜色较浅,外观运动在特征提取时纹理变化较小,所以对悲伤的识别率较差。

表 3.8　FEEDTUME 数据库中基于 AUC 依赖主体交叉验证的 C－LBP 表情混合矩阵

$R_{eg} = 2$							$R_{eg} = 3$						
AN	DI	FE	HA	NE	SA	SU	AN	DI	FE	HA	NE	SA	SU
49.7	8.6	10.1	0.7	11.7	9.6	3.5	**56.6**	10.4	6.7	0.3	6.9	11.6	5.0
22.7	**66.0**	6.4	6.8	4.4	10.2	3.8	20.4	**64.9**	3.9	8.0	4.9	7.9	5.3
3.6	9.1	**40.2**	3.2	6.8	15.3	15.1	0.0	8.0	**50.1**	2.9	7.7	12.9	11.8
2.5	5.7	4.9	**81.9**	8.2	6.1	2.5	1.7	4.4	4.9	**78.5**	8.1	4.3	1.5
9.3	0.5	7.5	3.6	**40.1**	19.2	7.3	7.3	2.8	3.6	6.4	**48.1**	17.5	7.1
9.6	8.1	16.7	1.4	18.4	**35.5**	6.6	11.2	6.0	14.7	1.6	15.8	**43.9**	5.6
2.7	1.9	14.1	2.5	10.5	4.2	**61.2**	2.8	3.6	16.2	2.2	8.4	2.0	**63.8**

　　表 3.9 所示为 MMI 数据库中依赖主体交叉验证的 C－LBP 表情混合矩阵（$R_{eg} = 1$）。误认主要发生在生气和恐惧两种表情上。在该数据库中,对生气的识别率最好,误认为厌恶、悲伤和惊讶。而识别率最低的表情——恐惧分别误判为生气、高兴、中性表情和惊讶。与 JAFFE 数据库和 FEEDTUM 数据库不同,恐惧识别率最差,大部分被误认为惊讶。由此可得,不同人在不同环境下对同一情感的表达通过面部展现出来的表情特征存在差异,识别率各不相同。

表 3.9　MMI 数据库中依赖主体交叉验证的 C－LBP 表情混合矩阵

	$R_{eg} = 1$						
	AN	DI	FE	HA	NE	SA	SU
AN	**98.2**	0.7	0.7	0.0	1.6	0.6	0.2
DI	0.2	**97.6**	0.0	0.0	1.6	0.0	0.0
FE	0.0	1.3	**92.4**	0.8	0.7	1.2	3.3
HA	0.0	0.4	1.6	**97.8**	0.0	0.0	0.6
NE	0.0	0.0	0.9	0.5	**94.8**	0.6	0.0
SA	1.4	0.0	0.0	0.9	0.9	**97.6**	0.0
SU	0.2	0.0	4.4	0.0	0.5	0.0	**95.9**

表3.10所示是MMI数据库中基于AUC依赖主体交叉验证的C-LBP表情混合矩阵（$R_{eg} = \{2,3\}$）。由于该数据库识别率很好，因此识别率提高并不明显，但是恐惧在$R_{eg} = \{2,3\}$时的识别率要高于在$R_{eg} = 1$时的识别率。此时，误认率主要产生在恐惧和惊讶两种表情上。中性表情成为最难识别的类别，识别率较低，并且误认情况发生在其余6种表情类别中。当$R_{eg} = 2$时，识别率较高，错误判别只发生在恐惧和悲伤两种表情上。将吃惊误认为恐惧的误认率较高。厌恶和高兴的识别效果在$R_{eg} = 2$时较好，识别率相同，但对其他表情的识别率不同。

表3.10 MMI 数据库中基于 AUC 依赖主体交叉验证的 C-LBP 表情混合矩阵

$R_{eg} = 2$							$R_{eg} = 3$						
AN	DI	FE	HA	NE	SA	SU	AN	DI	FE	HA	NE	SA	SU
97.4	0.7	0.0	0.0	0.9	0.0	0.0	**97.4**	0.7	0.0	0.0	1.7	0.0	0.0
1.2	**96.9**	0.2	0.0	0.6	0.2	0.0	0.6	**97.8**	0.2	0.2	0.6	0.2	0.0
0.0	2.2	**94.9**	0.3	2.2	0.6	4.4	0.6	1.6	**94.3**	0.9	1.5	0.6	3.2
0.4	0.2	1.9	**98.7**	1.9	1.6	0.6	0.2	0.0	2.4	**97.8**	1.5	0.6	0.6
0.6	0.0	0.0	0.0	**91.0**	1.2	0.0	0.6	0.0	0.0	0.0	**91.6**	1.2	0.0
0.4	0.0	0.0	1.0	2.4	**96.4**	0.0	0.6	0.0	0.0	0.9	2.4	**97.4**	0.0
0.0	0.0	2.9	0.0	1.1	0.0	**95.0**	0.0	0.0	3.1	0.2	0.6	0.0	**96.2**

表3.11所示是Cohn-Kanade数据库中依赖主体交叉验证的C-LBP表情混合矩阵（$R_{eg} = 1$）。将悲伤错认为中性表情的误认率较高，且对该表情识别率较差。最好的识别率发生在对厌恶和惊讶的识别中，识别率相同，前者被误认为中性表情，后者被错判为恐惧和中性表情。另外，恐惧和中性表情的识别率相同，这一情况的发生与选取样本的表情及其数量有关。

表3.11 Cohn-Kanade 数据库中依赖主体交叉验证的 C-LBP 表情混合矩阵

	$R_{eg} = 1$						
	AN	DI	FE	HA	NE	SA	SU
AN	**95.6**	0.0	0.3	0.2	0.8	0.8	0.0
DI	0.0	**98.9**	0.1	0.0	2.2	0.0	0.0
FE	0.5	0.0	**90.4**	0.4	3.7	0.3	0.4
HA	0.0	0.0	0.5	**97.0**	0.1	0.0	0.0
NE	3.1	1.1	8.3	2.1	**90.4**	9.4	0.7
SA	0.9	0.0	0.0	0.0	2.7	**89.4**	0.0
SU	0.0	0.0	0.4	0.2	0.1	0.0	**98.9**

表3.12所示为 Cohn－Kanade 数据库中基于 AUC 依赖主体交叉验证的 C－LBP 表情混合矩阵（$R_{eg} = \{2,3\}$）。生气、惊讶、悲伤在 $R_{eg} = \{2,3\}$ 时的识别率均高于 $R_{eg} = 1$ 时的识别率。在所有表情识别中，惊讶的识别率最高，接近 100%，悲伤的识别率较低，多被误认为中性表情。可见，悲伤识别难度较大，主要因为眉毛、嘴角的细微运动难以描述。误认情况主要产生在对中性表情和厌恶的识别，并且中性表情极易与其他 6 种类别相混淆，使相应的识别率下降。

表3.12　Cohn－Kanade 数据库中基于 AUC 依赖主体交叉验证的 C－LBP 表情混合矩阵

$R_{eg} = 2$							$R_{eg} = 3$						
AN	DI	FE	HA	NE	SA	SU	AN	DI	FE	HA	NE	SA	SU
96.3	0.0	0.4	0.0	1.0	0.2	0.0	**97.1**	0.5	0.3	0.0	0.6	0.2	0.0
1.4	**99.1**	0.2	0.1	1.9	0.1	0.0	1.1	**98.8**	0.0	0.1	1.2	0.4	0.0
0.5	0.0	**89.4**	0.7	4.5	0.7	0.2	0.0	0.0	**91.4**	0.2	4.5	0.6	0.4
0.0	0.0	0.2	**96.6**	0.4	0.0	0.0	0.0	0.0	0.0	**97.0**	0.6	0.0	0.1
1.4	0.9	9.3	2.6	**90.7**	9.1	0.4	1.7	0.8	8.2	2.7	**91.0**	9.0	0.2
0.5	0.0	0.0	0.0	1.4	**89.9**	0.0	0.2	0.0	0.1	0.0	1.6	**89.8**	0.0
0.0	0.0	0.4	0.0	0.2	0.0	**99.4**	0.0	0.0	0.1	0.0	0.6	0.0	**99.3**

3.3.2　基于近邻分类器的独立主体交叉验证实验

图 3.22 分别为 JAFFE 数据库、FEEDTUM 数据库和 MMI 数据库中，基于 S－LBP 的独立主体交叉验证结果。由图可知，3 个数据库中 JAFFE 数据库的识别率较好，其次是 MMI 数据库。但总识别率与依赖样本交叉实验的效果相比较差，其原因为不同人五官分布的差异，且 AUC 在 JAFFE 数据库中的优越性与其他两个数据库相比并不明显。根据标准差可知，MMI 数据库识别率的稳定性最差，而对 FEEDTUM 数据库中独立样本识别率的稳定性最好，且 LBP 算子中 R 和 P 对识别率的影响较小。

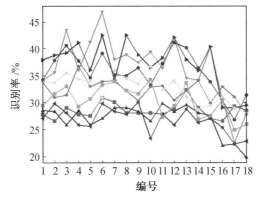

图 3.22　基于 S－LBP 的独立主体交叉验证结果

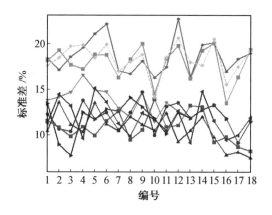

续图 3.22

图 3.23 所示为在 JAFFE 数据库、FEEDTUM 数据库和 MMI 数据库中,基于 C_R-LBP 和 C_P-LBP 的独立主体交叉验证结果。根据交叉验证的识别率可知,整体的识别率要好于 $L = 1 \sim 15$ 时的识别率,且 AUC 提高了 JAFFE 数据库中特征

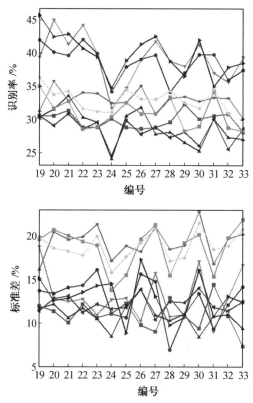

图 3.23 基于 C_R-LBP 和 C_P-LBP 的独立主体交叉验证结果

提取性能,降低了总体的标准差,增强了表情识别的稳定性。FEEDTUM 数据库中 AUC 的识别率低于 MMI 数据库中 AUC 的识别率,后者 $L = \{19,31\}$ 的识别率均高于 $R_{eg} = 1$,而且其他编号中存在 $R_{eg} = 2$ 或 $R_{eg} = 3$ 时的识别率优于 $R_{eg} = 1$ 时的识别率。因此,$L = 19 \sim 33$ 的 C – LBP 算子稳定性高于 S – LBP 算子稳定性。

　　图 3.24 所示为在 JAFFE 数据库、FEEDTUM 数据库和 MMI 数据库中基于 $C_{P,R}$ – LBP 的独立主体交叉验证结果($L = 34 \sim 39$)。AUC 在 JAFFE 数据库和 FEEDTUM 数据库中的识别率高于在 MMI 数据库中的识别率,且对 FEEDTUM 数据库的描述效果最好,标准差总和最小,尤其当 $R_{eg} = 2$ 时。在 JAFFE 数据库中,(R_{eg},L) = (2,34) 时,识别率较高。由于 MMI 数据库中样本的主体肤色、表达情感习惯的差异,独立样本交叉实验稳定性较差,但 AUC 能提高该数据库的稳定性。

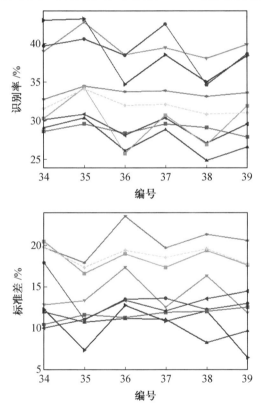

图 3.24　基于 $C_{P,R}$ – LBP 的独立主体交叉验证结果

　　表 3.13 所示为 JAFFE 数据库中独立主体交叉验证的 C – LBP 表情混合矩阵($R_{eg} = 1$)。厌恶最易识别,且识别率较高。恐惧、中性表情和悲伤的识别率最不理想,前者误认情况发生在悲伤和惊讶,后者大部分认为是生气和高兴。由于悲伤和恐惧受肌肉运动幅度影响,微小运动产生的表情被判别为中性表情。

表 3.13　JAFFE 数据库中独立主体交叉验证的 C – LBP 表情混合矩阵

	$R_{eg} = 1$						
	AN	DI	FE	HA	NE	SA	SU
AN	**45.4**	16.0	3.2	4.5	9.5	22.2	6.1
DI	25.8	**66.4**	13.2	1.7	2.8	8.0	2.3
FE	4.9	6.7	**37.4**	12.4	15.0	11.1	12.7
HA	1.2	3.4	6.3	**46.1**	10.7	20.4	12.2
NE	4.9	0.8	14.7	11.8	**26.5**	7.4	20.2
SA	17.2	6.7	19.5	13.5	15.4	**25.9**	3.8
SU	0.6	0.0	5.8	10.1	20.2	4.9	**42.7**

表 3.14 所示为 JAFFE 数据库中基于 AUC 独立主体交叉验证的 C – LBP 表情混合矩阵($R_{eg} = \{2,3\}$)。由表中数据可知,AUC 提高了惊讶和高兴的识别率。当 $R_{eg} = 2$ 时,悲伤的识别率最低,很大一部分认为是高兴和厌恶。当 $R_{eg} = 2$ 时,生气、厌恶、中性表情和惊讶的识别率与 $R_{eg} = 3$ 时相比有不同程度的提高。在识别中性表情过程中,误认主要发生在对生气和悲伤的识别中,厌恶与吃惊混淆的误认率为 0。根据 AUC 提取识别区域后,对中性表情描述与其他表情相比较差,识别率不尽如人意,改进 AUC 重构机制有利于改进对该表情的识别。

表 3.14　JAFFE 数据库中基于 AUC 独立主体交叉验证的 C – LBP 表情混合矩阵

$R_{eg} = 2$							$R_{eg} = 3$						
AN	DI	FE	HA	NE	SA	SU	AN	DI	FE	HA	NE	SA	SU
32.4	8.5	10.0	7.1	20.7	13.3	5.6	**26.9**	14.5	4.5	12.2	22.2	15.8	4.1
22.9	**67.8**	17.5	7.1	3.6	17.4	1.7	20.1	**59.4**	18.6	9.5	5.2	13.3	2.5
8.6	15.3	**35.4**	5.7	11.5	11.0	11.9	13.4	21.7	**42.3**	1.4	8.5	9.5	9.1
1.0	0.0	6.1	**59.3**	7.2	20.1	7.3	3.0	0.0	3.2	**55.8**	8.9	20.3	10.2
12.4	0.0	12.2	6.4	**29.3**	7.6	11.9	18.7	1.4	9.5	4.1	**27.0**	10.0	15.2
16.2	8.5	8.3	8.6	20.4	**25.0**	2.8	15.7	2.9	7.7	12.2	20.0	**27.8**	3.6
6.7	0.0	10.5	5.7	7.2	5.7	**58.8**	2.2	0.0	14.1	4.8	8.1	3.3	**55.3**

表 3.15 所示为 FEEDTUM 数据库中独立主体交叉验证的 C – LBP 表情混合矩阵($R_{eg} = 1$)。恐惧的识别率最差,将其判为惊讶的识别率最高。恐惧表现为眼眉皱起、眼睛睁大,同时嘴巴张开,但仅略微露出牙齿时,极易与惊讶混淆。高兴的识别率最高,大部分被误判为厌恶,同时,厌恶大部分被误判为高兴。可见,不同人在表现出厌恶和高兴的神情时主要表情区域产生的运动较为相似。其中,最易混淆的表情是恐惧,误认率总和最高,其次是厌恶和生气。

表 3.15　FEEDTUM 数据库中独立主体交叉验证的 C－LBP 表情混合矩阵

	AN	DI	FE	HA	NE	SA	SU
				$R_{eg}=1$			
AN	**36.8**	8.7	15.0	10.6	16.2	11.6	9.6
DI	9.2	**31.1**	12.9	18.2	12.0	15.2	10.1
FE	20.4	6.8	**18.8**	6.1	15.0	16.5	15.7
HA	3.3	24.8	5.6	**51.1**	7.3	5.5	7.1
NE	5.3	12.4	12.9	6.1	**20.3**	15.2	15.9
SA	19.7	11.2	12.2	1.4	18.1	**25.3**	11.1
SU	5.3	5.0	22.6	6.4	11.2	10.7	**30.4**

表 3.16 所示为 FEEDTUM 数据库中基于 AUC 独立主体交叉验证的 C－LBP 表情混合矩阵($R_{eg}=\{2,3\}$)。计算结果表明,利用 AUC 提取主要特征部位,改善了高兴、中性表情和惊讶的识别率,其中对高兴的识别率最高,对厌恶的识别率较低。当 $R_{eg}=2$ 时,厌恶的识别率较低,被误判为悲伤。而当 $R_{eg}=3$ 时,对恐惧的识别率较差,主要被误判为惊讶和生气。整体来说,$R_{eg}=2$ 时的识别率高于 $R_{eg}=3$ 时的识别率。由于 FEEDTUM 数据库中主体眼眉和眼皮特征区分不大,导致厌恶、悲伤和恐惧的识别率不理想。

表 3.16　FEEDTUM 数据库中基于 AUC 独立主体交叉验证的 C－LBP 表情混合矩阵

$R_{eg}=2$							$R_{eg}=3$						
AN	DI	FE	HA	NE	SA	SU	AN	DI	FE	HA	NE	SA	SU
27.6	17.2	15.7	7.2	11.4	19.6	8.4	**39.1**	19.6	16.9	10.8	9.5	13.6	8.1
18.6	**21.2**	11.3	20.7	11.8	14.9	9.2	15.6	**22.4**	12.6	18.3	13.1	19.3	7.4
14.0	3.6	**17.5**	4.4	18.5	15.3	17.9	21.4	7.0	**16.5**	6.6	16.0	13.3	15.8
4.1	16.1	6.5	**57.4**	10.8	5.1	10.6	1.6	14.0	4.6	**49.4**	12.7	4.3	11.6
14.5	10.9	14.4	2.8	**23.4**	12.4	10.8	8.3	13.3	11.7	4.2	**23.7**	15.6	14.1
16.7	26.3	11.5	4.4	13.6	**21.8**	9.2	9.4	17.5	14.0	6.9	15.6	**28.2**	9.6
4.5	4.7	23.0	3.2	10.6	10.9	**33.8**	4.7	6.3	23.8	3.9	9.5	5.6	**33.3**

表 3.17 所示为 MMI 数据库中独立主体交叉验证的 C－LBP 表情混合矩阵($R_{eg}=1$)。与 FEEDTUM 数据库中的识别率类似,厌恶的识别率较低,被误判为生气、高兴和悲伤。而恐惧和悲伤的识别率与其误认率较为接近,是整体识别率中的最高误认率,严重影响了对该数据库的识别率。高兴的识别率最高,大部分

误判为惊讶,由于两种表情嘴角运动的区别较大,因此 C - LBP 对嘴角运动特征描述存在不足。

表 3.17　MMI 数据库中独立主体交叉验证的 C – LBP 表情混合矩阵

	AN	DI	FE	HA	NE	SA	SU
	$R_{eg} = 1$						
AN	**42.9**	23.5	2.7	11.0	8.5	9.3	7.3
DI	12.0	**15.9**	8.2	11.2	6.9	25.0	7.1
FE	3.5	4.9	**25.0**	6.2	17.0	10.8	17.1
HA	7.4	24.7	23.5	**46.6**	9.1	6.0	18.4
NE	9.8	5.5	9.1	4.2	**33.4**	8.8	5.3
SA	11.8	21.3	14.0	3.0	14.8	**27.3**	5.7
SU	12.5	4.3	17.4	17.8	10.3	12.7	**39.1**

表 3.18 所示为 MMI 数据库中基于 AUC 独立主体交叉验证的 C – LBP 表情混合矩阵($R_{eg} = \{2,3\}$)。其中出现误认率高于识别率的频率大于 FEEDTUM 数据库,分别为 $R_{eg} = 2$ 时,厌恶和恐惧及 $R_{eg} = 3$ 时厌恶、恐惧和悲伤,其中厌恶大部分误判为高兴。利用 AUC 后,增加了厌恶和惊讶的识别率,减少了对生气和厌恶的误认率。但是 $R_{eg} = 3$ 时的识别率优于 $R_{eg} = 2$ 时的识别率,改进了对厌恶、高兴、中性表情和惊讶的识别性能。由 AUC 提取主要表情区域后,降低了生气的识别率,原因是生气时眼睛下面部分皮肤移动,而此部分被 AUC 移除,使表情特征信息缺失,降低了生气的识别率。

表 3.18　MMI 数据库中基于 AUC 独立主体交叉验证的 C – LBP 表情混合矩阵

$R_{eg} = 2$							$R_{eg} = 3$						
AN	DI	FE	HA	NE	SA	SU	AN	DI	FE	HA	NE	SA	SU
37.0	15.6	3.9	12.4	7.1	16.2	8.4	**37.3**	22.2	3.9	11.7	5.6	16.8	9.3
12.3	**16.7**	7.5	8.1	15.5	20.4	6.2	10.0	**25.5**	8.1	9.2	14.0	17.6	5.4
8.7	10.0	**18.2**	3.4	16.2	11.2	17.7	7.8	7.7	**16.6**	4.4	13.8	14.2	18.4
9.1	15.2	29.0	**44.1**	11.0	8.9	12.7	7.6	14.5	25.6	**48.0**	12.5	6.9	14.5
8.3	8.1	13.0	12.5	**21.0**	8.7	6.8	13.2	6.0	13.6	5.6	**25.6**	8.0	5.4
10.2	27.8	13.4	6.3	14.4	**24.0**	8.8	9.8	18.6	14.6	10.4	14.5	**26.2**	6.0
14.3	6.7	15.0	13.2	14.8	10.7	**39.4**	14.4	5.5	17.5	10.7	14.0	10.3	**40.9**

3.4　本章小结

　　针对面部表情特征的有效提取,本章采用 ASM 精确勾勒出脸部区域及其特征部位轮廓,并根据 FACS 分割面部区域,提取面部表情单元构成的主要表情生成区域,结合 C – LBP 特征提取面部表情特征,实现主要表情区域和完整特征的稳定提取。该算法基于 FACS 选择表情主要区域,由粗到精地计算表情纹理特征,形成具备强识别率的数据信息,为智能化表情人机交互提供算法基础。

　　在常用数据库中利用 NN 分类获得良好的识别率,并通过与 S – LBP 进行大规模对比实验,证明 C – LBP 结合 AUC 表情识别算法稳定、有效,增强了表情特征的提取性能和识别率。

第4章

无监督特征选择方法

计算机理解人类感情属于人工智能的研究范围,也是表情交互智能服务机器人系统研究的一个方面,因此,表情识别算法作为理解情感的工具,其研究热度和深度与日俱增。面部特征提取是表情识别算法中必不可少的一步,而提取后的特征维数一般非常庞杂,且存在信息冗余和噪声,因此选择最具表征力的表情特征十分有意义。

LBP算子邻域内像素数目的增加引起特征维数的增加,致使运算开销激增并降低识别时间,且不利于表情识别。针对LBP特征的统计属性和识别率问题,本章在流算法的基础上,提出基于χ^2距离度量的无监督实现特征选择,提取更有效的表情表征,实现表情图像快速识别。

4.1 流形学习算法

在过去的几十年间,研究人员通过流形学习算法进行降维计算,提取高维数据的有效信息。流形学习是通过映射建模寻找低维流形嵌入,利用低维数据表达高维数据,应用于数据挖掘、机器学习等领域。具体阐述如下:

假设高维数据集合 X 可以通过低维数据集合 Y 由某种变换 f 生成,即 $f:Y \to \mathbb{R}^m$,则流形学习的目标为通过 X 重构 Y 和 f。

流形学习算法主要在假设观测数据集合保持某种内在结构的基础上,通过某种准则在嵌入的低维空间中保持此准则,更好地描述数据的本质属性。经典的流形学习算法包括 Isomap、LLE(Locally Linear Embedding) 和 LE(Laplacian Eigenmaps),其中前者是全局意义上的流形嵌入,后两者为局部意义上的流形嵌入。下面分别介绍上述 3 种算法,假设在高维数据空间 $\mathbb{R}^m$ 中存在数据集合 $X = (\boldsymbol{x}_1, \boldsymbol{x}_2, \cdots, \boldsymbol{x}_N)$,即存在 N 个维度为 m 的实例样本,X 对应低维空间描述, $Y = (\boldsymbol{y}_1, \boldsymbol{y}_2, \cdots, \boldsymbol{y}_N)$,其中 $Y \in \mathbb{R}^l$ 且 $l < m$。

4.1.1　Isomap

Isomap 算法根据等距映射计算观测数据空间对应的低维结构描述,在确保原始观测数据结构渐进收敛的条件下,实现数据由高维空间向低维空间的嵌入。该算法的主要思想是保持数据内点对间的几何结构:测地线距离,相邻点对间的距离用欧几里得距离计算,而相距较远点对间的距离用一组相关的欧几里得距离之和近似,利用 MDS 算法获得转换空间。在介绍此算法之前,做出如下定义:

(1)$d_X = \parallel \boldsymbol{x}_i - \boldsymbol{x}_j \parallel$ 表示样本 $\boldsymbol{x}_i$ 和 $\boldsymbol{x}_j$ 的欧几里得距离,用于计算观测数据集合中点对间的距离。

(2)d_G 表示观测数据集合中点对在空间图 G 中的距离。通过计算空间中样本点间邻域构造图 G,d_G 计算如下:

① 初始化 $d_G(i,j) = d_x(i,j)$;

② $d_G(i,j) = \begin{cases} d_x(i,j), i,j \in N; \\ \infty, \text{其他} \end{cases}$;

③ $d_G(i,j) = \min\{d_G(i,j), d_G(i,k) + d_G(k,j)\}$,其中 $k = 1, 2, \cdots, N$;

④ 构建距离矩阵 $\boldsymbol{D}_G$。

Isomap 建立在 MDS 的基础上,为保证数据集合全局意义下的几何性质,目标函数为

$$\arg \min_Y E = \parallel \tau(\boldsymbol{D}_G) - \tau(\boldsymbol{D}_X) \parallel_{l^2} \tag{4.1}$$

式中　　$\boldsymbol{D}_G$——高维空间中图距离;

　　　　$\boldsymbol{D}_Y$——低维空间中欧几里得距离;

　　　　$\parallel \boldsymbol{A} \parallel_{l^2}$——矩阵范数,$\parallel \boldsymbol{A} \parallel \sqrt{\sum_{i,j} \boldsymbol{A}_{i,j}^2}$。

利用 MDS 算法得

$$\tau(D) = -\boldsymbol{HSH}/2 \tag{4.2}$$

式中　　　　　　　　$S_{ij} = D_{ij}^2, \quad H_{ij} = \delta_{ij} - 1/N$

对式(4.2)进行特征值求解,所得特征值为 $\lambda_1, \lambda_2, \cdots, \lambda_d$ 且 $\lambda_1 \geqslant \lambda_2 \geqslant \cdots \geqslant \lambda_d$,其所对应特征向量 $\boldsymbol{p}_1, \boldsymbol{p}_2, \cdots, \boldsymbol{p}_d$ 构成嵌入低维数据坐标:

$$\boldsymbol{Y} = (\boldsymbol{y}_1, \boldsymbol{y}_2, \cdots, \boldsymbol{y}_n)^T = (\sqrt{\lambda_1} \boldsymbol{p}_1, \sqrt{\lambda_2} \boldsymbol{p}_2, \cdots, \sqrt{\lambda_d} \boldsymbol{p}_d)$$

"Swiss roll"数据集合的 Isomap 示意图如图 4.1 所示,分别描述非线性流形中欧几里得距离(a)(虚线所示)和测地线距离(实线所示),根据邻域计算近似测地线距离(b)(红色实线所示),及嵌入低维流形空间中近似测地线距离(c)(蓝色实线)。Isomap 的具体步骤如下:

  ① 根据 ε 邻域或 k 近邻在高维数据集中构建图 G;

  ② 计算矩阵 $\boldsymbol{D}_G$;

  ③ 求解式(4.2),获得特征值 λ 和特征向量 $\boldsymbol{P} = \begin{bmatrix} p_1 & p_2 & \cdots & p_d \end{bmatrix}$,并根据特征向量由大到小顺序选择对应的特征向量,得 $\boldsymbol{Y} = \left(\sqrt{\boldsymbol{P}} \right)^{\mathrm{T}}$。

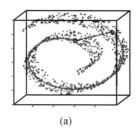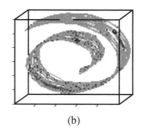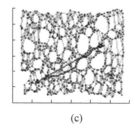

(a)   (b)   (c)

图 4.1 "Swiss roll"数据集合的 Isomap 示意图

4.1.2 LLE

  LLE 通过保留观测数据局部的线性结构来探索高维数据的非线性结构,在确保不存在局部最小值的情况下将数据映射到低维空间。假设数据集合 X 中存在光滑内在流形,且期望其中数据及邻域中的点依赖于或接近流形中的局部线性面片。根据面片的局部几何特征在 k 邻域内进行数据重构,最小化点 $\boldsymbol{x}_i$ 重构误差,目标函数为

$$\varepsilon(\boldsymbol{W}) = \sum_i \left| \boldsymbol{x}_i - \sum_j W_{ij} \boldsymbol{x}_j \right|^2 \tag{4.3}$$

  在计算权重值 W_{ij} 的过程中,对其进行两个限定:① 为保持局部邻域几何特性,当 $\boldsymbol{x}_j$ 不是 k 邻域的中点时,令 $W_{ij} = 0$;② 为确保权重值具有旋转、缩放和平移不变性,令 $\sum_j W_{ij} = 1$。利用拉格朗日乘数法得最优解为

$$W_{ij} = \frac{\sum_k G_{jk}^{-1}}{\sum_{lp} G_{lp}^{-1}} \tag{4.4}$$

使得嵌入的低维空间中存在由重构权重值 W_{ij} 获得的线性映射,能够保持重构数据具有相同的几何结构,由下式计算点 $\boldsymbol{x}_i$ 映射到低维空间中的对应点 y_i:

$$\phi(\boldsymbol{Y}) = \sum_i \left| \boldsymbol{y}_i - \sum_j W_{ij} \boldsymbol{y}_j \right|^2 \tag{4.5}$$

其二次型的形式为

$$\phi(\boldsymbol{Y}) = \boldsymbol{YMY}^{\mathrm{T}} \tag{4.6}$$

式中 $\boldsymbol{M} = (\boldsymbol{I} - \boldsymbol{W})^{\mathrm{T}}(\boldsymbol{I} - \boldsymbol{W})$；

$\boldsymbol{I}$——$N \times N$ 单位矩阵。

通过计算 $\boldsymbol{M}$ 的特征值和特征向量，选择 l 个最小非零特征值对应的特征向量构成转换坐标系，其计算函数为

$$\boldsymbol{M\alpha} = \lambda \boldsymbol{\alpha} \tag{4.7}$$

由于式(4.5)具有旋转不变和各向缩放同性的特性，所以 $\boldsymbol{YY}^{\mathrm{T}} = \boldsymbol{I}_l$。为保证平移不变性，令 $\sum\limits_i y_i = 0$。图 4.2 所示为 S – curve 数据集合的 LLE 示意图。由图可知，LLE 算法保留高维数据的局部几何结构。LLE 的具体计算过程如下：

（1）计算点 x_i 的 k 邻域；

（2）由式(4.4)计算权重矩阵；

（3）由式(4.7)计算嵌入低维空间坐标系。

图 4.2   S – curve 数据集合的 LLE 示意图

4.1.3   LE

Belkin 和 Niyogi 通过保持邻域内数据的几何特性，根据拉普拉斯算子提供最优嵌入准则，用拉普拉斯 – 贝尔米特算子的近似观测原始数据的拉普拉斯图，在高维流形中嵌入低维流形重构观测数据，并结合热核函数建立映射关系。图论中，图 $G = (V, E)$ 由边和顶点构成，其中 V 为顶点，E 为由顶点构成的边。在观测数据集合中，每个样本对应图 G 中顶点 V，顶点对之间的关系用边 E 表示。假设高维空间中某邻域内子集存在图 $G = (V, E)$，映射到低维空间中后依旧保持邻近关系，则存在最小化函数：

$$\sum_{i,j} (y_i - y_j)^2 W_{ij} \tag{4.8}$$

即

$$\frac{1}{2} \sum_{i,j} (y_i - y_j)^2 W_{ij} = YLY^T$$

式中

$$L = D - W, D_{ii} = \sum_j W_{ij}$$

为消除任意缩放因子的影响,令 $YDY^T = 1$。根据拉格朗日乘数法得

$$Ly = \lambda Dy \tag{4.9}$$

若特征值为 0,则对应值是全部为 1 的特征向量,使得邻接图 G 中顶点缩为 1。因此,限定 $YD1 = 0$,式(4.9)中非零特征值对应的特征向量即为嵌入空间的低维数据。图 4.3 所示为"Swiss roll"数据集合的 Isomap 示意图,描述高维流形在不同低维流形中的嵌入,并保持数据的局部几何结构。LE 的具体计算步骤如下:

(1)构建邻接图 G,当 i 和 j 相互邻接时,$G_{ij} = 1$;否则 $G_{ij} = 0$;

(2)选择权重衡量机制计算拉普拉斯矩阵 L 和度矩阵 D;

(3)求解特征值方程(4.9),获得低维数据表述。

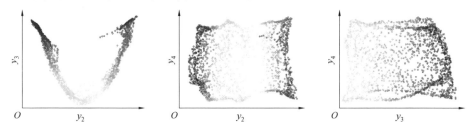

图 4.3 "Swiss roll"数据集合的 Isomap 示意图

4.2 基于无监督的 LBP 特征选择

目前,特征选择方法根据算法对特征重要性判定准则主要分为"映射"和"过滤"两种。前者利用学习算法对原始数据和测试数据进行特征子集识别率或聚类能力计算,后者仅在观测数据集合中根据某种规则计算特征间的相关性进行特征选择。根据特征集合所给信息中是否含有类别标签,可以分为监督、半监督和无监督的特征选择。Liu 等人提出一种基于熵距离衡量的 LS 无监督特征选择算法,由熵距离替代 K – Mean。Javed 等人提出一种基于特征排列的特征选择算法(Class – dependent Density – based Feature Elimination,CDFE),该算法结合特征子集选择算法构成两层特征选择机制。Jing 等人通过有监督 PLDA(Parallel LDA)和无监督 PLPP(Parallel LPP)估计有权重与无权重的样本散度,构造整体仿射矩阵(Affinity Matrix)进行特征选择。

本节主要采用无监督特征选择方法,通过计算单个特征点在整体特征空间的表征力选择特征点。通过研究发现,特征选择算法中衡量机制设计及运算消耗非常重要。因此,针对 LBP 直方图特性,利用 χ^2 统计距离构造邻接图,并结合 $0-1$ 权重提出特征选择算法 $LS-\chi^2$,实现无监督 LBP 特征选择。

4.2.1　局部保留投影映射

保留局部投影映射(Local Preservede Projection,LPP)于 2005 年提出,其主要思想始于 LE,认为高维空间中邻接样本在低维空间中仍保持邻接关系。通过寻找拉普拉斯 – 贝尔特拉米算子在流形中最优化线性近似特征函数,对 LE 进行线性化,弥补"out of sample"的缺陷。

根据图谱理论,顶点和边分别表示为 $V_i(i=1,2,\cdots,N)$、$E_{ij}(i,j=1,2,\cdots,N)$。首先构造局部邻接图表述局部结构特征,有以下两种方法可以构建图 G:

(1)ε – 邻域($\varepsilon\in\mathbb{R}$):若原始空间中两点 $\boldsymbol{x}_i$ 和 $\boldsymbol{x}_j$ 间满足 $\|\boldsymbol{x}_i-\boldsymbol{x}_j\|^2<\varepsilon$,则两点间由边连接。

(2)k 近邻($k=1,2,\cdots,N$):若满足 $\boldsymbol{x}_i\in N_p(\boldsymbol{x}_j)$ 或 $\boldsymbol{x}_j\in N_p(\boldsymbol{x}_i)$,则两点间存在边连接。

根据构建邻接图计算相邻样本间的邻近关系,并采用权重值描述邻近两点间的相关性。常用权重矩阵有以下 3 种:

(1)$0-1$ 权重。

$$W_{ij}=\begin{cases}1,&\boldsymbol{x}_i\in N_p(\boldsymbol{x}_j)\text{ 或 }\boldsymbol{x}_j\in N_p(\boldsymbol{x}_i)\\0,&\text{其他}\end{cases}$$

(2)热核权重。

$$W_{ij}=\begin{cases}\mathrm{e}^{-\frac{\|\boldsymbol{x}_i-\boldsymbol{x}_j\|^2}{\sigma}},&\boldsymbol{x}_i\in N_p(\boldsymbol{x}_j)\text{ 或 }\boldsymbol{x}_j\in N_p(\boldsymbol{x}_i)\\0,&\text{其他}\end{cases}$$

(3)点积权重。

$$W_{ij}=\begin{cases}\boldsymbol{x}_i^{\mathrm{T}}\boldsymbol{x}_j,&\boldsymbol{x}_i\in N_p(\boldsymbol{x}_j)\text{ 或 }\boldsymbol{x}_j\in N_p(\boldsymbol{x}_i)\\0,&\text{其他}\end{cases}$$

假设存在变换向量 $\boldsymbol{a}$ 满足 LE 的优化目标函数,即 $\sum_{i,j}(\boldsymbol{y}_i-\boldsymbol{y}_j)^2W_{ij}$,且存在 $\boldsymbol{y}^{\mathrm{T}}=\boldsymbol{a}^{\mathrm{T}}\boldsymbol{X}$。由此得目标函数为

$$\frac{1}{2}\sum_{ij}(\boldsymbol{y}_i-\boldsymbol{y}_j)^2W_{ij}=\frac{1}{2}\sum_{ij}(\boldsymbol{a}^{\mathrm{T}}\boldsymbol{x}_i-\boldsymbol{a}^{\mathrm{T}}\boldsymbol{x}_j)^2W_{ij}=\boldsymbol{a}^{\mathrm{T}}\boldsymbol{X}\boldsymbol{L}\boldsymbol{X}^{\mathrm{T}}\boldsymbol{a}$$

式中,$\boldsymbol{D}_{ii}=\sum_j W_{ij}$,$\boldsymbol{L}=\boldsymbol{D}-\boldsymbol{W}$,$\boldsymbol{L}$ 称为拉普拉斯矩阵,且 $\boldsymbol{D}_{ii}$ 值越大,说明与其邻接的样本点越多,对应的 $\boldsymbol{y}_i$ 越重要。为消除不确定性,增加如下约束:

$$y^{\mathrm{T}}Dy = 1 \Rightarrow a^{\mathrm{T}}XDX^{\mathrm{T}}a = 1$$

由此得优化目标函数为

$$\arg \min_{a^{\mathrm{T}}XDX^{\mathrm{T}}a = 1} a^{\mathrm{T}}XLX^{\mathrm{T}}a$$

转化为特征值问题,即

$$XLX^{\mathrm{T}}a = \lambda XDX^{\mathrm{T}}a \tag{4.10}$$

所得非零特征值 λ_i 对应的特征向量 a_i 即为转换向量。根据式(4.10)可得,特征值越小,越能保持局部邻接结构,因此按特征值由小到大,选取对应的前 d 个特征向量构成转换矩阵 $A = (a_1, a_2, \cdots, a_d)$,得低维数据

$$y_i = A^{\mathrm{T}}x_i \tag{4.11}$$

图 4.4 所示为 LPP 流程图,主要由近邻图构建、权重矩阵计算及特征值求解 3 部分构成。图 4.5 所示为 LPP 投影轴示意图,描述了 3 类数据簇的 2 个最优投影轴,将高维数据映射到投影轴构成的坐标系空间。

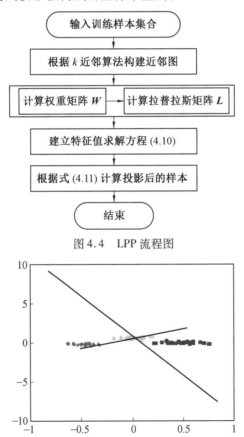

图 4.4 LPP 流程图

图 4.5 LPP 投影轴示意图

4.2.2 基于 Chi 方法统计的无监督特征选择

在模式识别和聚类分析中,希望数据对不同类别表述具有区分性,而对同类别具有凝聚力。因此,经分析 LPP 得,计算局部保留重要性以衡量样本特征点的表述力,即为无监督特征选择算法(Laplacain Scores,LS)。原始数据样本 i 中某个特征点 f_{ri} 在 m 维空间中的表述力 L_r 描述为

$$L_r = \frac{\sum_{ij}(f_{ri}-f_{rj})^2 W_{ij}}{\mathrm{Var}(f_r)} \tag{4.12}$$

式中　$\mathrm{Var}(f_r)$——样本中第 r 个特征点的估计方差。

在图嵌入中,W_{ij} 的值越大,说明两个样本 x_i 和 x_j 间的相关性越大。显然,$\sum_{ij}(f_{ri}-f_{rj})^2$ 越小,特征点 f_r 越能够表征样本 i 和 j,则该点在整体数据集合中描述力越强。由式(4.12) 得

$$\sum_{ij}(f_{ri}-f_{rj})^2 W_{ij} = 2\sum_{i=1}^{N}f_{ri}^2\sum_{j=1}^{N}W_{ij} - 2\sum_{i=1}^{N}f_{ri}\sum_{j=1}^{N}W_{ij}f_{rj}$$
$$= 2f_r^{\mathrm{T}}(D-W)f = 2f_r^{\mathrm{T}}Lf_r \tag{4.13}$$

结合图谱理论和概率论知识,$\mathrm{Var}(f_r)$ 估计如下:

$$\mathrm{Var}(f_r) = \sum_i (f_{ri}-\mu_r)^2 D_{ii} \tag{4.14}$$

式中

$$\mu_r = \frac{f_r^{\mathrm{T}}D1}{1^{\mathrm{T}}D1}$$

为消除无意义特征向量影响,进行中心化计算:

$$\tilde{f}_r = f_r - \frac{f_r^{\mathrm{T}}D1}{1^{\mathrm{T}}D1}$$

经整理,$\mathrm{Var}(f_r)$ 计算式为

$$\mathrm{Var}(f_r) = \sum_i \tilde{f}_{ri}D_{ii} = \tilde{f}_r^{\mathrm{T}}D\tilde{f}_r \tag{4.15}$$

Isomap、LLE 和 LE 作为经典流形学习算法,从不同角度揭示了数据集合的内在属性。Isomap 利用局部邻域信息构建点对间的全局测地线距离来代替欧几里得距离探测原始数据的流形结构;LLE 基于简单的几何知识,运用局部线性重构揭示高维空间中数据的非线性结构,建立局部模型,保持高维观测空间与内在低维空间的局部几何结构一致性;LE 假设高维空间中两点相邻关系映射到低维空间后保持不变,构建数据点邻域的无向图以保持数据间的近邻关系。

由此可见,根据一定度量方式计算原始空间中的数据内在结构在流形学习算法中至关重要,通过构成全局或局部区域完成低维流形嵌入,达到低维数据表征高维数据的目的。流形学习算法中首先面对的是邻域的计算或选取问题,合

适邻域的构建有助于获取低维空间的线性信息。鉴于构建空间邻域在流形学习算法中的重要性,计算邻域的度量机制极其关键。

空间特征点分布由于表述意义不同,其距离或某种属性的度量方式存在差异。χ^2 分布是概率论和统计学中常用的一种概率分布。若 n 个相互独立的随机变量 $\xi_1,\xi_2,\cdots,\xi_n$ 均服从标准正态分布,则此随机变量的平方和构成的新随机变量的概率分布密度为

$$f(\boldsymbol{x};k) = \begin{cases} \dfrac{(1/2)^{k/2}}{\Gamma(k/2)}\boldsymbol{x}^{k/2-1}\mathrm{e}^{-x/2}, & x \geqslant 0 \\ 0, & \text{其他} \end{cases} \tag{4.16}$$

式中 $\Gamma(k/2)$ —— 伽玛函数;

k —— 独立随机变量的个数。

此函数是阶乘函数在实数与复数上扩展的一类函数。在实数域上定义为

$$\Gamma(\boldsymbol{x}) = \int_0^{+\infty} t^{x-1}\mathrm{e}^{-t}\mathrm{d}t$$

在复数域上定义为

$$\Gamma(z) = \int_0^{+\infty} t^{z-1}\mathrm{e}^{-t}\mathrm{d}t$$

其中,$\mathrm{Re}(z) > 0$。

χ^2 分布如图 4.6 所示。当 k 足够大时,χ^2 近似为正态分布。由该分布延伸的皮尔森 χ^2 检定常用于:①样本某性质的比例分布与总体理论分布的拟合优度;②同一总体分布的两个随机变量是否相互独立;③2 个或多个总体分布中同一属性的同素性检定。

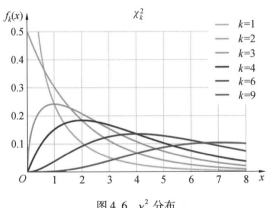

图 4.6　χ^2 分布

在利用 k 近邻计算邻域图的过程中,可选择不同 k 值改变邻域大小,确定邻域内保持的数据几何结构,但不同类型数据的距离或相似性计算机制有所不同。在聚类分析中,连续变量的距离测度有欧几里得、切比雪夫、余弦、明可夫斯

基等距离,而计数变量的距离测度包括 χ^2 距离和 Phi 方距离。LBP 直方图特征属于离散值变量。计算直方图特征间的 χ^2 统计度量样本间的相似度,NN 分类取得良好的识别率,由此得 χ^2 统计量能够合理地测量直方图间的距离,因此提出基于 χ^2 统计的 LS $-\chi^2$ 特征选择算法,计算公式为

$$\chi^2(\boldsymbol{S},\boldsymbol{M}) = \sum_i \frac{(S_i - M_i)^2}{S_i + M_i} \qquad (4.17)$$

式中　　$\boldsymbol{S}$——输入样本,即未知样本 LBP 直方图特征向量;

　　　　$\boldsymbol{M}$——训练集合中样本 LBP 直方图特征向量;

　　　　S_i、M_i——特征向量中第 i 个模式的统计值,即为随机变量。

构建邻域图并计算权重矩阵 $\boldsymbol{W}$ 后,根据 LBP 统计特性及邻接图构建方式,在 LS $-\chi^2$ 算法中采用 0 $-$ 1 权重衡量邻接边,计算公式为

$$W_{ij} = \begin{cases} 1, & \boldsymbol{x}_i \in N_p(\boldsymbol{x}_j) \text{ 或 } \boldsymbol{x}_j \in N_p(\boldsymbol{x}_i) \\ 0, & \text{其他} \end{cases} \qquad (4.18)$$

k 邻域法通过计算样本间距离选择 k 个邻近样本,构造局部邻域并通过权重值描述邻域内相似样本间的关系,选择最能够保持样本表征力的特征点。由 χ^2 距离构建邻域图后,根据式(4.18)计算邻边关系,结合式(4.13)和式(4.15)得 LS $-\chi^2$ 特征选择的衡量值用 LS $- c^2$ 表示,计算公式为

$$\text{LS} - c^2 = \frac{\tilde{\boldsymbol{f}}_r^{\mathrm{T}} \boldsymbol{L} \tilde{\boldsymbol{f}}_r}{\tilde{\boldsymbol{f}}_r^{\mathrm{T}} \boldsymbol{D} \tilde{\boldsymbol{f}}_r} \qquad (4.19)$$

图 4.7 所示为基于无监督的 LBP 特征选择算法 LS $-\chi^2$ 的流程图,通过分析直方图特征的离散统计特性,采用 χ^2 统计和 0 $-$ 1 权重计算 LS $- c^2$。

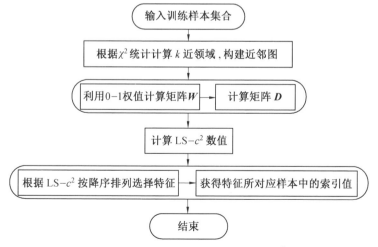

图 4.7　基于无监督的 LBP 特征选择法 LS $-\chi^2$ 的流程图

4.2.3　无监督特征选择的表情识别算法

特征选择在提取主要信息方面起关键作用,本节在流形学习算法思想的基础上,鉴于构建邻域的重要性,提出一种无监督 LBP 特征的选择算法 —— LS $-\chi^2$。其核心思想是根据聚类分析中计量数变量之间的距离测量,采用 χ^2 统计构建邻域图,并建立相近顶点之间的 $0-1$ 权重边连接关系,计算拉普拉斯矩阵,揭示数据在空间中的内在结构,描述特征空间中的特征点表征力,用于选择更具代表性的 LBP 特征。

基于无监督 LBP 特征选择的表情识别算法流程为:首先根据训练图像集合建立 ASM,并依据 AUC 提取 S – LBP 特征,利用本节所提 LS $-\chi^2$ 特征选择算法计算每个特征点的 LS $- c^2$,确定特征点在空间中的表述力,构造训练集合的低维特征空间。其次在测试集合中采用 ASM 和 AUC 自动分割提取人脸表情区域,进行 S – LBP 特征提取,根据 LS $- c^2$ 选择特征形成低维测试样本子集。最后,验证算法 LS $-\chi^2$ 的可行性和有效性。

4.3　实验结果及分析

本节在 JAFFE 数据库、FEEDTUM 数据库、MMI 数据库和 Cohn – Kanade 数据库中进行依赖主体的交叉实验。SVMs 采用多项式核进行非线性空间的转换,$d = 0.1$,训练分类器识别表情。下面通过计算交叉验证结果的平均值作为最后的识别率。在实验结果分析中,N_f 表示全维度特征,N_d 表示特征选择的维度。

4.3.1　LBP 特征选择实验

本节通过描述不同 LBP 算子在 $R_{eg} = \{1,2\}$ 时特征维度分别为 N_f 及 N_d 的直方图,通过直方图描述深刻理解表情特征在不同邻域范围内的变化情况。图 4.8 所示为 $LBP_{(4,3)}^{u2}$ 算子不同维度灰度直方图。从图中可以看出,AUC 提取 LBP 特征后选择的特征向量和 $R_{eg} = 1$ 时有所不同。特征维度取 N_f 时,前者中数量最多的模式是 1,而后者主要提取的模式值为 1。同样,当 $N_d = 200$ 时,AUC 保留主要模式为 4,且 1 和 2 总量相等,而后者中 2 模式的特征较多。当选择特征维数增加($N_d = 350$)时,模式值 2 和 7 的总量相等。

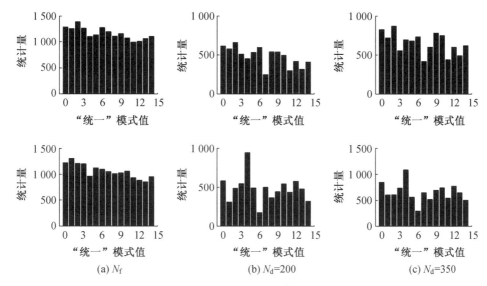

(a) N_f　　　　　(b) $N_d=200$　　　　　(c) $N_d=350$

图 4.8　不同特征维数的 $\mathrm{LBP}_{(4,3)}^{u2}$ 灰度直方图

图 4.9 所示为不同特征维数的 $\mathrm{LBP}_{(8,3)}^{u2}$ 灰度直方图。随着 LBP 算子中 P 增加,特征向量的维数随之增加,当 $R_{eg}=1$ 时,数目最多模式为 3;当 $R_{eg}=2$ 时,数目最多模式为 40。由图可以看出,$R_{eg}=\{1,2\}$ 选择的主要特征模式为 3、17、33 等。随着选择维数的增加,当 $R_{eg}=2$ 时,模式 2 和模式 18 的数量有所增加。

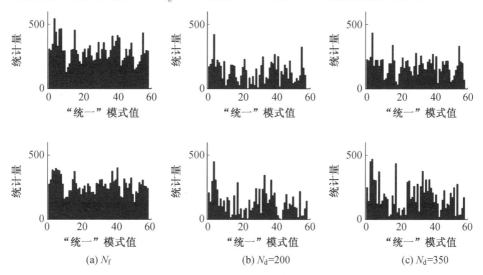

(a) N_f　　　　　(b) $N_d=200$　　　　　(c) $N_d=350$

图 4.9　不同特征维数的 $\mathrm{LBP}_{(8,3)}^{u2}$ 灰度直方图

图 4.10 所示为不同特征维数的 $\mathrm{LBP}_{(16,3)}^{u2}$ 灰度直方图。该图主要描述在更高维情况下,特征选择后形成的直方图效果。由图可知,当 $R_{eg}=1$ 时,无论 N_f 特征

模式还是 N_d 特征模式,都主要分布在直方图两侧;而当 $R_{eg} = 2$ 时,N_f 的直方图分布与 $R_{eg} = 1$ 时类似,但 N_f 和 N_d 的模式特征分布较为均匀,选择的主要模式相同,依次分别为 233、9、91 和 241。可见,$LS - \chi^2$ 提取主要模式区域的模式,且随着选择维数的增加,模式仍集中在主要模式区域。

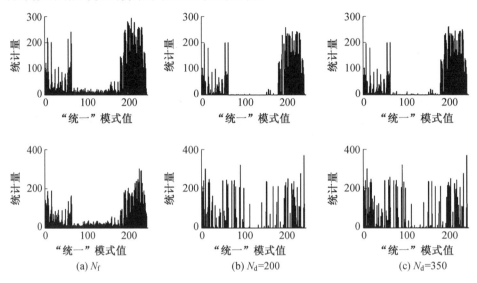

图 4.10   不同特征维数的 $LBP_{(16,3)}^{u2}$ 灰度直方图

4.3.2   基于 NN 依赖主体交叉验证实验

本节采用 NN 分别在 JAFFE 数据库、FEEDTUM 数据库、MMI 数据库和 Cohn - Kanande 数据库中,采用 AUC 通过 10 - fold 依赖主体的交叉实验。与欧几里得距离度量进行对比,验证本章所提出的无监督 LBP 特征选择算法 —— $LS - \chi^2$ 的合理性和可行性,分别表示为 Chi - R 和 Eud - R。

图 4.11 所示为 JAFFE 数据库、FEEDTUM 数据库、MMI 数据库和 Cohn - Kanande 数据库中依赖主体的 $LBP_{(4,3)}^{u2}$ 特征维数的最近邻分类器识别率。由图可知,在 JAFFE 数据库、FEEDTUM 数据库、MMI 数据库和 Cohn - Kanande 数据库中,采用 $R_{eg} = 1$ 时的识别率高于 $R_{eg} = \{2,3\}$ 时的识别率,在 Cohn - Kanade 数据库的低维特征空间中,前者要优于后者,但在高维空间中,三者之间识别率相差无几。对于 $LS - \chi^2$ 特征选择算法,虽然识别率的优势并不明显,但能提高表情识别速度,揭示表情特征的内在结构。当 $R_{eg} = 3$ 时,该算法对 3 个小样本数据的识别率较好,优于 Eud - R 的识别率。这 4 个数据库中的最高识别率分别为 87.62%、53.33%、95.17% 和 92.23%。

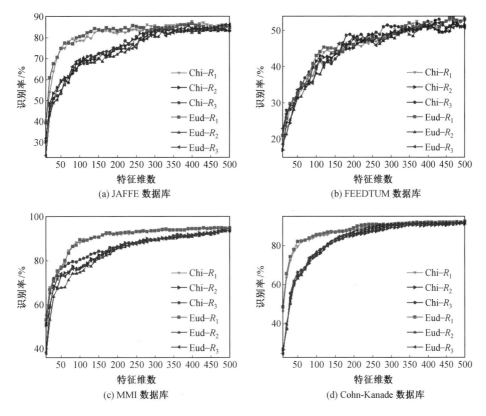

图 4.11　数据库中依赖主体的 $\mathrm{LBP}^{u2}_{(4,3)}$ 特征维数的最近邻分类器识别率

图 4.12 所示为 MMI 数据库、JAFFE 数据库、FEEDTUM 数据库和 Cohn - Kanade 数据库中依赖主体的 $\mathrm{LBP}^{u2}_{(8,3)}$ 特征维数的最近邻分类器识别率。在 MMI 数据库的测试中，$R_{eg} = 1$ 时的识别率较高，而在 JAFFE 数据库和 FEEDTUM 数据库中 $R_{eg} = \{2,3\}$ 的识别率较高。Cohn - Kanade 数据库中的识别率除在 $N_d <$ 200、$R_{eg} = 1$ 的时候明显高于 $R_{eg} = \{2,3\}$ 外，三者识别率差异较小。在 JAFFE 数据库和 FEEDTUM 数据库中，$\mathrm{LS} - \chi^2$ 的识别率具有优势。在 JAFFE 数据库中，$\{N_d, R_{eg}\} = \{630,3\}$ 时的识别率最高，且随着选择特征维数的增高，$R_{eg} = 3$ 时的识别率逐步增高。在 FEEDTUM 数据库中，$R_{eg} = 2$ 时的识别率明显低于 $R_{eg} = 3$ 时的识别率。但在 MMI 数据库和 Cohn - Kanade 数据库中，$R_{eg} = 1$ 时的识别率从整体上来说优于 $R_{eg} = \{2,3\}$ 时的识别率，尤其是 $N_d < 400$ 时，但前者中 $R_{eg} = 2$ 时的识别率高于 $R_{eg} = 3$ 时的识别率，但在 Cohn - Kanade 数据库中，$R_{eg} = 2$ 的识别率大于 $R_{eg} = 1$ 时的最高识别率。由特征选择效果图可知，模式值大的特征具有更强的表征力，根据"统一模式"的定义，较小模式值说明邻域内亮度变暗明显，而较

大模式值说明亮度变亮趋势较大。

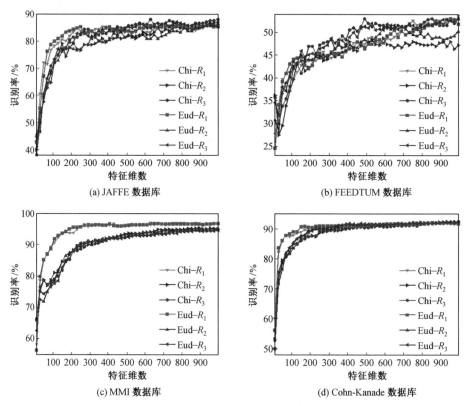

图 4.12　数据库中依赖主体的 $LBP_{(8,3)}^{u2}$ 特征维数的最近邻分类器识别率

图 4.13 所示为数据库中依赖主体的 $LBP_{(16,3)}^{u2}$ 特征维数的最近邻分类器识别率。由实验结果可知,当 $N_d < 220$ 时,AUC 在 Cohn − Kanade 数据库中的识别率好于其他 3 个数据库中的识别率。当 $320 < N_d < 540$ 时,$R_{eg} = 3$ 的识别率优势明显;而当 $N_d > 700$ 时,$R_{eg} = 2$ 的识别率优势明显,证明 χ^2 统计作为一种计量数距离测量方法在构建嵌入图的运算中存在一定的合理性。当 $N_d > 200$ 时,在 JAFFE 数据库和 FEEDTUM 数据库中的识别率变化不大,逐渐趋于稳定。当 $N_d > 150$ 时,MMI 数据库和 Cohn − Kanade 数据库的识别率也逐步平稳。可见,起主要识别作用的特征维数要小于 N_f,通过特征选择可以减少特征向量的维数来提高识别速度。在 JAFFE 数据库中,当 $620 < N_d < 820$ 时,AUC 算法 Chi − R_2 的识别率最高;在 MMI 数据库中,当 $100 < N_d < 160$ 时,$R_{eg} = 2$ 的识别率优于 $R_{eg} = 3$ 的识别率。$R_{eg} = \{2,3\}$ 在 Chon − Kanade 数据库中的最高识别率均大于 $R_{eg} = 1$ 的识别率。

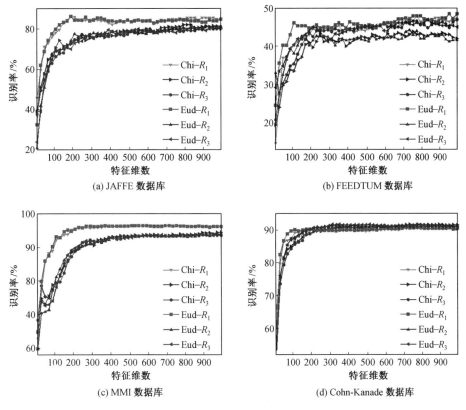

图 4.13　数据库中依赖主体的 $\mathrm{LBP}_{(16,3)}^{u2}$ 特征维数的最近邻分类器识别率

表 4.1 所示为 $\mathrm{LS}-\chi^2$ 特征选择算法在 $R_{eg}=1$ 时与其他相关方法在 JAFFE 数据库、MMI 数据库和 Cohn – Kanade 数据库中依赖样本的 10 – fold 交叉验证结果。在 $\mathrm{LS}-\chi^2$ 特征选择算法的识别率中,前者表示识别率,后者表示获得这个结果采用 LBP 特征的维数。可见,本节所提算法获得较好的识别率。

表 4.1　$\mathrm{LS}-\chi^2$ 特征选择算法在 $R_{eg}=1$ 时与其他相关方法在 JAFFE 数据库、MMI 数据库和 Cohn – Kanade 数据库中依赖样本的 10 – fold 交叉验证结果

算法	JAFFE 数据库的识别率 / 特征维数	MMI 数据库的识别率 / 特征维数	Cohn – Kanade 数据库的识别率 / 特征维数
$\mathrm{LBP}_{(4,3)}^{u2}$	87.62% / 400	95.17% / 500	92.00% / 430
$\mathrm{LBP}_{(8,3)}^{u2}$	86.67% / 990	97.33% / 760	91.89% / 930
$\mathrm{LBP}_{(16,3)}^{u2}$	86.19% / 190	96.50% / 490	90.63% / 760

服务机器人人机交互的视觉识别技术

表4.2所示为其他相关特征选择算法在上述3个数据库中采用10 - fold交叉验证的类表情识别结果,其中"—"代表该文献中未进行对应数据库的测试。通过与其他算法相比,尽管 JAFFE 数据库中的识别率较低,但在 MMI 数据库和 Cohn - Kanade 数据库中的识别率较好,显示出一定的优越性。

表4.2 其他相关特征选择算法在上述3个数据库中采用10 - fold 交叉验证的类表情识别结果

其他算法	JAFFE 数据库的识别率	MMI 数据库的识别率	Cohn - Kanade 数据库的识别率
TR1DGPA	96.2%	—	—
AUDN	—	74.76%	92.05%
AGM - RPEM	—	—	89.1%
LSM - CORF	—	—	92.5%
BDBN	91.8%	—	—
CSPL	—	73.53%	89.89%
FDM	89.7%	—	97.7%

4.3.3 基于 SVMs 依赖主体的交叉验证实验

本实验通过 SVMs 验证 LS - χ^2 特征选择算法的可行性和通用性,分别对 JAFFE 数据库、FEEDTUM 数据库、MMI 数据库和 Cohn - Kanande 数据库这4个常用数据库进行实验,证实无监督 LBP 特征选择算法的通用性和可行性。

图 4.14 所示为数据库中依赖主体的 $\text{LBP}_{(4,3)}^{u2}$ 特征维数的支持向量机识别率。在 JAFFE 数据库和 MMI 数据库中,$R_{eg} = 3$ 的识别率比 $R_{eg} = 2$ 的识别率好,而其余两个数据库的识别率较低。但是当 $N_d > 60$ 时,在 Cohn - Kanade 数据库中 $R_{eg} = 3$ 的识别率最高。除 FEEDTUM 数据库外,$R_{eg} = 1$ 时的优势很明显,但当 $N_d > 400$ 时,$R_{eg} = 2$ 的识别率效果最高。当 $N_d < 50$ 时,FEEDTUM 数据库、MMI 数据库和 Cohn - Kanade 数据库均出现拐点,而 JAFFE 数据库在此范围内识别率逐步增加。当 $N_d > 50$ 时,这4个数据库的识别率趋于增加势态,尤其是 Cohn - Kanade 数据库。由于样本的 LBP 特征维数为 $(P(P - 1) + 3)n$(图像划分的子区域数量),因此 LS - χ^2 特征选择算法大大减少了计算量。

096

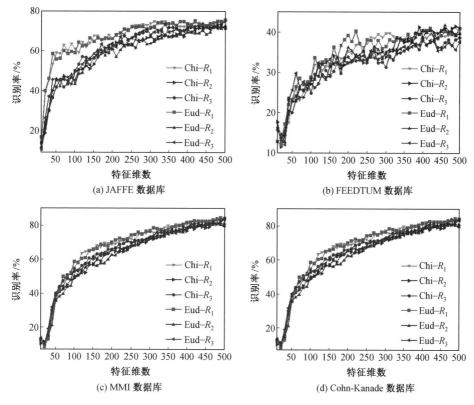

图 4.14　数据库中依赖主体的 $\text{LBP}_{(4,3)}^{u2}$ 特征维数的支持向量机识别率

图 4.15 所示为数据库中依赖主体的 $\text{LBP}_{(8,3)}^{u2}$ 特征维数的支持向量机识别率。在 JAFFE 数据库中,当 $R_{eg} = 3$ 时,$\text{LS} - \chi^2$ 特征选择算法的识别率高于 LS 的识别率。$R_{eg} = 1$ 和 AUC 的识别性能区别得非常细微。在 FEEDTUM 数据库中,$R_{eg} = 2$ 的识别率高于 $R_{eg} = 3$ 的识别率,而当 $N_d < 100$ 时,后者的识别率高于前者。由此可知,不同面部表情区域组合获得有效特征的能力不同。尽管如此,随着维数的增加,抽取特征的描述力稳步上升,且识别率变化逐渐稳定。MMI 数据库作为识别率最高的数据库,且 $R_{eg} = 3$ 的识别率优于 $R_{eg} = 2$ 的识别率。然而 Cohn – Kanade 数据库的识别率在 $R_{eg} = 3$ 和 $R_{eg} = 2$ 时则非常接近,尤其在 $400 < N_d < 600$ 时。再一次验证面部某些区域与表情的产生无关,对表情识别无效,利用这一思路提高识别率具有合理性和可行性,如改进 AUC 提取算法,选择更有效的表情区域,进一步提高识别率。

图 4.16 所示为数据库中依赖主体的 $\text{LBP}_{(16,3)}^{u2}$ 特征维数的支持向量机识别率。由图可知,除 FEEDDTUM 数据库外,$R_{eg} = \{2,3\}$ 的识别率优于 $R_{eg} = 1$ 的识

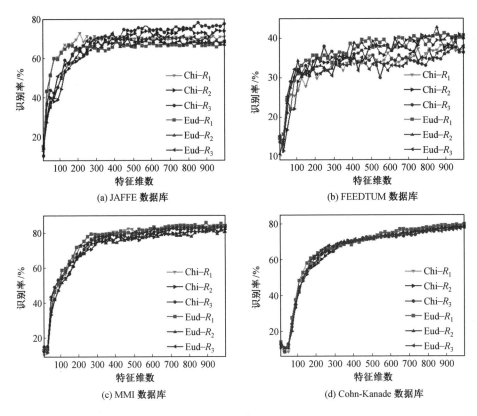

图 4.15　数据库中依赖主体的 $LBP_{(8,3)}^{u2}$ 特征维数的支持向量机识别率

别率,且 $N_d > 200$ 之后,识别率增加量变化渐小,尤其是 MMI 数据库和 Cohn -
Kanade 数据库。而当 $R_{eg} = 3$ 时,该数据库采用 $LS - \chi^2$ 选择特征算法,在许多维
度空间具有较高的识别率。在 JAFFE 数据库中,当 $580 < N_d < 800$ 时, $R_{eg} = 3$ 的
识别率最高,但当 $N_d < 200$ 时, $R_{eg} = 1$ 的识别率大于 $R_{eg} = \{2,3\}$ 的识别率。在
FEEDTUM 数据库中, $R_{eg} = 2$ 的识别率高于 $R_{eg} = 3$ 的识别率。当 $500 < N_d < 680$
时,在 MMI 数据库中, $R_{eg} = 2$ 的识别率高于 $R_{eg} = 3$ 的识别率。但当 $R_{eg} = 1$ 时的最
高识别率大于 $R_{eg} = \{2,3\}$ 的最高识别率。而在 Cohn - Kanade 数据库中, $R_{eg} = 2$
对表情的识别能力强于 $R_{eg} = 3$ 对表情的识别能力。但当 $N_d < 140$ 时, $R_{eg} = 1$ 的
识别率高于 $R_{eg} = \{2,3\}$ 的识别率。在 FEEDTUM 数据库、MMI 数据库和 Cohn -
Kanade 数据库中, $N_d = 20$ 时均出现最低识别率。由于选择维数小于样本数量,
特征描述力不足以导致 SVMs 训练中支持向量计算错误,使识别率达最低值。

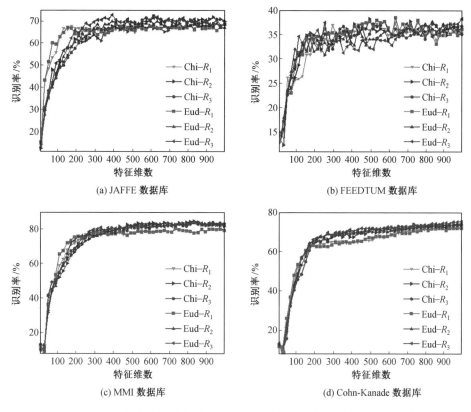

图 4.16　数据库中依赖主体的 $\text{LBP}_{(16,3)}^{u2}$ 特征维数的支持向量机识别率

4.3.4　结果分析

本节对 NN 和 SVMs 依赖主体的 10 – fold 交叉实验结果进行分析,计算了当 $\text{LBP}_{(8,3)}^{u2}$ 时 $N_d = 500$ 不同数据库中的表情混合矩阵。表 4.3 ~ 4.14 中,左侧部分是 NN 的识别率,右侧部分是 SVMs 的识别率,从上向下依次代表生气、厌恶、恐惧、高兴、中性表情、悲伤和惊讶,分别由 AN、DI、FE、HA、NE、SA 和 SU 表示。

表 4.3 所示为 JAFFE 数据库中依赖主体交叉验证的混合表情矩阵($R_{eg} = 1$)。NN 在此数据库中的识别率大于 SVMs 的识别率,尤其对惊讶的识别,准确率为 100%,但 SVMs 对中性表情的正确识别率大于 NN 的正确识别率。两个分类器对悲伤的识别率最差,原因是将悲伤误判为生气、高兴及中性表情。SVMs 最易混淆的表情是高兴,误认率总和较高,除生气和厌恶外,其余表情的误认率均大于 0。

表 4.3 JAFFE 数据库中依赖主体交叉验证的混合表情矩阵($R_{\text{eg}} = 1$)

NN							SVMs						
AN	DI	FE	HA	NE	SA	SU	AN	DI	FE	HA	NE	SA	SU
82.8	3.7	0.0	0.0	0.0	11.1	0.0	**75.9**	14.3	0.0	0.0	0.0	6.7	0.0
6.9	**92.6**	3.1	0.0	0.0	0.0	0.0	13.8	**67.9**	0.0	0.0	0.0	10.0	0.0
0.0	3.7	**90.6**	0.0	0.0	5.6	0.0	0.0	3.6	**84.4**	3.2	0.0	6.7	0.0
0.0	0.0	0.0	**82.1**	12.1	11.1	0.0	3.4	3.6	3.1	**67.7**	10.0	6.7	20.0
0.0	0.0	0.0	10.7	**78.8**	2.8	0.0	0.0	0.0	6.3	12.9	**83.3**	13.3	13.3
6.9	0.0	3.1	3.6	3.0	**69.4**	0.0	6.9	10.7	0.0	6.5	0.0	**53.3**	0.0
3.4	0.0	3.1	3.6	6.1	0.0	**100.0**	0.0	0.0	6.3	9.7	6.7	3.3	**66.7**

表 4.4 所示为 JAFFE 数据库中依赖主体交叉验证的混合表情矩阵($R_{\text{eg}} = 2$)。SMVs 提高了厌恶、高兴、悲伤和惊讶的识别率,减少了中性表情与恐惧相混的误认率。而 NN 仅提高生气的识别率,消除与惊讶相混的情况,降低对厌恶的误认率,其余表情的识别率均有所下降。而悲伤由于眼皮和嘴角部分的运动不明显,易误判为中性表情。

表 4.4 JAFFE 数据库中依赖主体交叉验证的混合表情矩阵($R_{\text{eg}} = 2$)

NN							SVMs						
AN	DI	FE	HA	NE	SA	SU	AN	DI	FE	HA	NE	SA	SU
91.7	3.4	3.0	0.0	2.9	11.8	0.0	**69.0**	10.7	6.3	0.0	6.7	6.7	0.0
4.2	**86.2**	3.0	0.0	0.0	2.9	0.0	17.2	**75.0**	3.1	0.0	0.0	6.7	0.0
0.0	10.3	**84.8**	3.4	0.0	0.0	0.0	0.0	7.1	**84.4**	0.0	6.7	3.3	3.3
0.0	0.0	0.0	**79.3**	11.8	5.9	7.4	0.0	3.6	0.0	**77.4**	6.7	6.7	6.7
0.0	0.0	0.0	6.9	**73.5**	8.8	0.0	3.4	0.0	3.1	9.7	**66.7**	10.0	10.0
4.2	0.0	9.1	3.4	5.9	**67.6**	0.0	10.3	3.6	3.1	9.7	10.0	**63.3**	3.3
0.0	0.0	0.0	6.9	5.9	2.9	**92.6**	0.0	0.0	0.0	3.2	3.3	3.3	**76.7**

表 4.5 所示为 JAFFE 数据库中依赖主体交叉验证的混合表情矩阵($R_{\text{eg}} = 3$)。与 $R_{\text{eg}} = 1$ 相比,NN 提高了生气、高兴和悲伤的识别率,SVMs 增强了厌恶、高兴、悲伤和惊讶的识别率,且对中性表情的识别率高于 NN 的识别率。该分类器消除了悲伤、生气和恐惧混合的情况,其余表情的识别率有所降低,总体上改进

了识别率。SVMs 和 NN 对惊讶的识别率相差最大,后者增加了中性表情的误认率。与 $R_{eg}=2$ 相比,NN 改善了恐惧、高兴和中性表情的识别率,SVMs 提高了生气、厌恶和中性表情的识别率,而惊讶的识别率保持不变。

表 4.5　JAFFE 数据库中依赖主体交叉验证的混合表情矩阵($R_{eg}=3$)

NN							SVMs						
AN	DI	FE	HA	NE	SA	SU	AN	DI	FE	HA	NE	SA	SU
89.7	0.0	2.9	0.0	5.6	0.0	0.0	**72.4**	14.3	3.1	0.0	3.3	6.7	0.0
3.4	**92.9**	2.9	0.0	0.0	0.0	0.0	10.3	**82.1**	3.1	0.0	0.0	6.7	0.0
0.0	7.1	**82.9**	0.0	2.8	0.0	0.0	3.4	0.0	**75.0**	0.0	10.0	6.7	3.3
0.0	0.0	0.0	**88.5**	11.1	10.0	3.8	3.4	0.0	0.0	**74.2**	6.7	3.3	3.3
3.4	0.0	0.0	3.8	**75.0**	3.3	0.0	3.4	0.0	6.3	9.7	**76.7**	3.3	10.0
3.4	0.0	5.7	3.8	2.8	**83.3**	0.0	6.9	3.6	6.3	16.1	0.0	**70.0**	6.7
0.0	0.0	5.7	3.8	2.8	3.3	**96.2**	0.0	0.0	6.3	0.0	3.3	3.3	**76.7**

表 4.6 所示为 FFEDTUM 数据库中依赖主体交叉验证的混合表情矩阵($R_{eg}=1$)。NN 的识别率大于 SVMs 的识别率,两者较难识别的表情是悲伤,且 SVMs 对悲伤的识认率高于其识别率。NN 和 SVMs 对高兴的识别率最高,说明此数据库中对高兴的表情特征提取效果较好。NN 对中性表情的识别率较差,大部分误判为悲伤;SVMs 对悲伤的识别率较差,大部分误判为中性表情。

表 4.6　FFEDTUM 数据库中依赖主体交叉验证的混合表情矩阵($R_{eg}=1$)

NN							SVMs						
AN	DI	FE	HA	NE	SA	SU	AN	DI	FE	HA	NE	SA	SU
49.1	17.0	7.1	6.3	10.9	6.3	4.7	**32.1**	14.5	10.9	8.8	10.5	15.8	3.8
16.4	**57.4**	5.7	4.2	7.8	7.9	7.0	5.4	**32.7**	10.9	12.3	3.5	8.8	3.8
5.5	6.4	**42.9**	4.2	6.3	11.1	14.0	23.2	16.4	**27.3**	1.8	8.8	15.8	18.9
5.5	6.4	11.4	**60.4**	4.7	6.3	16.3	5.4	10.9	1.8	**54.4**	3.5	7.0	7.5
9.1	8.5	7.1	6.3	**34.4**	22.2	9.3	10.7	7.3	9.1	10.5	**29.8**	22.8	22.6
7.3	2.1	15.7	4.2	21.9	**36.5**	4.7	21.4	9.1	23.6	3.5	31.6	**17.5**	15.1
7.3	2.1	10.0	14.6	14.1	9.5	**44.2**	1.8	9.1	16.4	8.8	12.3	12.3	**28.3**

表4.7所示为FFEDTUM数据库中依赖主体交叉验证的混合表情矩阵(R_{eg} = 2)。当采用NN时,除生气和悲伤外,均提高其余表情的识别率,且悲伤较易与生气和恐惧相混淆,增加中性表情对高兴的误认率,但减少对悲伤的误认率。SVMs改善了除恐惧、高兴之外的识别率,且最低识别率出现在对恐惧的识别,与悲伤误判为恐惧的识别率相同。

表4.7　FFEDTUM 数据库中依赖主体交叉验证的混合表情矩阵(R_{eg} = 2)

NN							SVMs						
AN	DI	FE	HA	NE	SA	SU	AN	DI	FE	HA	NE	SA	SU
40.4	15.0	6.7	2.0	10.7	17.7	8.7	**38.6**	19.6	7.4	5.4	7.3	16.4	1.8
28.1	**62.5**	5.0	8.0	2.7	6.5	4.3	21.1	**33.9**	9.3	19.6	1.8	12.7	3.5
5.3	5.0	**45.0**	6.0	6.7	16.1	8.7	8.8	3.6	**22.2**	1.8	9.1	12.7	21.1
1.8	5.0	5.0	**70.0**	13.3	3.2	6.5	1.8	25.0	3.7	**55.4**	5.5	1.8	5.3
8.8	2.5	8.3	6.0	**40.0**	12.9	6.5	5.3	5.4	18.5	14.3	**38.2**	20.0	10.5
12.3	7.5	15.0	2.0	14.7	**30.6**	10.9	17.5	10.7	22.2	1.8	23.6	**29.1**	7.0
3.5	2.5	15.0	6.0	12.0	12.9	**54.3**	7.0	1.8	16.7	1.8	14.5	7.3	**50.9**

表4.8所示为FFEDTUM数据库中依赖主体交叉验证的混合表情矩阵(R_{eg} = 3)。此时,NN改善了所有表情的识别率,而SVMs仅提高除恐惧和高兴外其余表情的识别率。NN 和 SVMs 对高兴的识别率相差较大(分别为72.2%和48.2%)。但是SVMs对中性表情的识别率略高于NN对中性表情的识别率,最差的识别率出现在对悲伤的识别,与R_{eg} = 1 的情况相同,且对中性表情的误认率相同。NN对中性表情的识别率最低,主要被识判别为厌恶、悲伤和惊讶。

表4.8　FFEDTUM 数据库中依赖主体交叉验证的混合表情矩阵(R_{eg} = 3)

NN							SVMs						
AN	DI	FE	HA	NE	SA	SU	AN	DI	FE	HA	NE	SA	SU
54.1	14.3	5.4	1.9	2.7	12.5	8.3	**33.3**	19.6	11.1	5.4	10.9	18.2	3.5
18.0	**63.3**	1.8	5.6	5.4	8.3	2.1	24.6	**42.9**	11.1	19.6	1.8	10.9	5.3
1.6	4.1	**51.8**	1.9	16.2	6.3	14.6	17.5	7.1	**24.1**	1.8	12.7	16.4	22.8
1.6	4.1	1.8	**72.2**	6.8	10.4	8.3	5.3	17.9	5.6	**48.2**	7.3	3.6	7.0
6.6	6.1	8.9	3.7	**37.8**	18.8	12.5	3.5	7.1	16.7	16.1	**38.2**	20.0	14.0
9.8	6.1	16.1	5.6	17.6	**39.6**	8.3	10.5	5.4	20.4	1.8	18.2	**20.0**	7.0
8.2	2.0	14.3	9.3	13.5	4.2	**45.8**	5.3	0.0	11.1	7.1	10.9	10.9	**40.4**

表4.9所示为MMI数据库中依赖主体交叉验证的混合表情矩阵($R_{eg}=1$)。两个分类器对中性表情的识别率最接近(分别为88.6% 和86.1%),识别率相差2.5%。而其余表情的识别率相差较大,最大差值出现在对恐惧的识别(分别为95.5% 和51.4%)。SVMs 的误认率主要产生在恐惧和惊讶的混淆,且互为最高误认率。NN 中恐惧和惊讶相互混淆,中性表情最易与生气混淆。

表4.9　MMI 数据库中依赖主体交叉验证的混合表情矩阵($R_{eg}=1$)

NN							SVMs						
AN	DI	FE	HA	NE	SA	SU	AN	DI	FE	HA	NE	SA	SU
92.0	1.3	0.0	0.0	2.5	0.0	0.0	**64.3**	6.8	8.1	3.7	1.4	6.0	3.8
1.1	**94.9**	0.0	0.0	0.0	0.0	0.0	13.1	**63.5**	9.5	0.9	1.4	2.4	1.9
0.0	1.3	**95.5**	2.9	2.5	1.2	3.8	2.4	8.1	**51.4**	4.6	2.8	6.0	16.2
0.0	2.6	0.0	**96.1**	5.1	2.4	0.0	7.1	9.5	6.8	**75.9**	1.4	6.0	1.0
1.1	0.0	0.0	0.0	**88.6**	0.0	0.0	3.6	6.8	2.7	1.9	**86.1**	10.8	4.8
3.4	0.0	0.0	1.0	1.3	**96.3**	0.0	8.3	4.1	5.4	6.5	5.6	**65.1**	3.8
2.3	0.0	4.5	0.0	0.0	0.0	**96.2**	1.2	1.4	16.2	6.5	1.4	3.6	**68.6**

表4.10所示为MMI数据库中依赖主体交叉验证的混合表情矩阵($R_{eg}=2$)。SMVs 提高了所有表情的识别率,增幅最大的是生气,减少了对恐惧和高兴的误认率。NN 仅改善了生气和高兴的识别率,并保持了悲伤的识别率不变。SVMs 对中性表情识别时,消除了生气、厌恶、悲伤和惊讶的影响。而 NN 对生气的识别消除了对中性表情的影响,提高了生气的识别率。在该数据库中,SVMs 在采用AUC 后提高了表情特征提取的有效性。

通过以上分类实验可知,不同分类器对相同表情的识别率存在差异,因此合理有效地利用分类器能够提高分类效果。

表4.10　MMI 数据库中依赖主体交叉验证的混合表情矩阵($R_{eg}=2$)

NN							SVMs						
AN	DI	FE	HA	NE	SA	SU	AN	DI	FE	HA	NE	SA	SU
93.2	1.3	0.0	0.0	1.3	0.0	0.0	**84.5**	10.8	4.1	0.9	0.0	7.2	1.9
2.3	**93.3**	0.0	1.0	0.0	1.2	0.9	4.8	**73.0**	4.1	1.9	0.0	2.4	0.0
0.0	1.3	**93.1**	1.0	1.3	1.2	2.8	3.6	0.0	**59.5**	2.8	2.8	7.2	13.3
0.0	4.0	4.2	**97.0**	2.6	1.2	1.8	0.0	5.4	5.4	**86.1**	2.8	3.6	5.7
0.0	0.0	0.0	0.0	**90.8**	0.0	1.8	1.2	1.4	2.7	8.3	**94.4**	7.2	2.9
3.4	0.0	0.0	1.0	2.6	**96.3**	0.0	6.0	9.5	13.5	0.0	0.0	**67.5**	2.9
1.1	0.0	2.8	0.0	1.3	0.0	**92.7**	0.0	0.0	10.8	0.0	0.0	4.8	**73.3**

表4.11所示为MMI数据库中依赖主体交叉验证的混合表情矩阵($R_{eg}=3$)。与$R_{eg}=1$相比,NN降低了对所有表情的识别性能,而SVMs则相反,增强了对所有表情的识别性能。NN对中性表情的识别率最差,且低于SVMs的识别率。SVMs对恐惧的识别率较低,大部分误判为中性表情和悲伤。两个分类器对悲伤的识别率相差很大,而SVMs增加了对生气、中性表情和惊讶的误认率。

表 4.11　MMI 数据库中依赖主体交叉验证的混合表情矩阵(R_{eg} = 3)

NN							SVMs						
AN	DI	FE	HA	NE	SA	SU	AN	DI	FE	HA	NE	SA	SU
90.8	2.9	0.0	0.0	2.4	1.2	0.0	**82.1**	8.1	0.0	1.9	1.4	6.0	1.0
5.7	**91.3**	2.9	2.0	0.0	2.4	0.9	9.5	**64.9**	4.1	2.8	1.4	8.4	1.0
1.1	2.9	**89.7**	1.0	4.8	2.4	2.8	1.2	4.1	**55.4**	0.0	2.8	4.8	8.6
0.0	2.9	2.9	**96.0**	2.4	1.2	2.8	2.4	8.1	5.4	**88.0**	1.4	6.0	5.7
0.0	0.0	1.5	0.0	**83.3**	0.0	0.0	1.2	1.4	12.2	3.7	**90.3**	3.6	0.0
2.3	0.0	0.0	1.0	3.6	**92.9**	0.0	1.2	12.2	12.2	1.9	1.4	**68.7**	2.9
0.0	0.0	2.9	0.0	3.6	0.0	**93.5**	2.4	1.4	10.8	1.9	1.4	2.4	**81.0**

表4.12所示为Cohn – Kanade数据库中依赖主体交叉验证的混合表情矩阵($R_{eg}=1$)。显而易见,NN的识别率高于SVMs的识别率。相对来说,SVMs对悲伤的识别率大于NN的识别率,主要将其误判为中性表情。虽然两者对LBP特征的识别率不同,但对某些最易误认的表情的识别存在相似之处,如恐惧和中性表情的相互误认,表明某些表情的识别难度较大,与分类器的识别性能关系不大。此外,低维LBP特征与高维LBP特征的识别率相近。

表 4.12　Cohn – Kanade 数据库中依赖主体交叉验证的混合表情矩阵(R_{eg} = 1)

NN							SVMs						
AN	DI	FE	HA	NE	SA	SU	AN	DI	FE	HA	NE	SA	SU
93.9	0.6	0.6	0.0	1.2	1.1	0.0	**42.0**	13.7	5.0	2.4	5.7	6.1	1.6
0.6	**97.5**	0.0	0.3	2.9	0.4	0.0	11.1	**50.0**	5.3	1.3	3.7	5.3	1.2
0.6	0.0	**85.0**	1.0	8.2	1.1	0.8	11.1	11.3	**50.2**	5.7	20.4	10.2	10.6
0.0	0.0	0.9	**94.1**	2.5	0.0	0.0	4.9	4.2	5.0	**85.2**	5.0	3.3	2.0
3.7	1.9	11.6	4.6	**79.1**	14.1	1.6	14.2	11.9	18.3	2.0	**46.5**	15.0	7.1
1.2	0.0	0.3	0.0	4.9	**83.4**	0.0	13.6	6.5	9.9	2.0	13.7	**57.7**	2.7
0.0	0.0	1.7	0.0	1.2	0.0	**97.6**	3.1	2.4	6.5	1.3	5.0	2.4	**74.9**

表 4.13 所示为 Cohn - Kanade 数据库中依赖主体交叉验证的混合表情矩阵 ($R_{eg} = 2$)。NN 和 SVMs 改善了 7 种表情的识别率,SVMs 对生气的识别率提高幅度较大。SVMs 在识别高兴时,消除了对悲伤和吃惊的影响,并降低了其他表情的误认率。NN 对中性表情的识别率最低,大部分被误判为恐惧。但与 $R_{eg} = 1$ 相比,对中性表情识的别率提高最大,降低了对厌恶、恐惧、高兴和悲伤的误认率,而其余表情的改善效果并不明显,且增加了高兴的误认率,降低了恐惧和中性表情的误认率,提高了吃惊的识别率。

表 4.13 Cohn - Kanade 数据库中依赖主体交叉验证的混合表情矩阵 ($R_{eg} = 2$)

NN							SVMs						
AN	DI	FE	HA	NE	SA	SU	AN	DI	FE	HA	NE	SA	SU
94.4	0.6	0.3	0.0	1.2	1.8	0.0	**61.7**	6.5	3.1	1.3	2.0	2.4	0.8
0.6	**97.6**	0.3	0.0	1.6	0.7	0.0	6.8	**68.5**	4.6	0.7	2.3	3.7	0.8
0.0	0.0	**85.4**	0.7	7.3	1.4	0.4	10.5	12.5	**62.8**	2.7	23.4	8.9	7.1
0.0	0.0	0.9	**96.7**	1.2	0.0	0.4	3.7	1.8	3.7	**92.9**	2.3	2.4	1.2
4.3	1.8	11.5	2.7	**83.3**	12.3	0.8	9.3	5.4	16.1	4.4	**58.9**	17.1	2.4
0.0	0.0	1.4	0.0	4.1	**83.7**	0.0	8.0	2.4	5.6	0.0	10.4	**65.0**	0.8
0.6	0.0	0.3	0.0	1.2	0.0	**98.4**	0.0	3.0	4.0	0.0	0.7	0.4	**87.1**

表 4.14 所示为 Cohn - Kanade 数据库中依赖主体交叉验证的混合表情矩阵 ($R_{eg} = 3$)。除恐惧和惊讶外,NN 提高了其余表情的识别率,消除和降低了误认率,改善了生气和厌恶的识别率。SVMs 改进了除悲伤外其余表情的识别率。NN 和 SVMs 在识别恐惧和悲伤的过程中,最易与中性表情相混淆。可见,在采用 AUC 后,LBP 特征选择算法有效地描述了面部表情特征,提高了表情特征的表征力。

表 4.14 Cohn - Kanade 数据库中依赖主体交叉验证的混合表情矩阵 ($R_{eg} = 3$)

NN							SVMs						
AN	DI	FE	HA	NE	SA	SU	AN	DI	FE	HA	NE	SA	SU
94.4	0.6	0.0	0.0	2.0	1.5	0.0	**48.8**	9.5	2.5	0.7	4.7	6.1	0.8
0.6	**98.2**	0.0	0.0	1.6	0.7	0.0	13.0	**70.2**	4.3	1.3	2.0	3.3	1.2
0.0	0.0	**84.8**	0.7	9.2	0.4	0.4	6.8	9.5	**64.1**	4.0	20.4	12.2	5.5
0.0	0.0	0.9	**95.7**	0.8	0.0	0.4	6.2	1.2	3.1	**91.6**	1.7	2.4	1.2
4.3	1.2	11.7	3.3	**79.9**	13.4	1.6	13.0	4.8	15.5	2.0	**56.5**	20.3	1.6
0.6	0.0	1.7	0.3	5.2	**83.6**	0.0	11.7	3.0	5.0	0.0	12.0	**54.5**	2.0
0.0	0.0	0.9	0.0	1.2	0.4	**97.6**	0.6	1.8	5.6	0.0	2.7	1.2	**87.8**

4.4 本章小结

本章针对高维的 LBP 特征问题,在流形学习算法的基础上提出一种无监督的 LBP 特征选择算法——$LS-\chi^2$,通过计算 $LS-c^2$ 值进行 LBP 特征选择,在不降低区分力的前提下降低特征维数,利用 NN 和 SVMs 实现表情分类。此算法通过揭示低维空间中 LBP 特征本质属性,根据 χ^2 度量具备 k 近邻域的样本来嵌入线性图,计算 $LS-c^2$ 衡量特征点的表述力,选择表述力强的 LBP 特征,减少识别向量维数。

实验结果表明,采用 $LS-\chi^2$ 特征选择算法在 4 个常用表情数据库中计算低维 LBP 特征,并对其进行分类,获得与高维数据接近的识别率,且对不同表情的识别率有所不同,如对高兴和惊讶的识别率较高,而对悲伤、恐惧的识别率则相对较低。

第 5 章

人脸表情分类器设计

表情分类技术利用训练数据集合,制订优化目标函数,计算分类面、分类空间或概率密度,将不同类别数据划分为多个类簇。未知输入样本依据分类器判别其类别信息,而不同类型特征的数据结构存在差异,不同分类器对同一样本集合的识别率有所不同,训练和识别速度决定该分类器在表情识别中应用的性能和广泛性,因此分类器影响表情识别算法的快速性和有效性。

本章主要针对非线性高维密集性数据集合的分类问题,根据核线性分析(KLDA)的基本原理和计算过程,提出矩阵回归分析(MSRA),通过计算分类空间实现表情分类器的设计,将特征映射到此空间形成聚类识别表情,有效地解决了高维密集数据的非线性和识别速率问题。在众多表情识别算法中,特征选择和分类器相互辅助以增强识别性能,因此结合无监督特征选择 LS,提出表情识别算法 LS – MSRA。其主要研究路线如图 5.1 所示,在线性降维算法基础上,得到映射空间中非线性关系转换矩阵。通过分析 LDA 算法和 KLDA 算法,根据谱矩阵提出 MSRA,结合无监督特征选择 LS,获得 LS – MSRA,实现对多种表情的高效快速分类。

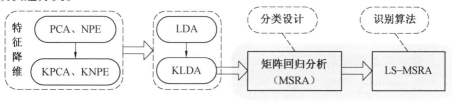

图 5.1　本章主要研究路线

5.1　基于降维技术的分类器

分类器技术随着计算机技术及模式分类的发展广泛应用于人脸、文本、生物特征、表情等识别,其中,基于特征空间的分类器设计主要采用降维算法实现,包括线性、非线性及流形学习,通过保留原始数据的某种特性,达到在投影后的空间中数据可分的目的。本节分别阐述线性降维算法及非线性降维算法,并用于分类器识别率的验证。

5.1.1　线性降维算法

PCA 和 NPE 是一类线性降维算法,该类算法通过线性变换将原始观测数据从高维空间映射到低维空间,形成紧凑数据表述来降低数据维数。

1. PCA

PCA 作为经典的线性降维方法,主要思想是将观测数据投影到使方差最大化的方向,使重构误差最小。其计算目标是求解协方差矩阵的特征值问题,消除原始数据间的相关性,获得低维转换空间。

首先计算数据集合 X 的平均值: $\bar{x} = \sum_j x_j / N$;并中心化: $x_i = x_i - \bar{x}$,得 $\bar{X}$;计算 $\bar{X}$ 求协方差矩阵: $C = \bar{X}\,\bar{X}^{\mathrm{T}}/N$;求解特征值及向量: $Cu = \lambda u$;并对特征向量 u 进行单位正交化,构成转换矩阵实现降维。由于协方差矩阵 C 的维度为 $M^2 \times M^2$,因此引入高维度特征值的数值求解问题,从而增加计算量。若采用 $C = \bar{X}^{\mathrm{T}}\bar{X}/N$ 的形式,将大大改善此问题。令

$$\bar{X}^{\mathrm{T}}\bar{X}u = \lambda u \tag{5.1}$$

等式两侧均乘以 $\bar{X}$,得

$$\bar{X}\,\bar{X}^{\mathrm{T}}\bar{X}v = \lambda \bar{X}v \tag{5.2}$$

由此可见,上述两式具有相同的特征值,且对应特征向量满足 $u = \bar{X}v$。PCA 的主要计算步骤如下:

① 将数据集合中心化得 $\bar{T}$;

② 求协方差矩阵 $C = \bar{T}^{\mathrm{T}}\bar{T}/N$;

③ 求解特征值 $\bar{T}^{\mathrm{T}}\bar{T}u = \lambda u$;

④ 选取特征向量构造转换矩阵 $U = \bar{T}^{\mathrm{T}}(v_1, v_2, \cdots, v_d)$,完成降维 $Y = \bar{T}U$。

2. NPE

NPE 是对 LLE 的线性化近似,通过高维数据流形的局部构造进行低维流形嵌入,与 LPP 具有相似的特性,分为监督学习和无监督两种方式。令

$$\begin{cases} \boldsymbol{z}_i = \boldsymbol{y}_i - \sum\limits_j W_{ij}\boldsymbol{y}_j \\ \boldsymbol{z} = (\boldsymbol{I} - \boldsymbol{W})\boldsymbol{y} \end{cases} \tag{5.3}$$

式(4.5)转化为

$$\phi(\boldsymbol{Y}) = \sum_i \left| \boldsymbol{y}_i - \sum_j W_{ij}\boldsymbol{y}_j \right|^2 = \boldsymbol{a}^{\mathrm{T}} \boldsymbol{X}\boldsymbol{M}\boldsymbol{X}^{\mathrm{T}} \boldsymbol{a} \tag{5.4}$$

其中,$\boldsymbol{M} = (\boldsymbol{I} - \boldsymbol{W})^{\mathrm{T}}(\boldsymbol{I} - \boldsymbol{W})$。通过设 $\boldsymbol{a}^{\mathrm{T}}\boldsymbol{X}\boldsymbol{X}^{\mathrm{T}}\boldsymbol{a} = 1$ 消除映射过程中任意缩放因素的影响,由上述两式得

$$\boldsymbol{X}\boldsymbol{M}\boldsymbol{X}^{\mathrm{T}}\boldsymbol{a} = \lambda \boldsymbol{X}\boldsymbol{X}^{\mathrm{T}}\boldsymbol{a} \tag{5.5}$$

由特征值 $\lambda_1, \lambda_2, \cdots, \lambda_d$ 对应的特征向量 $\boldsymbol{a}_1, \boldsymbol{a}_2, \cdots, \boldsymbol{a}_d$ 构成低维空间的转换坐标系($\lambda_1 \leqslant \lambda_2 \leqslant \cdots \leqslant \lambda_d$),即 $\boldsymbol{A} = (\boldsymbol{a}_1, \boldsymbol{a}_2, \cdots, \boldsymbol{a}_d)$,得

$$\boldsymbol{y}_i = \boldsymbol{A}^{\mathrm{T}} \boldsymbol{x}_i \tag{5.6}$$

综合上述内容,NPE 的计算步骤如下:

① 构造邻接图 G;

② 由目标函数:$\min \sum\limits_i \parallel \boldsymbol{x}_i - \sum\limits_j W_{ij}\boldsymbol{x}_j \parallel^2$ 计算权重矩阵;

③ 求解特征值方程(5.5),构造低维坐标系;

④ 由式(5.6)计算嵌入低维空间坐标系并进行线性转换。

图 5.2 所示为 PCA 和 NPE 的投影轴示意图,其中实线为 PCA 两个最优投影方向,点划线为 NPE 两个最优化投影坐标轴。可见,两者的最大主轴方向非常接近,而次轴方向偏差较大。PCA 是一种全局线性降维算法,而 NPE 在保持局部几何结构的基础上被提出,属于局部线性降维算法,两者在某种程度上具有一致性。

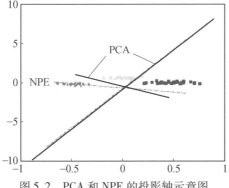

图 5.2 PCA 和 NPE 的投影轴示意图

5.1.2 **基于核空间的降维算法**

上述降维算法的映射由线性转换完成,然而实际应用中映射后数据存在非线性关系,针对非线性情况,通过点积空间构建隐形核空间,避免计算非线性映射的具体形式,KPCA 和 KNPE 正是基于这种技术的降维算法。

1. 核学习

核学习通过核函数将原始数据映射到核空间,描述数据在低维空间中的非线性关系,广泛应用于 KPCA、KICA、KNPE 等降维算法以及 SVM、神经网络等分类器。在 $\mathbb{R}^m$ 中样本 $\boldsymbol{x}$ 通过核函数 ϕ 映射到特征空间 $\mathscr{F}$:

$$\phi: \mathbb{R}^n \to \mathscr{F}, \quad \boldsymbol{x} \to \widetilde{\boldsymbol{x}}, \quad \widetilde{\boldsymbol{x}} = \phi(\boldsymbol{x})$$

根据 Mercer 核定理,映射到特征空间的样本 $\phi(\boldsymbol{x})$ 和 $\phi(\boldsymbol{y})$ 点积计算如下:

$$\boldsymbol{K}_{ij} = K(\boldsymbol{x}_i, \boldsymbol{x}_j) = [\phi(\boldsymbol{x}_i) \cdot \varphi(\boldsymbol{x}_j)] \tag{5.7}$$

通过直接计算样本间点积构造核矩阵,避免计算原始空间中核函数映射,简化计算过程和增强应用的便捷性。常用核函数如下所示:

① 线性: $\qquad \kappa(\boldsymbol{x}, \boldsymbol{y}) = \boldsymbol{x} \cdot \boldsymbol{y}$

② 多项式: $\qquad \kappa(\boldsymbol{x}, \boldsymbol{y}) = (1 + \boldsymbol{x}, \boldsymbol{y})^d$

③ 径向基: $\qquad \kappa(\boldsymbol{x}, \boldsymbol{y}) = \exp\left[-\dfrac{(\boldsymbol{x} - \boldsymbol{y})^2}{2\sigma^2}\right]$

④ sigmoid: $\qquad \kappa(\boldsymbol{x}, \boldsymbol{y}) = \tanh[\kappa(\boldsymbol{x}, \boldsymbol{y}) + \boldsymbol{\Theta}]$

这些函数均满足函数分析 Mercer 定理,当 κ 连续积分核时,确保离散化计算统一收敛。

2. KPCA

下面考虑变换空间与观测数据的非线性关系,计算 KPCA 转换空间。首先计算映射空间中的协方差矩阵:

$$\widetilde{\boldsymbol{C}} = \frac{1}{N} \sum_{j=1}^{N} \phi(\boldsymbol{x}_j) \phi(\boldsymbol{x}_j)^{\mathrm{T}} \tag{5.8}$$

由此得

$$\widetilde{\boldsymbol{C}} \boldsymbol{V} = \lambda \boldsymbol{V} \tag{5.9}$$

在非零特征值条件下,式(5.9)两边乘以 $\phi(\boldsymbol{x}_k)(k = 1, 2, \cdots, N)$,根据向量点乘属性,整理得

$$[\phi(\boldsymbol{x}_k) \cdot \widetilde{\boldsymbol{C}} \boldsymbol{V}] = \lambda [\phi(\boldsymbol{x}_k) \cdot \boldsymbol{V}], \quad k = 1, 2, \cdots, N$$

且存在线性组合

$$\boldsymbol{V} = \sum_{i=1}^{N} \alpha_i \phi(\boldsymbol{x}_i) \tag{5.10}$$

根据式(5.9)和式(5.10)得

$$\frac{1}{N}\sum_{i=1}^{N}\alpha_i\big[\phi(x_k)\cdot\sum_{j=1}^{N}\phi(x_j)\big]\big[\phi(x_i)\cdot\phi(x_j)\big]=\lambda\sum_{i=1}^{N}\alpha_i\big[\phi(x_k)\cdot\phi(x_i)\big]$$

$$(5.11)$$

基于式(5.7)整理式(5.11),化简为

$$K\alpha=N\lambda\alpha \qquad\qquad (5.12)$$

求上述特征值及向量,并将特征值由大到小排列,选取前 p 个特征值 λ_i 对应的特征向量 α_i 构造转换系数矩阵。中心化 K 为 $\widetilde{K}$,特征值问题为

$$\widetilde{K}\,\widetilde{\alpha}=\widetilde{\lambda}\,\widetilde{\alpha} \qquad\qquad (5.13)$$

空间转换过程为

$$Y=\widetilde{K}^t A \qquad\qquad (5.14)$$

图 5.3 描述了测试数据采用径向基核函数后不同特征向量的分布。由图可见,前两个投影坐标轴上数据集合能够很好地分开。

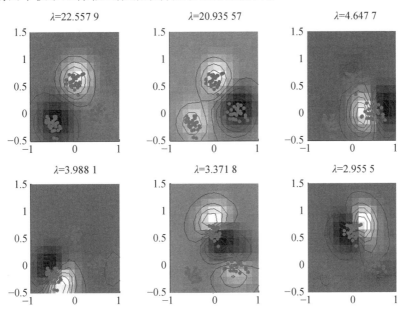

图 5.3　采用径向基核函数后不同特征向量的分布

KPCA 的计算步骤如下:

① 根据观测数据集合构造训练集合的核矩阵 K;

② 由式(5.13)计算特征值 $\widetilde{\lambda}$ 及其对应的特征向量 $\widetilde{\alpha}$ 并进行归一化处理;

③ 根据式(5.14)计算样本集合的投影空间坐标。

3. KNPE

根据 NPE 权重目标函数,观测数据映射到核空间后得 KNPE 的权重目标函数,定义为

$$\varepsilon(\boldsymbol{W}) = \sum_i \left| \phi(\boldsymbol{x}_i) - \sum_j W_{ij}\phi(\boldsymbol{x}_j) \right|^2$$

整理得

$$\varepsilon(\boldsymbol{W}) = \| (\boldsymbol{I} - \boldsymbol{W})\boldsymbol{K}(\boldsymbol{I} - \boldsymbol{W})^{\mathrm{T}} \|_F^2 \tag{5.15}$$

在核空间中,目标函数转换为如下的特征值问题:

$$\phi(\boldsymbol{X})\boldsymbol{M}\phi^{\mathrm{T}}(\boldsymbol{X})\boldsymbol{v} = \lambda\phi(\boldsymbol{X})\phi^{\mathrm{T}}(\boldsymbol{X})\boldsymbol{v} \tag{5.16}$$

由于特征向量 $\boldsymbol{v}$ 是核空间中元素的线性组合,得 $\boldsymbol{v} = \sum_{i=1}^{N} \alpha_i\phi(\boldsymbol{x}_i)$,代入式 (5.16) 得

$$\boldsymbol{KMK\alpha} = \lambda\boldsymbol{KK\alpha} \tag{5.17}$$

将新数据样本 $\boldsymbol{x}$ 映射到转换空间得

$$\boldsymbol{z} = \boldsymbol{A}^{\mathrm{T}}\phi(\boldsymbol{x})$$

图 5.4 所示为 KNPE 前 6 个特征值对应的特征向量在坐标系中的分布情况。由图可知,由特征向量构造的等高线将不同类簇的数据分割开,其整体聚类效果不如 KPCA,但不同的坐标轴可以实现第一簇与第二、三簇或第二簇与第一、三簇数据等的两聚类。

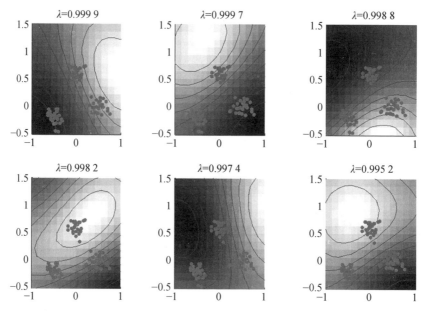

图 5.4　KNPE 前 6 个特征值对应的特征向量在坐标系中的分布情况

综合上述 KNPE 计算过程,将数据集合 $X' = (\boldsymbol{x}'_1, \boldsymbol{x}'_2, \cdots, \boldsymbol{x}'_r)$ 到转换空间的计算步骤如下:

① 根据式(5.15)计算权重矩阵;

② 计算观测数据的核矩阵 $\boldsymbol{K}$;

③ 求解式(5.17),构建转换矩阵 $\boldsymbol{A}$;

④ 计算 X' 的核矩阵 $\widetilde{\boldsymbol{K}}_{ij} = \left[\phi(\boldsymbol{x}_i) \cdot \phi(\boldsymbol{x}_j) \right] (i = 1, 2, \cdots, r; j = 1, 2, \cdots, N)$;

⑤ 根据 $\boldsymbol{Y} = \widetilde{\boldsymbol{K}}\boldsymbol{A}$ 计算样本集合到特征空间的坐标。

5.2　矩阵回归表情识别分类器

当前,许多分类算法引进核技术来解决非线性分类问题,基于核学习构造的 KLDA 方法,是经典线性分析工具 LDA 的非线性扩展,但在高维密集数据分析中,计算开销大且存在奇异值问题。本节深入分析 KLDA,提出一种矩阵回归分析算法,减少运算时间和避免出现奇异值,解决非线性数据的分类问题,完成表情分类器的设计;并结合无监督特征选择算法 LS 降低特征维数,提出 LS – MSRA 表情识别算法。

5.2.1　LDA 及 KLDA

LDA 是一种广泛使用的线性分类和数据分析方法,通过寻找投影空间,保持类别的可分性和数据的压缩性,实现数据降维或分类。目标函数为

$$a_{\text{opt}} = \arg\ \max \frac{\boldsymbol{a}^{\text{T}} \boldsymbol{S}_b \boldsymbol{\alpha}}{\boldsymbol{a}^{\text{T}} \boldsymbol{S}_t \boldsymbol{\alpha}}$$

式中　　$\boldsymbol{S}_b$——类间散度矩阵,$\boldsymbol{S}_b = \sum\limits_{k=1}^{c} (\boldsymbol{\mu}^{(k)} - \boldsymbol{\mu})(\boldsymbol{\mu}^{(k)} - \boldsymbol{\mu})^{\text{T}}$;

　　　　$\boldsymbol{S}_t$——协方差矩阵,$\boldsymbol{S}_t = \sum\limits_{i=1}^{m} (\boldsymbol{x}_i - \boldsymbol{\mu})(\boldsymbol{x}_i - \boldsymbol{\mu})^{\text{T}}$。

其中,$\boldsymbol{\mu} = \sum\limits_{i=1}^{N} \boldsymbol{x}_i / N$ 是整体数据集合的平均值,$\mu_k = 1/n_k \sum\limits_{j=1}^{n_k} \boldsymbol{x}_{kj}$ 是属于类别 k 的均值向量($\boldsymbol{x}_{kj}$ 是 k 类中的第 j 个样本,n_k 是 k 类总的样本数量);$\boldsymbol{\alpha}$ 的优化值即为转换空间的坐标系,由上式得

$$\boldsymbol{S}_b \boldsymbol{\alpha} = \lambda \boldsymbol{S}_t \boldsymbol{\alpha} \tag{5.18}$$

式(5.18)中非零特征值对应的特征向量构成映射矩阵。

图 5.5 所示为 LDA 投影坐标系示意图,描述 3 分类问题的 2 个投影坐标轴。与图 5.2 相比,三者之间的主轴方向近似,但短轴方向存在差异。

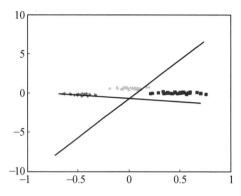

图 5.5　LDA 投影坐标系示意图

对非线性问题,LDA 存在局限性,而 KLDA 可较好地解决此类问题。将样本 x_i 映射到特征空间 $\mathscr{F}$ 中为 $\phi(x_i)$,首先计算总体协方差矩阵:

$$V = \frac{1}{N} \sum_{i=1}^{N} \phi(x_i) \phi^t(x_i)$$

在特征空间 $\mathscr{F}$ 中的类间散度矩阵为

$$B = \frac{1}{N} \sum_{k=1}^{C} n_k \overline{\phi}_k \overline{\phi}^t{}_k$$

其中,$\overline{\phi}_k = 1/n_k \sum_{j=1}^{n_k} n_k \phi(x_{kj})$ 属于类别 k 的均值(x_{kj} 是 k 类中的第 j 个样本;n_k 是 k 类总的样本数量)。由此得 KLDA 的目标函数为

$$\alpha_{\mathrm{opt}} = \arg\ \max \frac{\alpha^{\mathrm{T}} B \alpha}{\alpha^{\mathrm{T}} V \alpha} \tag{5.19}$$

在特征空间 $\mathscr{F}$ 中,存在线性组合满足

$$\nu = \sum_{k=1}^{C} \sum_{j=1}^{n_k} \alpha_{kj} \phi(x_{kj})$$

式中　C——观测数据集合的类别数($k = 1,2,\cdots,C;j = 1,2,\cdots,n_k$)。

式(5.19)对应的特征值问题为

$$\lambda V \nu = B \nu$$

上式两端均乘以 $\phi^t(x_{kj})$,转换为下式的特征值问题:

$$KWK\alpha = \lambda KK\alpha \tag{5.20}$$

其中,K 由 $K_{kp}(k,p = 1,2,\cdots,C)$ 构成,且 $K_{kp} = [\phi(x_{kj}) \cdot \phi(x_{pi})](i,j = 1,2,\cdots,N)$。矩阵 W 是块对角矩阵,与 K 对应,依据类别 k 排序构成:

$$W = \begin{bmatrix} W_1 & \cdots & 0 \\ \vdots & & \vdots \\ 0 & \cdots & W_C \end{bmatrix} \tag{5.21}$$

其中,块矩阵 $\boldsymbol{W}_k$ 的元素为 $W_{ij} = \begin{cases} 1/n_k, & \boldsymbol{x}_i \text{、} \boldsymbol{x}_j \text{ 都属于第 } k \text{ 类} \\ 0, & \text{其他} \end{cases}$,大小为 $n_k \times n_k$。当

输入新样本 $\boldsymbol{x}$ 时,映射计算为

$$z = \boldsymbol{v}^t \boldsymbol{\phi}(\boldsymbol{x}) = \boldsymbol{\alpha}^{\mathrm{T}} \sum_{i=1}^{m} \boldsymbol{K}(\boldsymbol{x}, \boldsymbol{x}_i) \tag{5.22}$$

综合上述 KLDA 算法,主要计算过程如下:

① 利用 $K_{kp} = [\boldsymbol{\phi}(\boldsymbol{x}_{kj}) \cdot \boldsymbol{\phi}(\boldsymbol{x}_{pi})]$ 构建矩阵 $\boldsymbol{K}$,并根据式(5.21)计算 $\boldsymbol{W}$;

② 求解特征方程(5.20);

③ 根据式(5.22)计算输入样本在 KLDA 空间中的投影。

5.2.2　矩阵回归分析分类器

通过对 KLDA 的研究,发现数据格式或描述特征的问题在实际应用中往往受奇异值、计算消耗大等问题困扰,因此解决这类问题是必要的和有价值的,尤其对大量密集数据的分析计算。通过对式(5.21)的分析获知,分块等值矩阵 $\boldsymbol{W}_k$ 构成矩阵 $\boldsymbol{W}$,可以将其看作是谱矩阵,且分布在对角线上,具有稀疏矩阵属性,其特征值问题求解简便易行。

根据特征值求解的转换思想,计算 $\boldsymbol{W}$ 的特征值及特征向量:

$$\boldsymbol{W}\boldsymbol{y} = \lambda \boldsymbol{y} \tag{5.23}$$

令 $\boldsymbol{K}\boldsymbol{\alpha} = \boldsymbol{y}$,根据式(5.20)得

$$\boldsymbol{K}\boldsymbol{W}\boldsymbol{K}\boldsymbol{\alpha} = \boldsymbol{K}\boldsymbol{W}\boldsymbol{y} = \lambda \boldsymbol{K}\boldsymbol{y} = \lambda \boldsymbol{K}\boldsymbol{K}\boldsymbol{\alpha}$$

由此知,式(5.20)与式(5.23)具有相同的特征值,则式(5.20)特征值问题的求解可用式(5.23)代替计算特征向量。根据矩阵 $\boldsymbol{W}$ 的结构,式(5.23)特征值问题可分解为块对角矩阵 $\boldsymbol{W}_k(k = 1, \cdots, C)$ 的特征值问题求解,然后组成 $\boldsymbol{W}$ 特征向量。由于块矩阵 $\boldsymbol{W}_k$ 中的元素均为 $1/n_k$,根据线性代数的相关知识得矩阵 $\boldsymbol{W}_k$ 的秩为 1,因此非零特征值仅对应一个特征向量,其特征值和特征向量可由 1 和 $\boldsymbol{e}_k = [1, \cdots, 1]^{\mathrm{T}} (\boldsymbol{e}_k \in \mathbb{R}^{n_k})$ 表述。

根据单一特征值及特征向量的特点,通过联合 C 个块矩阵 $\boldsymbol{W}_k$ 的特征向量,特征值为 1 的矩阵 $\boldsymbol{W}$ 对应的特征向量为

$$\boldsymbol{y}_k = [\underbrace{0, \cdots, 0}_{\substack{k-1 \\ \sum\limits_{i=1}^{} m_i}}, \underbrace{1, \cdots, 1}_{m_k}, \underbrace{0, \cdots, 0}_{\substack{C \\ \sum\limits_{i=k+1}^{} m_i}}]^{\mathrm{T}} \tag{5.24}$$

其中,$k = 1, \cdots, C$。但是,矩阵 $\boldsymbol{W}$ 仅有一个特征值,使对应的特征向量具有任意性,而元素全部为 1 的向量 $\boldsymbol{e}$ 也在 $\boldsymbol{y}_k$ 构成的空间中。因为该类向量在映射中没有意义,为消除其影响,令 $\boldsymbol{e}$ 为 $\boldsymbol{W}$ 首个特征向量,采用 Gram – Schmidt 正交化进行正交化计算。计算过程如下:

$$\begin{cases} \overline{\boldsymbol{y}}_1 = \boldsymbol{e} \\ \overline{\boldsymbol{y}}_i = \boldsymbol{y}_i - \sum_{j=1}^{i-1} \dfrac{(\overline{\boldsymbol{y}}_j \cdot \boldsymbol{y}_i)}{(\overline{\boldsymbol{y}}_j \cdot \overline{\boldsymbol{y}}_j)} \overline{\boldsymbol{y}}_j \end{cases} \tag{5.25}$$

得正交向量

$$\{\overline{\boldsymbol{y}}_k\}_{k=1}^{c-1}, \quad \overline{\boldsymbol{y}}_k^{\mathrm{T}} \boldsymbol{e} = 0, \quad \overline{\boldsymbol{y}}_i^{\mathrm{T}} \overline{\boldsymbol{y}}_j = 0, i \neq j \tag{5.26}$$

为确保 K 是非奇异矩阵,采用下式近似计算特征值问题:

$$(\boldsymbol{K} + \delta \boldsymbol{I}) \boldsymbol{\alpha} = \boldsymbol{y} \tag{5.27}$$

式中　$\boldsymbol{I}$—— 单位矩阵,且参数 $\delta \geqslant 0$。

映射为

$$f(\boldsymbol{x}) = \boldsymbol{\nu}^{\mathrm{T}} \boldsymbol{\phi}(\boldsymbol{x}) = \boldsymbol{\alpha}^{\mathrm{T}} \sum_{i=1}^{m} \boldsymbol{K}(\boldsymbol{x}, \boldsymbol{x}_i) \tag{5.28}$$

在确保式(5.20)与式(5.23)特征值相同的条件下,通过特征向量 $\overline{\boldsymbol{y}}$ 简化求解系数向量 $\boldsymbol{\alpha}$ 计算转换矩阵。

矩阵分解可将矩阵分解成三角或正交矩阵相乘,通过对分解矩阵的变换求原矩阵的逆,减少计算消耗和复杂度,常用的矩阵分解方法有 LU、QR、Cholesky、SVD 等。当 K 是对称正定矩阵时,通过 Cholesky 分解 $K + \delta I$ 得

$$\boldsymbol{K} + \delta \boldsymbol{I} = \boldsymbol{R}^{\mathrm{T}} \boldsymbol{R} \tag{5.29}$$

$\boldsymbol{R}$ 是上三角矩阵且对角线元素均为正值,因此 $\boldsymbol{R}$ 的逆矩阵容易计算,则式(5.20)的特征向量求解转化为式(5.27)的计算:

$$\boldsymbol{\alpha} = (\boldsymbol{R}^{\mathrm{T}} \boldsymbol{R})^{-1} \overline{\boldsymbol{y}} \tag{5.30}$$

当 $K + \delta I$ 不满足 Cholesky 分解条件时,采用优化方法根据式(5.27)和式(5.28)设计回归目标函数,使测量值和估计值在核空间内的误差最小,进行有约束优化计算,函数为

$$\min_{f \in \mathscr{F}} \sum_{i=m}^{m} [f(\boldsymbol{x}_i) - y_i]^2 + \delta \| f \|_2^2 \tag{5.31}$$

式中　y_i—— 向量 $\boldsymbol{y}$ 中的第 i 个元素;

　　$\delta \| f \|_2^2$—— 核空间中的 L_2 范数约束。

图 5.6 所示为 KLDA 和 MSRA 在径向基函数核空间中特征向量的投影分布情况。由于采用的是三类数据,对应矩阵 $\boldsymbol{W}$ 的秩为 2,因此仅有 2 个特征值及向量。由图可见,不同的坐标轴将不同类别分开,实现数据分类或聚类。KLDA 通过两两分类将三类数据分开,MSRA 的判别分析效果与其类似。

基于矩阵回归分析成功地避免高维度密集数据特征值计算,当采用 Cholesky 分解时,具体计算步骤如下所述:

① 计算输入数据集合的核矩阵 $\boldsymbol{K}$；

② 对 $\boldsymbol{K}+\delta\boldsymbol{I}$ 进行 Cholesky 分解；

③ 利用 Gram – Schmidt 正交化处理 $\boldsymbol{y}_k$；

④ 根据式(5.30)计算转换矩阵 $\boldsymbol{\Psi}$(由 $\boldsymbol{\alpha}$ 构成)；

⑤ 由式(5.22)将新样本集合 X' 投影到低维空间,得低维数据集合 Z。

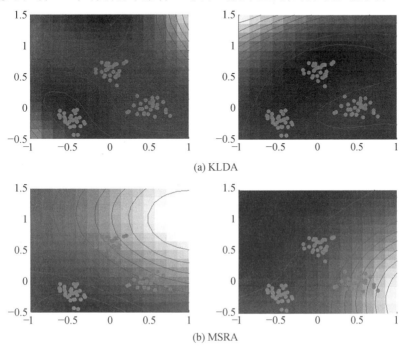

(a) KLDA

(b) MSRA

图 5.6   KLDA 和 MSRA 在径向基函数核空间中特征向量的投影分布情况

5.2.3   表情识别算法流程

表情识别因多样性、易变性及渐变性而比人脸难度更大。神经网络和 SVM 作为极其流行的分类器,对样本的数量和数据形式要求较为严格,需要经大量训练获得。基于特征空间的算法也存在此类问题,但可通过合理限制或计算形式变换有效地解决。矩阵回归分析对 LDA 通过谱分析进行几何结构分析,利用优化函数解决计算量和奇异值问题。针对数据的非线性问题,MSRA 采用核学习将观测数据映射到非线性核空间,解决数据之间的非线性关系和分类空间的计算,作为表情分类器用于表情分类。

特征选择不仅降低原始数据的维度,而且提高数据的可分析性。无监督特征选择作为较理想的特征选择方式,能够在无类别标识情况下描述数据的类别属性。Huang 等人通过揭示局部相关模式获得估计特征排列无监督特征的选择算法,从特征独立性和样本可分性两方面计算特征排列。Niijima 和 Okuno 在 LLDA(Laplacian Linear Discriminant Analysis)的基础上提出无监督特征选择并将其扩展得到一种新的无监督特征选择算法,具有多变量的全局最优解。

LS 作为 LPP 思想的一种推广使用,研究不同样本中对应特征点在局部空间的几何结构,通过特征点间的图谱关系和方差之比,计算特征点在特征空间中的重要性。针对分类中高维数据的计算成本问题,本节提出一种无监督特征选择和矩阵回归分析的表情识别算法 LS – MSRA。该算法考虑表情识别的快速性和合理性,通过 LS 选择更为重要的表情特征作为特征向量,通过矩阵回归分析改进表情分类器训练和识别速率,改善表情识别的有效性和识别速率。

基于表情分类器 MSRA 的识别算法,利用核学习将特征数据集合映射到核函数构成的空间,通过回归分析替代特征值求解获得分类器的识别空间,在此空间中把同一类表情聚集起来。输入测试样本集合后,映射到核空间并转换到分类器的模型空间,使测试与训练集合中同一类表情的样本近邻分布,而不同类的样本离散分布。基于 MSRA 表情识别算法的流程图如图 5.7 所示。

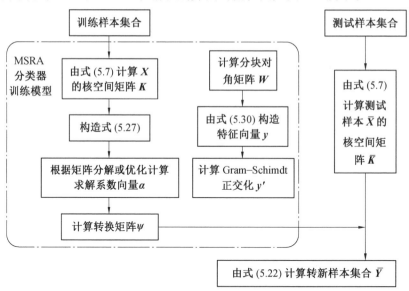

图 5.7　基于 MSRA 表情识别算法的流程图

本节提出的表情识别算法 LS – MSRA 的表情识别流程图如图 5.8 所示。首先计算训练样本集合的 LS 值以挑选不同样本中对应的同一特征点,构成训练样本子集训练分类器;然后根据计算的 LS 值选取测试样本子集中对应的特征点构成测试样本子集;最后,将低维子集输入表情分类器 MSRA 中,映射到分类空间,计算训练模型和测试样本在模型空间中的相似性完成表情识别。

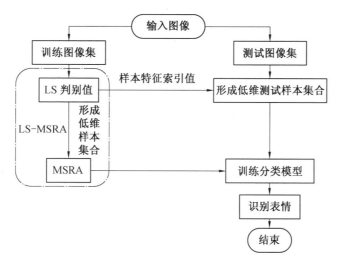

图 5.8　表情识别算法 LS – MSRA 的表情识别流程图

5.3　实验结果及分析

本节对 JAFFE 数据库、FEEDTUM 数据库、MMI 数据库和 Cohn – Kanade 数据库进行依赖主体和独立主体的交叉实验,验证本章所提表情分类器 MSRA 及识别算法 LS – MSRA 的可行性和有效性,并选用 7 种分类器做对比,包括 SVMs、LDA、KLDA、LPP、NPE、NN 和 SRDA。对于 SVMs、KLDA、MSRA 均采用径向基核函数进行非线性空间转换,对于 LPP 和 NPE 均采用热核函数计算权值矩阵。实验中,图像未进行任何对齐操作,所有人脸图像大小均归一化为 34 × 32,且转换为灰度图像,每张转换成 1 088 维的特征向量,进行表情分类器训练和分类。图5.9 所示为图 5.19 和图 5.22 中不同分类器的标识。

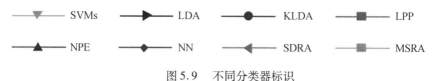

图 5.9　不同分类器标识

5.3.1　特征选择实验

4 个表情数据的 Eigenfaces、Fisherfaces、Laplacianfaces 分别为前 3 个特征脸,LS 对应的特征脸(LS – faces) 分别选取前 200、350 和 500 个 LS 值转换到 0 ~ 255 的灰度值空间,以 3 张图像为一组依次排列,显示 PCA、FDA、LPP 对面部特征

服务机器人人机交互的视觉识别技术

的提取,如图5.10 ~ 5.13 所示。

 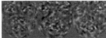  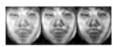

Eigenfaces　　Fisherfaces　　Lapalacianfaces　　LS-faces

图5.10　JAFFE 数据库的特征图像

Eigenfaces　　Fisherfaces　　Lapalacianfaces　　LS-faces

图5.11　FEEDTUM 数据库的特征图像

Eigenfaces　　Fisherfaces　　Lapalacianfaces　　LS-faces

图5.12　MMI 数据库的特征图像

Eigenfaces　　Fisherfaces　　Lapalacianfaces　　LS-faces

图5.13　Cohn - Kanade 数据库的特征图像

由以上图可知,各类特征脸均能有效提取面部的主要特征,淡化面部其余部位。Eigenfaces、Fisherfaces 和 Laplacianface 通过不同的特征空间形成人脸特征图像,描述人脸的主要特征。随着数据库样本数量的不同,特征脸的外观也有所不同,但对整体面部的表征效果良好。LS - faces 中的明亮程度表明该特征点的重要性,显示出眼睛、眼眉、鼻子和嘴部的轮廓,体现人脸的重要特征部位,受特征点维数的选择影响较小,且特征点集中在产生表情的主要区域。

5.3.2　矩阵回归分析实验

矩阵回归分析实验将全维特征和所选特征投影到 MSRA 的特征空间,以此显示分类器和特征选择算法的有效性。图5.14 ~ 5.17 所示分别是4个不同表情数据库的特征分布。图中不同图标代表不同的表情类别,左侧图是维数 $N_d = 1\,088$ 时的特征分布,右侧图是特征选择后的特征分布。所采用的投影空间选取投影坐标系的前三维表示,图5.14 所示是图5.15 ~ 5.18 中的表情类别标识。

● 生气　▼ 厌恶　▲ 恐惧　◀ 高兴　▶ 中性表情　★ 悲伤　◆ 惊讶

图5.14　不同表情标识

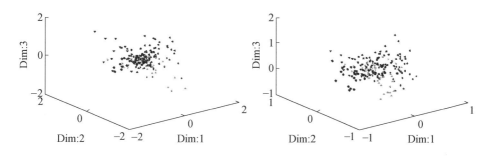

图 5.15　JAFFE 数据库由 MSRA 所得投影

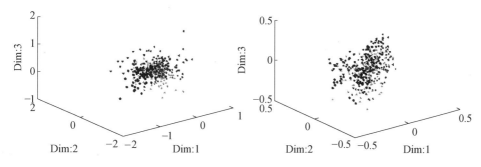

图 5.16　FEEDTUM 数据库由 MSRA 所得投影

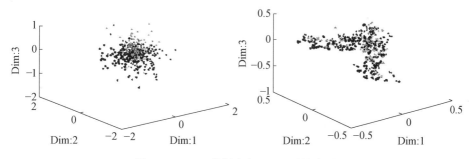

图 5.17　MMI 数据库由 MSRA 所得投影

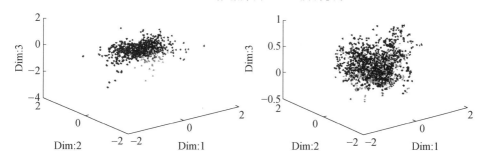

图 5.18　Cohn – Kanade 数据库由 MSRA 所得投影

图 5.15 和图 5.16 右侧图为 $N_d = 350$ 时的投影图。由此可知,JAFFE 数据库中不同维数特征在 MSRA 构造空间中分布的 Dim:3 范围相同,而 Dim:1 和 Dim:2 各异,数值范围缩小,但表情在空间中分布的相对位置不变。而在 FEEDTUM 数据库中 $N_d = \{1\,088, 350\}$,在构造空间中不同坐标轴的分布范围均不相同,但聚类效果良好,可将不同类别表情分开。

图 5.17 和图 5.18 右侧图为 $N_d = 200$ 时的投影图。当 $N_d = 200$ 时,MMI 数据库投影图接近流形,光滑流畅,其坐标范围均发生变化。虽然 Cohn - Kanade 数据库中 $N_d = 200$ 时数据集中在一起,但不同表情仍可区分,仅 Dim:3 范围改变。可见 LS - MSRA 分类效果并不亚于原始数据,即使前后投影空间范围变化,不同表情间分布的相对位置也相似。

5.3.3 结果分析

以下实验中,分类器参数或设置分别为:NN 采用欧几里得距离测量;SVMs 采用径向基核函数,取 $\gamma = 0.125$;LPP、NPE、SRDA 及 MSRA 中计算 k 邻域,$k = 7$。N_f 表示全维度特征,即特征维 1 088;N_d 表示特征选择维数;r_{max} 表示最高识别率。本节实验每间隔 20 个特征选取 $N_d = 10 \sim 1\,000$ 维的特征向量构成训练和测试子集来验证 LS - MSRA 的识别率。

1. 依赖主体交叉验证

表 5.1 是 4 个数据库集合 N_f 的识别率及标准差。SVMs 在所选用算法中识别率最差,平均识别率低且标准差大,识别性能不稳定。在 JAFFE 数据库和 FEEDTUM 数据库测试中,NN 的识别率均低于 80%。相比之下,此分类器在另外两个数据库中的识别率较高,识别率均大于 90%。由识别率可知,MSRA 的识别率优于 KLDA 的实别率,尤其是对小样本数据库的识别,如 JAFFE 数据库,但 Cohn - Kanade 数据库中的优势最明显。所有分类器对 MMI 数据库的识别率最好,其次是 Cohn - Kanade 数据库。

表 5.1　4 个数据库集合 N_f 的识别率和标准差

分类器	JAFFE 数据库的识别率(%)和标准差	FEEDTUM 数据库的识别率(%)和标准差	MMI 数据库的识别率(%)和标准差	Cohn - Kanade 数据库的识别率(%)和标准差
SVMs	69.52 ± 11.71	29.49 ± 6.19	85.00 ± 7.33	81.54 ± 2.30
LDA	86.67 ± 7.03	56.15 ± 8.59	92.50 ± 4.60	83.31 ± 2.73
KLDA	89.52 ± 5.85	61.28 ± 5.05	96.83 ± 3.46	93.83 ± 1.14
LPP	86.67 ± 6.27	55.38 ± 6.64	92.00 ± 3.83	83.31 ± 2.73
NPE	89.05 ± 5.04	52.56 ± 5.44	96.00 ± 3.16	92.29 ± 2.34
NN	78.57 ± 8.77	43.59 ± 5.27	92.00 ± 5.49	90.74 ± 1.66
SRDA	87.62 ± 7.84	63.59 ± 9.65	96.67 ± 3.14	89.83 ± 2.23
MSRA	92.38 ± 5.59	66.15 ± 7.63	98.83 ± 2.61	97.20 ± 1.39

表 5.2 所示为 7 种分类器和 MSRA 算法的识别时间,中括号中第一项是训练时间,第二项是测试时间。因此降低分类器训练时间可以提高表情分类器的识别速率。线性分类器的训练时间较短,并且与训练样本数量相关,如 SVMs 在 Cohn – Kanade 数据库和 MMI 数据库中训练时间较长。随着训练集合数量的增加,MSRA 与 KLDA 的计算速度相差越来越大,而识别速度和效果并未降低。SRDA 识别速度较快,但识别率低于 MSRA 分类器。

表 5.2　7 种分类器和 MSRA 算法的识别时间 $\qquad$ 10^{-3} s

分类器	JAFFE 数据库的识别时间	FEEDTUM 数据库的识别时间	MMI 数据库的识别时间	Cohn – Kanade 数据库的识别时间
SVMs	[17.97, 2.128]	[23.37, 2.512]	[36.11, 3.663]	[84.04, 5.812]
LDA	[1.19, 0.004]	[2.14, 0.0045]	[3.83, 0.0055]	[7.60, 0.0070]
KLDA	[1.01, 0.554]	[1.67, 0.782]	[3.34, 1.151]	[15.49, 2.657]
LPP	[2.75, 0.0048]	[1.41, 0.0039]	[2.19, 0.0046]	[16.44, 0.083]
NPE	[1.90, 0.0049]	[2.46, 0.0045]	[3.21, 0.0045]	[1.54, 0.124]
NN	[5.84, 2.249]	[0.165, 0.471]	[0.102, 0.060]	[1.09, 3.95]
SRDA	[1.05, 0.0055]	[0.626, 0.00205]	[1.12, 0.00445]	[1.56, 0.00386]
MSRA	[0.915, 0.199]	[1.12, 0.177]	[2.08, 0.236]	[5.29, 0.512]

图 5.19 是 4 个数据库不同特征维数的识别率。整体来说,FEEDTUM 数据库的识别率最差,但 SVMs 在此数据库中的识别率效果有所改善,尤其 $280 < N_d <$ 620,高于 NN、LDA、LPP 和 NPE 4 种分类器。Cohn – Kanade 数据库中的识别率最稳定,FEEDTUM 数据库中的识别率最不稳定。由图可知,随着特征维度的增加,MSRA 识别率更好。根据数据库中图像数量区分,JAFFE 数据库、FEEDTUM 数据库和 MMI 数据库与 Cohn – Kanade 数据库相比是小样本数据库。LS – MSRA 变化平缓,识别性能较为平稳,有效地解决了奇异值问题。KLDA 与 MSRA 的识别率极为相近,对所有数据库的识别效果较为稳定,但总体来说后者的识别率较高。对于 SVMs 来说,关于小样本数据优越性并没有那么明显,且 $N_d > 800$ 后,识别率呈逐渐下降趋势。

图 5.20 所示是多种分类算法和 LS – MSRA 在依赖交叉样本测试中的运算时间。从整体来看,LS – MSRA 的训练速度较快,识别时间较短。当 $30 < N_d < 390$ 时,LDA、LPP、NPE 和 NN 的训练时间低于 MSRA 的训练时间;但当 $400 < N_d <$ 910 时,LPP 和 NPE 的训练时间较短,而 $N_d > 910$ 后,仅 NN 和 SRDA 的训练时间低于 MSRA 的训练时间。在识别过程中,SVMs 和 KLDA 识别时间较长。当 $N_d > 600$ 时,NN 的识别时间超过 KLDA 的识别时间,其余分类器随着特征维数的增加,识别时间稳步增加。

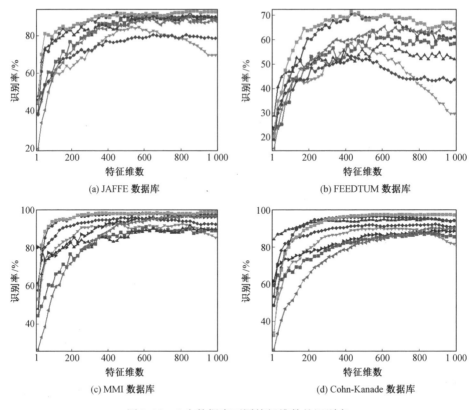

(a) JAFFE 数据库

(b) FEEDTUM 数据库

(c) MMI 数据库

(d) Cohn-Kanade 数据库

图 5.19　4 个数据库不同特征维数的识别率

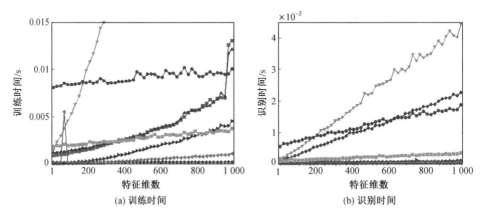

(a) 训练时间

(b) 识别时间

图 5.20　多种分类算法和 LS – MSRA 在依赖交叉样本测试中的运算时间

　　通过计算 MSRA 对不同数据库中不同特征维度的混合表情矩阵,分析依赖主体交叉验证中不同表情的识别率。其中 AN、DI、FE、HA、NE、SA 和 SU 分别代表生气、厌恶、恐惧、高兴、中性表情、悲伤和惊讶 7 种表情。

表5.3所示为在JAFFE数据库中$N_f = 1\,088$和$N_d = 350$时的混合表情矩阵。可以看出,当$N_f = 1\,008$和$N_d = 350$时,生气和中性表情的识别率相同,恐惧和悲伤的识别率提高,其他表情的识别率有所下降。在厌恶的错误识别中,$N_f = 1\,088$时被误判为恐惧和悲伤,而$N_d = 350$时除被误判为此两种表情外,还增加了对生气的误判。由于生气和厌恶的主要区别在嘴唇部分变化,表明特征选择缺乏对嘴唇部分区域的描述。不同特征维数下对吃惊的识别率也出现了与之类似的结果。

表5.3 在JAFFE数据库中$N_f = 1\,088$和$N_d = 350$时的混合表情矩阵

| $N_f = 1\,088$(MSRA) | | | | | | | $N_d = 350$(LS – MSRA) | | | | | | |
AN	DI	FE	HA	NE	SA	SU	AN	DI	FE	HA	NE	SA	SU
93.3	0.0	0.0	0.0	0.0	0.0	0.0	**93.3**	6.9	0.0	0.0	0.0	0.0	0.0
6.7	**72.4**	6.5	0.0	0.0	0.0	0.0	3.3	**79.3**	0.0	0.0	0.0	0.0	0.0
0.0	17.2	**87.1**	0.0	0.0	0.0	0.0	3.3	3.4	**96.8**	0.0	0.0	0.0	3.3
0.0	0.0	0.0	**93.1**	0.0	3.2	0.0	0.0	0.0	0.0	**89.7**	0.0	3.2	3.3
0.0	0.0	3.2	0.0	**100.0**	3.2	3.3	0.0	0.0	0.0	3.4	**100.0**	0.0	3.3
0.0	10.3	3.2	6.9	0.0	**93.5**	3.3	0.0	10.3	3.2	6.9	0.0	**96.8**	0.0
0.0	0.0	0.0	0.0	0.0	0.0	**93.3**	0.0	0.0	0.0	0.0	0.0	0.0	**90.0**

表5.4所示为在FEEDTUM数据库中$N_f = 1\,088$和$N_d = 350$时的表情混合矩阵。当$N_d = 350$时,生气、恐惧、中性表情和悲伤的识别率高于$N_f = 1\,088$时的识虽率,且识别率差别最大的表情是恐惧。而对吃惊的误判中增加了悲伤和生气两种类别,此三者的主要区别体现在眼部的动作,因此选择特征点对其描述力较差。另外,厌恶和生气相混淆的识别率较高,再次验证所选特征点对眼部的描述不足。由此可知,上述两个数据库中LS – MSRA均提高了恐惧和悲伤的识别率。

表5.4 在FEEDTUM数据库中$N_f = 1\,088$和$N_d = 350$时的表情混合矩阵

| $N_f = 1\,088$(MSRA) | | | | | | | $N_d = 350$(LS – MSRA) | | | | | | |
AN	DI	FE	HA	NE	SA	SU	AN	DI	FE	HA	NE	SA	SU
59.6	14.3	5.6	1.8	5.5	10.9	0.0	**61.4**	17.9	1.9	5.4	3.6	14.5	3.5
7.0	**66.1**	3.7	1.8	0.0	5.5	0.0	10.5	**64.3**	3.7	1.8	1.8	5.5	0.0
3.5	3.6	**48.1**	1.8	3.6	10.9	10.5	8.8	8.9	**66.7**	0.0	9.1	12.7	8.8
3.5	3.6	0.0	**89.3**	3.6	1.8	3.5	1.8	1.8	0.0	**83.9**	3.6	1.8	1.8
3.5	3.6	9.3	3.6	**67.3**	20.0	3.5	3.5	3.6	9.3	5.4	**69.1**	9.1	7.0
22.8	8.9	18.5	1.8	18.2	**49.1**	0.0	12.3	3.6	5.6	1.8	9.1	**54.5**	1.8
0.0	0.0	14.8	0.0	1.8	1.8	**82.5**	1.8	0.0	13.0	1.8	5.5	0.0	**77.2**

表 5.5 所示为在 MMI 数据库中 $N_f = 1\ 088$ 和 $N_d = 200$ 的表情混合矩阵。当 $N_d = 200$ 时,除生气和厌恶的识别率保持不变外,其余表情的识别率均低于 $N_f = 1\ 088$ 时的识别率。其中,恐惧的识别率最低,误判为除生气之外的其余 5 种表情。根据面部表情肌肉组合运动可知,该表情的产生主要由眼眉皱起及嘴部略张开构成,因此 LS 对此变化的提取效果较差。

表 5.5 在 MMI 数据库中 $N_f = 1\ 088$ 和 $N_d = 200$ 的表情混合矩阵

$N_f = 1\ 088$(MSRA)							$N_d = 200$(LS − MSRA)						
AN	DI	FE	HA	NE	SA	SU	AN	DI	FE	HA	NE	SA	SU
95.2	0.0	0.0	0.0	0.0	0.0	0.0	**95.2**	0.0	0.0	0.0	0.0	1.2	0.0
2.4	**100**	1.4	0.0	0.0	0.0	0.0	0.0	**100**	2.7	0.0	0.0	0.0	0.0
0.0	0.0	**95.9**	0.0	0.0	0.0	0.0	0.0	0.0	**86.5**	0.9	1.4	0.0	2.9
0.0	0.0	1.4	**100**	0.0	0.0	0.0	0.0	0.0	1.4	**97.2**	0.0	0.0	0.0
0.0	0.0	0.0	0.0	**100**	0.0	0.0	1.2	0.0	2.7	1.9	**98.6**	1.2	2.9
2.4	0.0	0.0	0.0	0.0	**100**	0.0	3.6	0.0	2.7	0.0	0.0	**97.6**	0.0
0.0	0.0	1.4	0.0	0.0	0.0	**100**	0.0	0.0	4.1	0.0	0.0	0.0	**94.3**

表 5.6 所示为在 Cohn − Kanade 数据库中 $N_f = 1\ 088$ 和 $N_d = 200$ 的表情混合矩阵。此时所有表情的识别率均低于 $N_f = 1\ 088$ 的识别率。其中,对高兴和惊讶的识别率较为接近,中性表情的识别率下降幅度较快,同时最易混淆的表情也是中性表情。由此可得,LS − MSRA 具有良好的识别性能。

表 5.6 在 Cohn − Kanade 数据库中 $N_f = 1\ 088$ 和 $N_d = 200$ 的表情混合矩阵

$N_f = 1\ 088$(MSRA)							$N_d = 200$(LS − MSRA)						
AN	DI	FE	HA	NE	SA	SU	AN	DI	FE	HA	NE	SA	SU
98.1	1.2	0.0	0.0	0.3	0.4	0.0	**88.8**	1.8	0.0	0.0	3.0	0.8	0.0
0.6	**95.2**	0.0	0.0	0.7	0.0	0.0	1.9	**91.7**	0.0	0.3	1.0	0.0	0.0
0.0	0.0	**97.5**	0.0	5.7	0.0	0.4	1.9	3.0	**90.1**	1.0	15.0	0.0	1.2
0.0	0.0	0.6	**100.0**	0.0	0.0	0.0	0.0	0.0	0.6	**98.0**	0.0	0.0	0.0
1.2	1.2	1.9	0.0	**90.7**	0.0	0.0	5.6	3.6	8.7	0.7	**74.0**	4.9	0.0
0.0	2.4	0.0	0.0	2.7	**99.6**	0.0	1.9	0.0	0.3	0.0	6.3	**94.3**	0.0
0.0	0.0	0.0	0.0	0.0	0.0	**99.6**	0.0	0.0	0.3	0.0	0.7	0.0	**98.8**

2. 独立主体交叉验证

表 5.7 所示是 4 个数据库 N_f 的平均识别率及标准差。由于训练集合中不包含测试集合主体的任何样本实例，因此识别率与依赖样本交叉验证相比有所下降。但表情分类器 MSRA 的识别率最高，SVMs 的识别率最低。最低识别率出现在 MMI 数据库中，但标准差较小。与依赖主体实验相比，LPP 提升了在所有分类器性能中的位置。FEEDTUM 数据库中的识别率有所提高，而 MMI 数据库中的识别率下降较快。在该类实验中，除 SVMs 和 SRDA 外，其余分类器在 JAFFE 数据库中的识别率最高。在所有对数据库的测试中，SRDA 和 KLDA 的识别率仅次于 MSRA。LDA 和 LPP 在 Cohn – Kanade 数据库中识别率和标准差相同，且与 NPE 的识别率相近，说明 3 种分类器对多主体样本数据库的识别率接近，但标准差不同，因而分类器的稳定性不同。

表 5.7　独立主体的平均识别率和标准差

分类器	JAFFE 数据库的识别率(%)和标准差	FEEDTUM 数据库的识别率(%)和标准差	MMI 数据库的识别率(%)和标准差	Cohn – Kanade 数据库的识别率(%)和标准差
SVMs	15.02 ± 2.97	19.05 ± 7.27	14.37 ± 11.90	19.09 ± 7.40
LDA	49.91 ± 15.37	33.33 ± 14.20	33.82 ± 19.12	42.74 ± 15.97
KLDA	59.44 ± 3.62	40.60 ± 13.32	37.90 ± 18.18	58.54 ± 17.98
LPP	50.00 ± 14.74	35.84 ± 13.69	34.28 ± 18.21	42.74 ± 15.97
NPE	43.97 ± 12.02	29.07 ± 10.27	26.58 ± 17.82	42.37 ± 17.91
NN	46.63 ± 18.05	27.57 ± 9.86	25.24 ± 17.05	50.16 ± 19.48
SRDA	50.40 ± 15.22	41.85 ± 14.85	43.47 ± 22.20	57.98 ± 19.27
MSRA	65.49 ± 16.24	44.36 ± 12.90	47.78 ± 22.13	66.05 ± 18.16

表 5.8 所示为 7 种分类器和 MSRA 算法在独立主体交叉实验中的识别时间，中括号第一项是分类器的训练时间，第二项是测试时间。该实验总体识别速度低于依赖样本交叉验证，由于训练时间与独立主体交叉实验的次数和样本数量有关，而 3 个数据库的主体数大于 10，因此导致识别时间增加。除小样本 JAFFE 数据库的测试外，MSRA 的运算速度仍高于 KLDA 的运算速度。

表 5.8 7 种分类器和 MSRA 算法在独立主体交叉实验中的识别时间 10^{-3} s

分类器	JAFFE	FEEDTUM	MMI	Cohn – Kanade
SVMs	[27.77, 2.12]	[49.97, 3.26]	[35.99, 3.65]	[907.0, 10.78]
LDA	[1.23, 0.042]	[4.78, 0.085]	[3.82, 0.055]	[77.77, 0.379]
KLDA	[1.08, 0.582]	[4.05, 1.62]	[3.33, 1.147]	[182.9, 25.55]
LPP	[0.84, 0.041]	[3.07, 0.084]	[2.18, 0.046]	[167.5, 0.474]
NPE	[1.79, 0.048]	[5.16, 0.087]	[3.20, 0.045]	[159.4, 0.838]
NN	[0.74, 0.663]	[3.84, 3.075]	[0.10, 0.606]	[3.82, 5.969]
SRDA	[1.07, 0.046]	[1.83, 0.052]	[1.11, 0.044]	[1.44, 0.243]
MSRA	[1.29, 0.206]	[2.82, 0.310]	[2.07, 0.236]	[59.56, 1.560]

图 5.21 是 4 个数据库中不同特征维数独立主体交叉验证的识别率。当 $N_d < 500$ 时,MSRA 的识别率处于所有分类器的中等水平,尤其是 MMI 数据库中,当 $N_d > 800$ 时,其识别优势较为明显。当 $N_d > 500$ 时,MSRA 对 JAFFE 数据库、FEEDTUM 数据库和 Cohn – Kanade 数据库的识别率稳步上升,高于其他分类器。4 个数据库中最高识别率均由 LS – MSRA 获得,但是在 MMI 数据库中,KLDA 和 SRDA 的识别率高于 MSRA 的识别率。总体来说,对 Cohn – Kanade 数据库中不同主体识别率比较稳定。而在所有数据库中,KLDA 和 SRDA 的识别率与其他分类器相比较好,且在 FEEDTUM 数据库中两者区分力与 MSRA 接近。NPE 和 NN 的识别率最差,尤其是小样本 JAFFE 数据库和 FEEDTUM 数据库。SVMs 随着特征维数增加识别率逐渐下降,且下降速度比其他分类器快。LDA 与 LPP 在 FEEDTUM 数据库和 MMI 数据库中的识别率变化趋势较为类似。在 Cohn – Kanade 数据库和 MMI 数据库中,NN 在 $N_d > 800$ 和 460 时的识别率逐步高于 SVMs 的识别率,而后者的识别率好于 NPE、LPP 和 LDA。

图 5.22 所示为 LS – MSRA 独立主体交叉验证的识别时间。当 $N_d > 130$ 时,仅 LDA、NN 和 SRDA 的识别速度低于 MSRA 的识别速度,且随着特征维数的升高,LDA 的识别速度降低,而 MSRA 的识别速度平稳。当 $N_d > 140$ 时,NN 的识别时间低于 KLDA 和 SVMs 的识别时间,而 KLDA 所需的识别时间最多。SRDA 的识别速度最快,但识别率低于 KLDA 和 MSRA。另外,LPP 和 LDA 的识别速度极为接近。

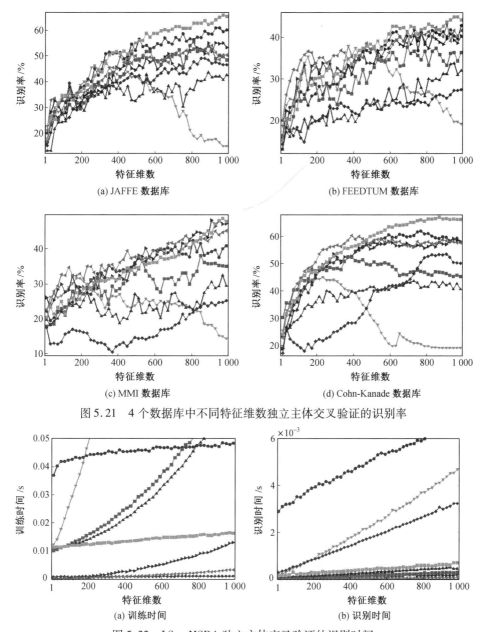

图 5.21　4 个数据库中不同特征维数独立主体交叉验证的识别率

图 5.22　LS－MSRA 独立主体交叉验证的识别时间

(a) 训练时间　(b) 识别时间

从 MSRA 及 LS－MSRA 实验结果表明,LS－MSRA 在独立主体交叉验证中的识别率与依赖主体交叉验证的识别率相比较差,但 MSRA 的识别率仍旧最高。LS－MSRA 的识别率随着 N_d 的增长而不断稳定提高,而其他分类器如 SVMs,在 $N_d > 500$ 后,识别率逐步降低并且训练时间较长,且由于该分类器对表情特征要求较高,需进一步提取纹理特征,才能保证良好的识别率。从图 5.20 和图 5.22 中的训练时间和识别时间可知,MSRA 的运算时间远远低于 KLDA 的,且前者的识别率好于后者的识别率,表明 MSRA 及 LS – MSRA 不仅成功地解决了非线性数据的分类问题,并减少了表情识别的时间。

　　表 5.9 所示为 JAFFE 数据库中的表情混合矩阵。除 N_d = 350 时悲伤的识别率保持不变外(35.5%),其余表情的识别率均低于 N_f = 1 088 时的识别率,误判为高兴之外的其他表情,大部分识别为悲伤,而且该表情是最难识别的表情之一。当特征维数 N_f =1 088 时,主要将悲伤误判为生气和中性表情,但当 N_d = 350 时,生气、厌恶和惊讶构成误判表情的主要部分。

表 5.9　JAFFE 数据库中的表情混合矩阵

N_f = 1 088(MSRA)							N_d = 350(LS – MSRA)						
AN	DI	FE	HA	NE	SA	SU	AN	DI	FE	HA	NE	SA	SU
80.0	17.2	0.0	0.0	10	25.8	0	**43.3**	20.7	12.5	3.2	23.3	16.1	6.7
6.7	**69.0**	9.4	0.0	0.0	6.5	3.3	10.0	**44.8**	0.0	3.2	0.0	19.4	3.3
3.3	6.9	**62.5**	0.0	3.3	6.5	3.3	6.7	6.9	**53.1**	9.7	10.0	9.7	3.3
0.0	0.0	6.3	**80.6**	3.3	6.5	3.3	0.0	0	9.4	**71.0**	0.0	3.2	3.3
10	3.4	18.8	9.7	**66.7**	16.1	23.3	10.0	3.4	6.3	3.2	**43.3**	3.2	20.0
0.0	3.4	3.1	3.2	6.7	**35.5**	0.0	20.0	24.1	15.6	0.0	10	**35.5**	0.0
0.0	0.0	0.0	6.5	10.0	3.2	**66.7**	10.0	0.0	3.1	9.7	13.3	12.9	**63.3**

　　表 5.10 所示为 FEEDTUM 数据库中的混合表情矩阵。当 N_d = 350 时,高兴的识别率大幅度下降,增加了对惊讶的误判;其次是中性表情。在识别生气表情中,增加了对惊讶的错误判断。但通过减少对恐惧和高兴的误认率,提高了对厌恶和恐惧的识别率。在 N_f = 1 088 和 N_d = 350 时,悲伤最难识别,其误认率大于识别率。前者误判为中性表情,后者误判为生气和中性表情。

表 5.10　FEEDTUM 数据库中的表情混合矩阵

N_f = 1 088(MSRA)							N_d = 350(LS – MSRA)						
AN	DI	FE	HA	NE	SA	SU	AN	DI	FE	HA	NE	SA	SU
33.3	5.3	14.0	1.8	5.3	17.5	3.5	**28.1**	15.8	12.3	7.0	8.8	22.8	8.8
10.5	**40.4**	7.0	8.8	3.5	8.8	5.3	28.1	**49.1**	8.8	14.0	12.3	12.3	8.8
10.5	10.5	**24.6**	1.8	7.0	21.1	14.0	8.8	5.3	**28.1**	10.5	19.3	12.3	14.0
1.8	17.5	1.8	**77.2**	5.3	1.8	5.3	1.8	0.0	1.8	**40.4**	0.0	5.3	7.0
24.6	3.5	31.6	8.8	**56.1**	24.6	10.5	12.3	5.3	19.3	7.0	**31.6**	19.3	26.3
19.3	19.3	10.5	1.8	19.3	**22.8**	5.3	10.5	15.8	17.5	7.0	8.8	**15.8**	0.0
0.0	3.5	10.5	0.0	3.5	3.5	**56.1**	10.5	8.8	12.3	14.0	19.3	12.3	**35.1**

表 5.11 所示为 MMI 数据库中的表情混合矩阵。当 $N_d = 350$ 时,生气的识别率下降最快,且低于对中性表情和悲伤的误识率,但减少了对中性表情的误认率。厌恶和恐惧的识别率也低于误认率,尤其是对恐惧的识别率较差,仅高于对高兴的误识率。

表 5.11　MMI 数据库中的表情混合矩阵

$N_f = 1\,088(\mathrm{MSRA})$							$N_d = 350(\mathrm{LS-MSRA})$						
AN	DI	FE	HA	NE	SA	SU	AN	DI	FE	HA	NE	SA	SU
47.6	4.0	4.1	0.9	22.2	20.2	2.9	**15.5**	28.0	10.8	20.4	8.3	11.9	0.0
10.7	**30.7**	2.7	13.0	0.0	8.3	1.0	11.9	**17.3**	10.8	4.6	5.6	1.2	3.8
2.4	10.7	**23.0**	10.2	11.1	1.2	6.7	10.7	**24.0**	9.5	9.3	15.3	22.6	11.4
0.0	12.0	13.5	**63.9**	0.0	1.2	0.0	0.0	0.0	1.4	**39.8**	0.0	0.0	2.9
23.8	14.7	21.6	5.6	**45.8**	10.7	23.8	20.2	10.7	14.9	8.3	**30.6**	8.3	25.7
9.5	12.0	9.5	3.7	12.5	**53.6**	1.9	14.3	4.0	23.0	2.8	12.5	**28.6**	8.6
6.0	16.0	25.7	2.8	8.3	4.8	**63.8**	27.4	16.0	29.7	14.8	27.8	27.4	**47.6**

表 5.12 所示为 Cohn - Kanade 数据库中的表情混合矩阵。可以看出,当 $N_f = 1\,088$ 时,高兴的识别效果较好,而中性表情最易与其他表情相混淆,其次是恐惧;中性表情的识别率变化最大。当 $N_d = 350$ 时,生气主要被误判为恐惧和中性表情,说明特征提取在该数据库中集中在脸颊部分,对眼眉和嘴唇的表征不足。

表 5.12　Cohn - Kanade 数据库中的表情混合矩阵

$N_f = 1\,088(\mathrm{MSRA})$							$N_d = 350(\mathrm{LS-MSRA})$						
AN	DI	FE	HA	NE	SA	SU	AN	DI	FE	HA	NE	SA	SU
41.4	6.5	2.8	0.0	2.3	9.8	0.8	**29.0**	12.5	8.6	5.4	11.7	13.8	2.4
9.3	**51.8**	1.2	0.7	2.0	3.3	0.0	6.8	**33.9**	3.4	0.7	0.7	2.4	1.2
8.6	20.2	**53.1**	0.7	10.3	5.3	15.7	22.2	21.4	**42.0**	10.1	20.3	11.4	17.3
3.1	0.6	9.6	**92.9**	2.0	4.5	2.4	1.2	4.2	9.3	**71.0**	6.3	8.5	2.4
21.6	14.3	22.5	4.7	**73.3**	22.8	4.3	25.3	17.9	23.8	7.7	**44.7**	22.0	7.8
16.0	6.0	5.9	1.0	9.7	**54.1**	0.4	13.0	6.5	4.6	1.0	10.7	**35.0**	4.3
0.0	0.6	4.9	0.0	0.3	0.4	**76.5**	2.5	3.6	8.3	4.0	5.7	6.9	**64.7**

5.4   本章小结

　　针对表情数据的非线性和冗余问题,本章深入研究了 KLDA,提出矩阵回归分析 MSRA 分类器,并结合无监督特征选择 LS 实现表情分类(LS – MSRA)。此算法首先利用无监督特征选择方法计算特征向量中特征点的表征力;然后抽取区分力较大的特征点,在高维数据集合的基础上构建更有效的低维特征向量;最后采用 MSRA 对此进行表情识别,解决奇异值和非线性数据的分类问题。

　　为验证该算法的表情识别率及其有效性,采用 7 种分类方法进行实验对比,分别包括 SVMs、LDA、KLDA、LPP、NPE、NN 和 SRDA。由 MSRA 及 LS – MSRA 的实验结果可知,本章所提算法对表情识别具有较强的区分力,可在低维空间有效地描述表情特征,提高识别速率和识别率。

第 6 章

人体静态手势识别

本章主要研究基于视觉的静态手势识别。静态手势检测是对某一时间点下图像中手势姿态的描述,分析手指及手掌部分在不同姿态下的语义信息。本章针对人机交互中静态手势识别的实际问题,提出一种静态手势识别方法,其流程图如图 6.1 所示,测试图片经过手势区域检测和图片的标准化,获得测试图片的手势区域,同时标记的训练图片经过手势区域检测和标准化之后构建手势数据库,通过提取测试图片和手势数据库中图片的灰度、纹理和手型等特征,经过本章提出的多特征稀疏表征分类算法,从训练数据库中获取对测试图片表征误差最小手势类型,实现对静态手势图片的识别。

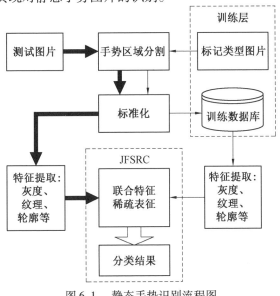

图 6.1 静态手势识别流程图

6.1　静态手势区域提取和区域标准化

　　手势区域的分割是静态手势识别中的关键环节,涉及手势区域准确提取和手势区域标准化这两个方面,手势区域分割错误会直接影响后续的静态手势识别率。常见的手势分割一般都是基于肤色模型的方法,通过训练得到肤色在数字图像中像素值范围进行区域分割。该类方法受复杂环境特别是光照变化的影响较大,光照的变化影响图像的质量,肤色区域无法在图像中获得对应范围内的像素值。而且在人机交互时获取的图像中除了人的手势区域还有脸部区域、肢体区域等,它们都同样具有肤色特征,因此无法区分出手势区域。

　　人脸区域识别分割技术较为成熟,本章受到人脸识别的启发,基于 Haar – like 特征及 Adaboost 分类器的目标物体检测方法,针对手势的特点,对 Haar – like 特征进行扩展,并改进 Adaboost 算法运用到手势区域分割中。Viola 和 Jones 在 2001 年提出了这种高效的算法,实现了较快的检测速度,同时达到了较高的识别率。该方法中提出两项关键技术:一是使用灰度积分图获取图片中大量的特征数据,与其他方法相比具有缩放及旋转的不变性,可有效地进行多尺度图像计算,大大减少了图像处理时间,对环境背景有较强的鲁棒性;二是使用基于 Adaboost 方式特征选择的学习方法。Adaboost 方式是对 Boosting 算法的改进,在每次训练过程中选择最优的 Haar – like 特征,通过级联一系列弱分类器,最终获得一个强分类器。该方法的运算速度达到同类算法的 15 倍以上,具有很好的实时性和准确性,受背景影响小。常用的 Haar – like 特征有边缘特征、线性特征和中心特征,如图 6.2 所示。

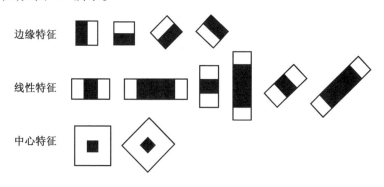

图 6.2　常用的 Haar – like 特征

　　该算法通过计算图像中黑色和白色区域中像素点灰度值的差值作为该位置的Haar –like 特征。为了快速计算,这里引入了灰度积分的方法,如图像中像素

点的灰度值为 $P(x,y)$，其中 x 和 y 为像素的坐标点，对应于该点的灰度积分为 $I(x,y)$，由式(6.1) 计算可得

$$I(x,y) = \sum_{x'<x,y'<y} p(x',y') \tag{6.1}$$

在图 6.3 中，区域 D 内像素点的灰度值计算式为

$$G_D = I_D + I_A - I_B - I_C \tag{6.2}$$

式中　　I_D——$I_D = G_A + G_B + G_C + G_D$；

$\qquad I_A$——$I_A = G_A$；

$\qquad I_B$——$I_B = G_A + G_B$；

$\qquad I_C$——$I_C = G_A + G_B$。

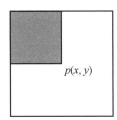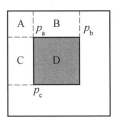

图 6.3　区域灰度积分值计算

虽然基于 Haar－like 特征已被广泛应用于人脸识别中，但是现有文献中很少有人将该方法应用于手势识别中。相比于人脸区域，手势自身变化较多，各种不同手势的差异性较大，同一手势还存在较大的旋转情况，而人脸区域相对比较统一，不存在较大的旋转情况，并具有对称性。基于常用的 Haar－like 特征难以构建稳定的手势区域识别分类器，因此本节提出针对手势特点而得到的扩展的 Haar－like 特征，如图 6.4 所示。

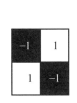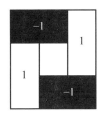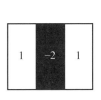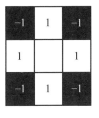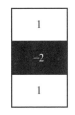

图 6.4　扩展的 Haar－like 特征

扩展的 Haar－like 特征考虑到手势在图片中旋转、缩放的情况，同时通过调整 Haar－like 特征中黑白区域值的权重，突出手势区域的主要特征。在实际应用中，使用单一的 Haar－like 特征无法获得较好的分类效果，针对图片中提取的 Haar－like 特征数量较多以及单一 Haar－like 特征分类效果弱的特点，使用

Adaboost 算法可以有效地解决这个问题。用于人脸识别中的 Adaboost 算法结构如图 6.5(a) 所示,通过对子窗口大小的缩放、子窗口的位置、多级的 Haar – like 弱分类器实现对图片中物体的识别提取。虽然该方法在人脸区域识别中具有很好的效果,但是直接在手势中应用效果较差,因为静态手势的区域形状不具有一致性。该 Adaboost 学习算法中没有考虑子窗口的形状,即子窗口长宽比例的变化,本节对人脸识别中的 Adaboost 算法结构进行改进,增加子窗口形状变化层次,针对静态手势中主要的区域形状,分为长形和方形两种类型,长宽比列分别为 3:2 和 1:1,对这两种不同形状类型的静态手势图片分别进行训练,构建独立的分类器。在识别过程中对两种不同手型的分类器进行并行计算,提高手势区域的识别速度。手势区域识别中的 Adaboost 算法结构如图 6.5(b) 所示。

(a) 人脸识别中的 Adaboost 算法结构　　(b) 手势区域识别中的 Adaboost 算法结构

图 6.5　Adaboost 算法结构

在人机交互过程中,静态手势的示意具有一定的持续时间,在快速的图像获取过程中,通过连续多帧的图像进行区域识别,最终提取出稳定的手势区域。其过程为

$$R = r_1 \cap r_2 \cap \cdots r_n, n \in \mathbb{N} \qquad (6.3)$$

式中　　R——最终识别的手势区域;

　　　　r_i——单帧图像中提取的手势区域;

　　　　n——多帧的图像校正阈值,阈值的选择会影响计算速度。

通过连续多帧图像的手势区域校正,可以滤除图像中无意义的手势表达,同时提高手势区域提取的准确性。

获取的手势区域往往具有不同的大小,为了后续手势识别计算中保证特征向量维数的一致性,需要对手势区域进行标准化。手势区域的标准化与手势表示的复杂程度相关联,复杂手势的识别一般需要较高的分辨率。

6.2　多特征稀疏表征

6.2.1　手势表征模型的构建

针对静态手势的识别,本书提出了一种新的手势识别模型,称为手势的多特征线性表征模型。手势的多特征线性表征模型是通过对已知的各种类型手势图片中提取的多特征进行线性组合,获取对测试图片的表征误差最小值所对应的手势类型,从而判断出被测试的手势类型。

手势标准化图片的特征向量 $V \in \mathbb{R}^m$,图像数据库 I 中包含 k 类一共 n 张手势图片,则数据库中所有图片特征向量 A_n 构成的特征矩阵为

$$A = [A_1, \cdots, A_n] \in \mathbb{R}^{m \times n} \tag{6.4}$$

在特征空间内的测试图片特征向量 y 可以由一定数量的同类手势图片近似线性表征为

$$y = Ax_0 \tag{6.5}$$

如果手势数据库中确实含有该类型的手势,则其特征向量的线性组合仅包含来自该类的图片,整个系数向量中除了相关类型的手势图片的系数之外,其他系数多为 0 或是近似于 0 的值: $x_0 = [0 \quad \cdots \quad 0 \quad x_i^T \quad 0 \quad \cdots \quad 0]^T$。

如果数据库足够完备,系数向量的结构就会足够稀疏,则可把静态手势的识别问题归结为如何使用其他特征向量来线性表示测试手势图片的特征向量问题,以达到最小的表征误差结果,即

$$y = F(T) \tag{6.6}$$

式中　T——标准化的测试图片;

　　　y——从 T 中提取出的特征向量,可以被稀疏线性表征;

$$y = AX \tag{6.7}$$

式中　X——系数向量, $X \in \mathbb{R}^N$。

在线性表征的过程中,除非数据库中含有该测试图片,否则表征的过程中必然有表征误差的存在。为了解决这个问题,引入了表征误差限制条件 $\|e\|_2 < \varepsilon$,即

$$y = AX + e \tag{6.8}$$

由于需要一定量的手势图片去构建数据库,因此数据库中的图片数量一般远大于特征维数,即 $N \gg m$,则上述方程是一个欠定方程组。欠定方程组的求解是一个病态问题,无法直接从 y 中求得 X,最直接的求解方法是通过最小 l_0 范数的最优化求解得到 X, l_0 范数表示 X 中非零项的个数:

$$\min \|X\|_0, \quad \text{s.t.} \quad y = AX \tag{6.9}$$

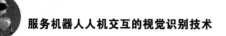

式中 $\|\cdot\|_0$——l_0 范数。

最小 l_0 范数的求解属于非确定性多项式时间复杂性类困难问题(Non-deterministic Polynomial Hard,NP-Hard),需要穷举 X 中非零项的 C_N^m 种可能,寻找在多项式时间内的近似解法,且无法直接进行求解。其中矩阵 A 的列向量 a_n 构成的各个基之间并非完全相互独立,具有一定的相关性,常用相关系数 ρ 来衡量,即

$$\rho = \sup_{i,j,i\neq j}|\rho_{i,j}| \qquad (6.10)$$

$$\rho_{i,j} = \frac{\mathrm{cov}(a_i,a_j)}{\sigma_{a_i}\sigma_{a_j}} \qquad (6.11)$$

式中 cov——协方差;

σ——标准差。

相关系数 ρ 表示 A 中各个基 a_n 之间相关性的强弱,$\rho=0$ 表示 A 中的所有基之间相互完全独立,即为正交基。随着 ρ 值的增加,表示各个基之间的相关性增强,当 $\rho=1$ 时,表明 A 中至少有两个基是完全一样的。l_1 范数是最近似于 l_0 范数的凸函数,因此最小 l_1 范数是最小 l_0 范数的接近最优解,通过文献[77]、[88]证明在一定的条件下,最小 l_1 范数可以等价于最小 l_0 范数解。定理如下:

定理6.1 如 $y \in \mathbb{R}^N$ 被 A 中的基 $a_n(n=1,\cdots,N)$ 稀疏表示,且 $\|y\|_0 < (\sqrt{2}-0.5)/\rho$ 时,l_1 范数最小化问题的解是所有可能的组合中非零个数最少的,即为最小 l_0 范数的解。

该定理表明,如果一个向量能够在完备的基中得到稀疏表示,那么通过 l_1 范数最小化问题所求得的表达式是其中最稀疏的,等价于求解 l_0 范数最小化问题。于是,当方程(6.9)中满足系数向量 X 为稀疏解并且 A 中各列向量 a_n 之间相互独立时,最小 l_0 范数与最小 l_1 范数具有等价性,方程(6.9)可以转换为方程(6.12)求解。

$$\min \|X\|_1, \quad \mathrm{s.t.} \quad y = AX \qquad (6.12)$$

最小 l_0 范数的求解转换为最小 l_1 范数问题,最小 l_1 范数求解问题是凸优化问题,可以通过现代数学方法进行求解,常见的算法主要有用基追踪(Basis Pursuit,BP)法、内点法(Interior-point)和梯度投影法(Gradient Projection Method)。内点法的运算速度慢,是较早的 l_1 范数凸优化求解方法,该方法受参数选取影响较大,且计算复杂度高,不适用于大数据量的问题;梯度投影法的运算速度较快,但是数据的准确性较差。基追踪法计算的复杂度比较高,使得计算速度较慢,近年来很多研究者转向求解次优化的问题,即在一定误差限制的条件下求得近似解,则在一定误差条件下的式(6.12)可表示为

$$\min \|X\|_1, \quad \mathrm{s.t.} \quad |y - AX| \leq \varepsilon \qquad (6.13)$$

对于式(6.13)的求解主要有匹配追踪算法(Matching Pursuit,MP)和正交匹配追踪算法(Orthogonal Matching Pursuit,OMP),该类算法属于贪婪算法

（Greedy Method，MD）。MP 的思路是将 y 在基 a_n 上进行线性展开,然后通过迭代方法求解,在每一次迭代过程中,通过贪婪方式在基中寻找一个与信号最匹配的项,不断迭代求得逼近,由于投影的非正交性使得每次迭代结果可能不是最优,因此收敛的过程需要经过较多次的迭代计算;OMP 算法则可以克服这个问题,本章使用 OMP 算法进行求解计算,通过递归对已选择的集合进行正交化以保证迭代的最优性,从而减少迭代次数,提高计算的实时性。

6.2.2　单特征的稀疏表征计算

单特征的稀疏表征分类算法(SRC)是一个基于稀疏表征的监督分类方法。在一些模式识别的应用中,SRC 已经被证明其相比于其他常见方法的有效性,如最小近邻(NN)、最小子空间(NS)及支持向量机(SVM)。SRC 为特征的分类提供了一个新的方法,同时特征的提取和选择也很重要,提取合适的特征会使分类方法更加简单有效。

6.3　静态手势表征

为了能更好地表征静态手势,本节融合灰度特征、纹理特征和手型特征来构建特征空间。具体每个特征的表征过程如下。

6.3.1　灰度值特征

灰度值特征是图像处理中常用的特征之一,摄像头获取的彩色图像数据具有 3 个通道,数据的处理量较大,数字图像处理过程中一般都将彩色图像转换为灰度图像,其中常用的是 RGB 图像转换为灰度图像方法:

$$Gray = R \times 0.299 + G \times 0.587 + B \times 0.114 \tag{6.14}$$

为了避免浮点计算影响计算机,则有

$$Gray = (R \times 30 + G \times 59 + B \times 11 + 50) / 100 \tag{6.15}$$

数据的灰度值特征是对图像中每个像素点颜色的描述,灰度值的范围是 0 ~ 255,0 表示纯黑色,255 表示纯白色。通过灰度值特征可以对获得静态手势整体区域的表征效果,具有很强的容错性,但是光线的变化会影响图像的获取效果,导致灰度值特征不稳定。

6.3.2　纹理特征

纹理特征是常用于图像分割以及感兴趣区域的识别。通常手势的表现都比较复杂,很难使用纹理特征直接进行表征,因此现有的文献中都没有直接将纹理特征应用于手势识别中。但是不同手势中的部分区域可以用纹理特征加以区分。

现有的方法中有较多的方法可以提取纹理特征,其中 Gabor 函数与人眼的工作原理类似,常被用于纹理识别中,可以获得较好的纹理特征。本节使用 Gabor 函数提取 Gabor 特征来表征静态手势的纹理。二维的 Gabor 函数为

$$\psi(x,y) = \frac{\|k\|}{\delta^2} \cdot e^{-\|k\|^2\|(x,y)\|^2/2\sigma^2} \cdot \left[e^{ik(x,y)} - e^{-\delta^2/2} \right] \quad (6.16)$$

Gabor 函数的缩放和方向由频率分量 $k = \pi/2^s e^{i\phi d}$ 表示,其中 $\phi d = \pi d/16$,变量 s 和 d 分别决定了 Gabor 函数的缩放大小与方向。在本书的应用中,手势中手指间相对角度范围是从 $-\pi/4$ 到 $\pi/4$,因此 $d \in \{4,5,6,7,8,9,10,11,12\}$。在高斯包络下,幅值的大小由 $\delta = 2\pi$ 决定。所有的手势区域都被标准化为统一的大小,因此缩放的大小被确定为 $s = 1$。为了加速计算,需要融合各个方向上的 Gabor 函数值。每个手势的纹理表征都是通过合并固定缩放条件下 9 个不同方向上的 Gabor 函数而成,即

$$\text{Gabor}(A) = \text{Gabor}[g(x,y)] = \left| g(x,y) \times \sum_d \psi_d(x,y) \right| \quad (6.17)$$

式中 $g(x,y)$ —— 在图像中 (x,y) 位置处的灰度值。

纹理特征能较好地区分手势和背景区域,同时受光线的影响较小。在 9 个方向上的 Gabor 函数如图 6.6(a) 所示,一张对手势的 Gabor 特征效果如图 6.6(b) 所示。Gabor 表征值的最终实部输出是对在 9 个方向上 Gabor 特征的平均,通过提取不同方向上的 Gabor 特征,手势中关键的手指部位特征会被突出,最终结合成为对该手势特征的表征结果。

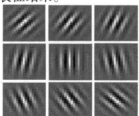

(a) 9 个方向上的 Gabor 函数

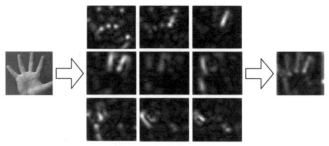

(b) 手势的 Gabor 特征

图 6.6　手势的纹理特征

6.3.3　手型特征

手型特征即轮廓特征,常应用于物体的识别和分类中。本节基于曲率比例空间特征(Curvature Scale Space,CSS)实现手型的描述。在简单背景条件下的手型特征通常可以获得较好的表征结果。该特征的缺点是需要提取清晰的连续的轮廓信息,如果手势背景较为复杂或受到噪点影响,则很难获得较为稳定的结果。

6.3.4　特征向量的构建

在特征表征的过程中,对于每个图片$(w \times h)$建立的特征矩阵中,灰度值特征的维数$m_g = w \times h$,纹理特征的维数$m_t = w \times h$,手型特征的维数$m_s = w + h$。

合并特征矩阵中所有的列向量,构成特征向量x,以灰度值特征矩阵为例,有灰度值矩阵为

$$M = [x_1, x_2, \cdots, x_w]^T, \quad M \in \mathbb{R}^{w \times h}, x_w \in \mathbb{R}^h$$

合并M中的各个列向量得到其特性向量为

$$x = [x_1^T, x_2^T, \cdots, x_w^T], \quad x \in \mathbb{R}^{w \times h} \tag{6.18}$$

6.4　基于 JFSRC 的手势分类

单特征的 SRC 算法已经被应用于模式识别中,如人脸识别、物体识别等。由于静态手势的表现形式比较复杂,在实际应用中通过单一特征表征无法获得较好的效果。因此本节针对手势识别提出多特征稀疏表征分类法,通过融合多特征的表征结果实现对手势的识别。

在本节的研究中,灰度值特征、Gabor 特征及 CSS 特征被用于分别表征手势的颜色、纹理与手型。用$F_g(\cdot)$、$F_t(\cdot)$、$F_s(\cdot)$分别代表灰度值、Gabor、CSS 的特征提取函数。JFSRC 充分利用 3 种特征各自的优点实现了对手势的准确识别,图 6.7 给出了 JFSRC 的计算流程。本节用W_g、W_t、W_s分别代表灰度特征、Gabor 特征及 CSS 特征的权重值。

在 SRC 计算之后,可以获得每个特征的稀疏表征系数向量,用$r(X)$表示特征系数向量X的稀疏率,定义如下:

$$r(X) = \frac{S_n(X)}{S(X)} \tag{6.19}$$

式中　$S(X)$——特征系数向量X的维数;

　　　$S_n(X)$——特征系数向量X中非零或非近似于零的元素的个数。

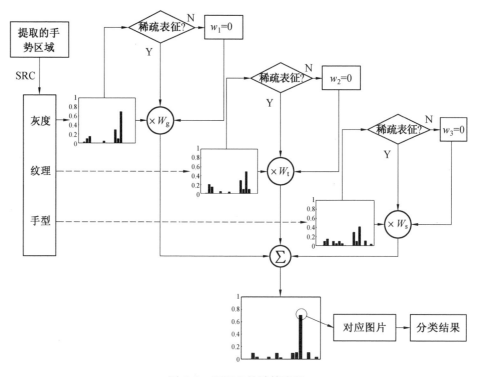

图 6.7 JFSRC 的计算流程

用 sparse(·) 表示稀疏判断函数：

$$\text{sparse}(\boldsymbol{X}) = \begin{cases} \text{True}, & r(\boldsymbol{X}) \leqslant \theta \\ \text{False}, & r(\boldsymbol{X}) > \theta \end{cases} \quad (6.20)$$

式中 θ—— 稀疏率的阈值,在本节中 θ 根据经验被设置成 0.05。

由于不同的特征在表征手势的过程中有着不同的影响效果,因此针对融合过程中不同的特征表征效果加以权重。

6.4.1 特征权重计算

不同特征的权重计算是根据从已知样本中获得的先验数据。本节基于 Boosting 算法计算在 JFSRC 中融合各特征的权重值。在权重计算中, 作为 Boosting 计算中的训练误差值为 JFSRC 各特征的表征剩余值 r_m,表征剩余值也称表征误差,是对该特征表征效果好坏的一个衡量指标,表征剩余值越大,则说明该特征的表征效果越差。

$$r_m = \| \boldsymbol{y}_m - \boldsymbol{A}_m \boldsymbol{X}_m \|_2, \quad m \in [1,2,3] \quad (6.21)$$

在训练过程中通过调整不同特征值的权重去获得最小的表征剩余值,3 个特征的权重在训练开始都设置成统一的值,通过每一轮测试图片的训练,每个特征的权重都根据该特征的表征剩余值进行调整,表征效果好的特征能获得更小的表征剩余值,因此权重被逐渐分配到更加稳定、可靠的特征中去。通过一定数量图片的训练,各个特征的权重值会逐渐趋于稳定,最后从 Boosting 算法输出的分类器中获得不同特征各自对应的权重。

6.4.2　分类算法

手势分类的基本思路是通过已知类型的数据库中图片去表征测试图片,获得表征效果最好的那张图片,即表征剩余值最小的那张图片,根据该图片的类型确定对测试图片的分类。分类算法通过对测试图片的多特征表征,获得表征系数中系数最大的那张数据库图片所对应的手势类型。以下详细介绍计算流程。

首先构建数据库,数据库中含有 K 类的手势图片,数据库中的图片经过标准化处理后为 $I_1^1, I_2^1, \cdots, I_1^2, I_2^2, \cdots, I_{n_k}^k$。通过特征值的计算获得每张图片对应的特征向量,把同一类特征的特征向量进行排列,组合成特征矩阵 $\boldsymbol{A}_1, \boldsymbol{A}_2, \boldsymbol{A}_3$:

$$\boldsymbol{A}_1 = \left[F_g(I_1^1), F_g(I_2^1), \cdots, F_g(I_{n_i}^i) \right] \tag{6.22}$$

$$\boldsymbol{A}_2 = \left[F_t(I_1^1), F_t(I_2^1), \cdots, F_t(I_{n_i}^i) \right] \tag{6.23}$$

$$\boldsymbol{A}_3 = \left[F_s(I_1^1), F_s(I_2^1), \cdots, F_s(I_{n_i}^i) \right] \tag{6.24}$$

计算测试图片 T 的特征向量:

$$\boldsymbol{y}_1 = F_g(\boldsymbol{T}), \boldsymbol{y}_2 = F_t(\boldsymbol{T}), \boldsymbol{y}_3 = F_s(\boldsymbol{T}) \tag{6.25}$$

计算单个特征对应的表征系数向量 $\boldsymbol{X}_m, m \in [1,2,3]$,其中 $\varepsilon = 0.05$:

$$\min \parallel \boldsymbol{X}_m \parallel_1, \quad \text{s.t.} \quad \parallel \boldsymbol{y}_m - \boldsymbol{A}_m \boldsymbol{X}_m \parallel_2 \leqslant \varepsilon \tag{6.26}$$

计算特征融合后的表征系数向量 $\boldsymbol{X}$:

$$\boldsymbol{X} = \sum_{m=1}^{3} \boldsymbol{X}_m \boldsymbol{W}_m = \left[x_1^1, x_2^1, \cdots, x_{n_1}^1, x_1^2, \cdots, x_{n_k}^k \right]^{\mathrm{T}} \tag{6.27}$$

其中表征系数向量 $\boldsymbol{X}$ 是由3个特征的表征效果累加而成,由定理6.1可知稀疏表征算法的前提条件是表征的结果必须是稀疏解,因此在 JFSRC 中不包含非稀疏解的特征表征。

使用稀疏判断函数 sparse(·) 对每个特征表征稀疏向量进行判断,对于非稀疏解的特征表征结果,设置对应特征的权重为0,使该特征表征结果不被代入最终的表征结果中。然后计算数据库中每类手势图片对应的表征系数的最大值:

$$\delta(i) = \max_j(x_j^i), \quad j = 1, 2, \cdots, n_i \tag{6.28}$$

式中　x_j^i——数据库中第 i 类手势图片 I_j^i 对应的系数表征系数。

计算出最大的表征系数值归属于哪一类:

$$i^* = \max_i \delta(i), \quad i = 1, 2, \cdots, K \tag{6.29}$$

如果仅有一个特征可以获得系数表征解,JFSRC 算法则简化为 SRC 进行计算。若数据库中的图片 x_j^i 具有对应的最大表征系数值,则说明在数据库中该图片最近似于测试图片,具有最小的表征误差,因此测试图片被归为第 i 类的手势,实现对测试图片的分类过程。

6.4.3 数据库优化

由于需要建立完备数据库去包含所有需要识别的手势类型,但是随着数据库持续的增大会影响到计算速度。为了尽可能减小数据库的容量,优化计算速度,同时不影响识别率,本节提出了一种自优化算法,通过剔除数据库中的相似图片,在优化数据库大小的同时,不影响到数据库使用的效果。

根据之前对稀疏表征的描述,若静态手势图片可以被数据库的图片稀疏表征,则说明在数据库中存在与其类似的图片。在数据库优化过程中,依次对图像库中的图片进行稀疏表征计算,如果有图片可以被数据库中其他的图片稀疏表征,则表明该图片在数据库中已有对应的类似图片存在,可将该图片作为冗余图片从数据库中剔除。数据库优化算法流程图如图 6.8 所示。

将数据库中的图片依次选出作为测试样本,剩余的图片作为训练样本,代入 JFSRC 中进行计算,当该测试图片获得稀疏表征结果时,将该图片从数据库中删

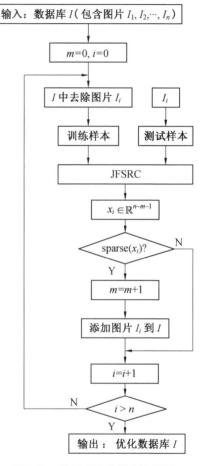

图 6.8　数据库优化算法流程图

除,当无法获得稀疏表征结果时,则将该图片保留在数据库中。数据库经过优化后可以筛选掉数据库中的冗余图片,有助于提升计算速度。被删除的图片在数据库中有对应的类似图片,不会影响到手势识别中的稀疏表征结果。

6.4.4 数据库的扩展性

现有的一些静态手势识别方法仅仅针对一小部分的静态手势,利用静态手势的局部特征,比如通过提取手指数量实现静态手势的区分,这类方法不具备扩展性,局限于小范围内的几种或十几种静态手势的识别。JFSRC 的方法对静态

手势的区分基于多特征对手势表征效果的差异,从整体表征效果来区分静态手势,对静态手势的局部特征没有依赖性,具备良好的扩展性。当增加新的静态手势识别类型时,仅需要在训练数据库中通过添加一定数量的该类型的静态手势区域图片,当识别类型较多时会对 JFSRC 的计算速度有影响。

6.5　实验结果及分析

为了检验本章方法在人机交互中的有效性,开展了一些相应的实验。本节主要分为3个部分:第一部分对基于改进的 Haar – like 特征的手势区域提取方法进行了测试;第二部分使用公共的手势图片数据库测试识别方法的效果,并与其他文献中常用方法进行了对比;第三部分使用构建的手势图片测试数据库,对用户独立性、部分遮挡情况以及复杂背景下手势识别分别进行测试。

6.5.1　手势区域提取测试

首先构建对手势区域提取的分类器,使用 3 000 组手势图片作为正样本和 7 000 组非手势图片作为负样本进行训练,用于训练的部分正样本图片如图 6.9 所示。

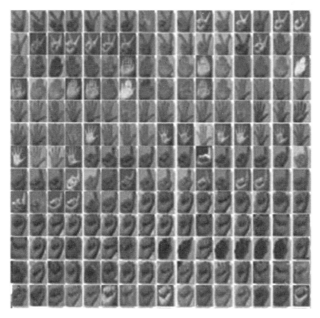

图 6.9　训练的部分正样本图片

实际图片的手势区域识别效果如图6.10所示。在有肤色背景的条件下仍然可以获得对手势区域较好的识别率,而常见的基于肤色的手势区域分割方法遇到图片中有人脸或其他肤色区域存在时,无法准确地实现手势区域分割;同时,当部分区域被遮挡时,仍可以实现手势区域识别,因为在级联的 Haar – like 特征分类器中起主要决策作用的是通过训练获得的手势区域关键位置处的 Haar – like 特征,所以对非关键位置的部分遮挡不影响手势区域的提取效果。所有从图像中提取的手势区域图片通过标准化缩放至 20 × 24 大小,用于后续手势识别。

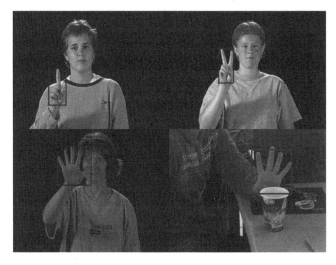

图 6.10　　手势区域识别效果

6.5.2　公共数据库对比实验

　　静态手势的公共图片库较少,做得较好的有 JT(Jochen Triesch)静态手势库和 SM(Sebastien Marcel)静态手势库。JT 静态手势库中的手势数量更多,配有多样的背景。本节选用了 JT 静态手势库用于测试,JT 静态手势库包含24 个人在不同背景下表示的 10 种类型的手势。手势的背景分为简单(光线变化)背景和复杂背景两类,在静态手势识别检测中具有代表性,常用于静态手势识别方法的测试。手势库中部分图片如图 6.11 所示,本节中使用该手势库中 2/3 的图片作为数据库文件,其余图片作为测试使用。由于该数据库中的图片数量不够特征权重的测试使用,因此3 种特征的权重都设置为相同的值($W_g = W_t = W_s = 0.33$),实验结果列于表 6.1 中。

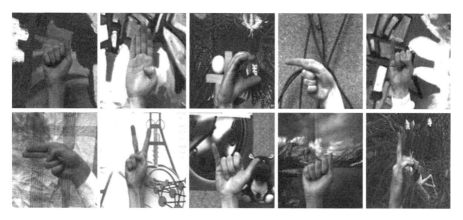

图 6.11　部分 JT 静态手势库中的部分图片

表 6.1　JT 静态手势库实验结果对比

方法	识别率		测试图片总数 / 张	速度 /(s·帧$^{-1}$)
	简单背景	复杂背景		
模糊粗糙集(FUZZY – ROUGH)	93.3%		480	1.92
弹性图形匹配(EGM)	93.8%	86.2%	657	1.85
特征空间函数法	95.2%		418	—
SRC	93.7%	83.7%	657	0.04
KMTJSRC	95.2%	80.8%	657	0.15
JFSRC	95.7%	92.0%	657	0.18

　　在实验中 JFSRC 的识别率高于模糊粗糙集、弹性图形匹配和基于灰度特征的 SRC 方法。基于特征空间函数法(Eigenspace Size Function) 虽然可以获得和本章相近的识别率,但是其计算过程复杂,算法效率低,实时性较差。文献[94]中提出的 KMTJSRC 算法也是一种给予稀疏矩阵表示的特征融合方法,但是它仅仅对每个特征结果进行累加,没有进行特征选择,当某一特征表征效果较差时,会严重影响到最终的识别率,因此其在简单环境背景下有较好的效果,而在复杂背景下某些特征表征失败,整体识别率会大幅降低。本章提出的 JFSRC 方法对简单环境背景下的照片获得了非常好的识别效果,识别率达到95.7%;在复杂背景下仍然保持较高的识别率,识别率优于其他常用方法。JFSRC 通过融合多特征,充分利用各自特征的特点,将其优势互补,改进了静态手势的识别率。在 2.4 GHz 的 CPU、2 GB 内存的计算机平台下,该方法的平均计算时间达到了 0.18 s/ 帧,能够满足人机交互实时性的要求。在测试中识别错误的主要原因有以下两个方面:手势区域的识别错误和测试手势中手指位置变化过大而造成的误匹配。

6.5.3 构建数据库的测试

由于现有的公共数据库均为同一组人的手势,使用公共图片库构建数据库和测试样本,同一个人的手势可能同时出现在数据库及测试样本中,因此不能有效地验证识别方法对不同人的独立性。而且现有的文献中较少地考虑到实际应用中的手势情况,仅少量的文献考虑了环境光线变化,缺乏对部分遮挡等实际存在问题的探讨。因此本节构建一个数据库,去验证本章识别算法在人的独立性、部分遮挡及复杂背景条件影响下的识别率。

本节的数据库构建了 10 种常见手势,如图 6.12 所示。构建的数据库共包含900 张图片,每个类型的手势有 90 张图片,有 30 张不同的人在不同光线条件下的手势图片,数据库中不包含部分遮挡或部分缺损的手势图片。为了获得特征的权重值,从数据库中选取 700 张图片进行计算,最终 3 种特征的权重值分别为$W_g = 0.45, W_t = 0.31, W_s = 0.24$。

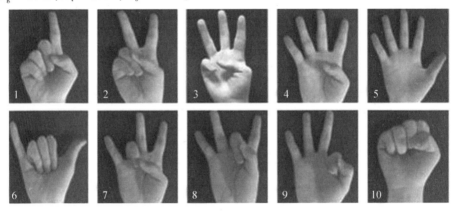

图 6.12   常见的 10 种手势

1. 用户独立性

人机交互中必须考虑到用户的独立性问题,为了交互的通用性,数据库中的图片不可能完全包含所有用户的手势数据,所以需要构造独立性测试来验证该方法。独立性测试中需要严格区分数据库中图片的对象(做手势动作的人)和测试图片的对象,本章选用自己构建的数据库,数据库中的图片主要由本实验室人员作为图片的对象,测试图片选用了共 1 500 张从网上和公共手势图片库中收集的图片以及从动态手势视频库中截取的图片,两者的对象基本可以保证是严格区分的。测试图片中包含 1 000 张具有简单背景和 500 张具有复杂背景的图片,部分测试图片如图 6.13 所示。

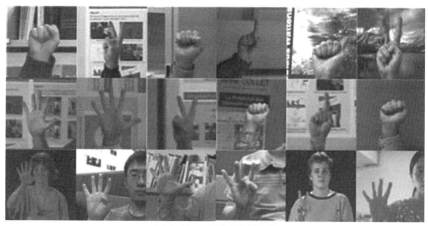

图 6.13　部分测试图片

在测试中,本节正确识别了 1 422 张图片,识别率达到了 94.8% 。其中一例测试如图6.14 所示,图中横坐标的每一个坐标点对应于一张数据库中的图片,连续 90 个坐标点为同一类手势。由图可知,最大值的坐标点对应805 号图片,其余的系数值都小于 0.2,在手势表征中不同手势之间的表征误差远大于不同人对同一类手势的表征误差,因此本章的方法对于不同人的手势表征不敏感,方法具有对人的独立性。

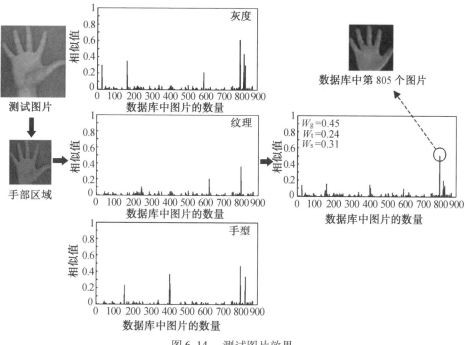

图 6.14　测试图片效果

2.部分遮挡影响

在人机交互过程中,手势会有部分遮挡的情况发生,现有的文献中没有对手势部分遮挡问题进行过研究,多数研究中都声明在识别的手势区域中没有部分遮挡或缺损情况,特别是针对手型和轮廓特征的手势识别。当部分遮挡时,手型或轮廓信息无法完成对手势的描述,必然会导致识别的失败。为了比较常见方法在部分遮挡时的识别率,本节选用了1 000张简单背景的手势图片,每个类别有100张图片,用黑色块遮挡住手势的部分区域,遮挡率$R_0 \in [5\%,10\%,15\%,20\%,25\%,30\%]$,遮挡的部分测试图片如图6.15(a)所示。

$$R_0 = \frac{A_0}{A_r} = \frac{A_0}{w \times h} \tag{6.30}$$

式中　　A_0——遮挡面积;

　　　　A_r——手势区域面积。

在不同的遮挡情况下,对常用的5种手势识别方法进行了测试,包括神经网络(NN)、EGM、SRC、KMTJSRC及JFSRC。图6.15(b)给出了这些方法在不同遮挡率下的识别率。当$R_0 = 5\%$时,部分手势区域被遮挡造成手型特征不完整,因此依赖于手型特征的NN和EGM的识别率从原来的90%以上迅速下降到50%以下,但是基于稀疏表征方法受到的影响并不大,因为$R_0 = 5\%$遮挡造成的表征误差未能超过手势之间的区分误差。随着遮挡率的增加,造成的表征误差值也逐步增加,识别率也逐步降低。当$R_0 = 15\%$时,NN和EGM方法已经完全失败,而JFSRC此时仍可以保持较高的识别率。随着R_0继续增加,由于部分图片中的手指及手掌特征已经被完全遮挡,基于稀疏矩阵表征方法的识别率都开始快速下降,其中KMTJSRC的识别率不稳定,当手势某类特征提取失败时,影响其整体

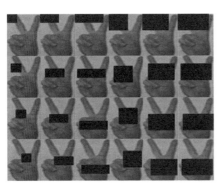

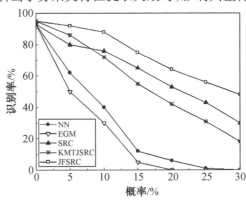

(a) 部分遮挡的手势测试图片　　　　(b) 部分遮挡条件下不同方法识别效果

图6.15　部分遮挡条件下的手势识别测试

的识别率。当 $R_0 = 30\%$ 时,SRC 和 KMTJSRC 的识别率都降到了 30% 以下,而 JFSRC 通过融合多特征信息,仍然可以保持 50% 左右的识别率。当手指或手掌部分被小部分遮挡时,造成的表征误差对识别影响较小,但当手势中手指或手掌部分被完全遮挡下的表征误差较大时,会直接导致识别的失败。

部分遮挡条件下 JFSRC 对每类手势的识别率见表 6.2。当遮挡率增加时,所有类型的手势识别率都有所下降,在遮挡率从 0 增加到 30% 的过程中,JFSRC 的识别率从 95.4% 降到了 47.7%。其中手势 10 的识别率下降较为缓慢,因为手势 10 仅有手掌部分,不包含手指部分,所以部分遮挡对该类型的识别影响小于其他类型的手势。

表 6.2　部分遮挡条件下 JFSRC 对每类手势的识别率

遮挡率/%	每类手势识别率/%										识别率/%
	1	2	3	4	5	6	7	8	9	10	
0	96	98	94	95	96	97	93	92	94	100	95.4
5	90	93	92	93	95	93	88	89	92	98	92.3
10	83	90	88	90	92	86	85	86	89	95	88.4
15	70	76	73	75	80	72	73	72	74	88	75.3
20	56	58	60	63	72	62	63	61	64	84	64.3
25	47	48	51	55	63	52	54	52	56	79	55.7
30	38	41	42	47	56	43	43	41	49	76	47.7

3. 复杂背景影响

基于单一特征的手势识别方法,识别的结果完全依赖于该特征的提取效果,当环境变化时尤其是手势在复杂背景条件下,会影响到单一特征的提取效果,例如,灰度值特征对于背景光线的变化较为敏感,因此当光线变化剧烈时,灰度值的表征误差较大,依赖于灰度值特征的识别方法往往得到较低的识别率。这些问题约束着手势识别技术的应用,使得手势识别的研究多数都基于实验室理想环境下。JFSRC 通过融合多特征的表征,在自动选择手势识别过程中可以依赖一个或几个特征,在整体表征结果中排除表征误差较大的特征,使得其对环境变化具有较强的鲁棒性和通用性,适用于自然通用的人机交互模式。

如图 6.16 所示,一幅受光照影响较大的测试图片,经过 3 个特征的表征,其中灰度值特征的表征效果较差,JFSRC 自动调整 3 个特征的权重,在最终的表征结果中只体现出较好的表征特征效果。JFSRC 能够有效对 3 个特征进行选择,只要有一个特征能获得较好的表征效果,仍然会得到较好的表征结果,实现准确的静态手势识别。

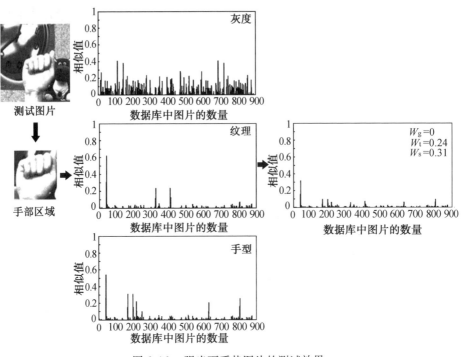

图 6.16　强光下手势图片的测试效果

6.6　本章小结

　　本章针对实际人机交互环境下基于视觉的静态手势识别问题进行研究,为自然的人机交互提供一个重要的信息交互通道。首先使用改进的 Haar – like 和 Adaboost 算法从图片中快速准确地提取手势区域,然后针对静态手势识别,提出多特征稀疏矩阵表征分类算法,融合颜色、纹理、手型 3 种特征对静态手势进行表征,构建特征值稀疏矩阵,选出数据库中最匹配的类型实现静态手势的分类。实验中对 10 种常见手势进行了测试,测试结果优于现有的同类方法,能较好地解决实际人机交互中常见的用户独立性、部分遮挡及复杂背景条件下的静态手势识别问题。

第7章

基于运动能量流的人体运动分析

在机器人视觉领域,光流法是探索运动过程及其细节的最有效手段,而其中 HS 光流法是最经典和最重要的方法。传统 HS 光流法受自身假设条件的限制, 其精度往往不能满足人体运动精确分析的要求。基于 HS 光流法原理框架,本章 提出一种多尺度的运动能量光流算法,即利用运动能量流实现对人体运动的准 确估计:给定一组连续的运动图像序列,运动能量流首先对运动图像进行多尺度 拉普拉斯金字塔变换,然后在拉普拉斯金字塔的每层构建能量地图,并提出能量 流约束方程和能量场平滑性约束,进而利用最小二乘法对能量流进行估计,最终 通过各个层间能量流的重构实现图像每个像素点速度的估计。

相比于其他传统光流算法,运动能量流以拉普拉斯金字塔为基础,并在多个 尺度上通过构建能量地图特征代替像素点的原始光强特征,使得对运动的估计 更加准确;同时,本章构建的能量地图对光照变化及噪声的鲁棒性更好,因此运 动能量流更加适用于复杂的人体动作分析。

7.1 运动能量流算法

为了精确分析图像间的运动,本节基于图像对应理论和 HS 光流法框架提出 运动能量流算法,以此实现对人体运动的分析,进而完成对动作的识别。运动能 量流是一种以图像空间特征为基础的时域差异检测算法:给定连续的图像序列, 首先构建多尺度的拉普拉斯金字塔模型;然后运用高斯核对每个尺度的高斯金 字塔图像进行卷积及变换,完成能量地图的构建;进而利用 HS 光流法约束方程 对能量地图的能量场进行估计;最终对各个尺度的能量场进行重构,实现运动估 计。运动能量流算法基于拉普拉斯金字塔的多尺度操作特点使其对于光照变化的敏感性较小,其流程图如图 7.1 所示。首先给定两个相邻的图像帧,分别经过拉普拉斯变换后构建两个图像帧的拉普拉斯金字塔;然后基于拉普拉斯金字塔构建能量地图,从而得到运动能量地图的金字塔;最后通过本章运动能量流算法,可以求得运动能量流金字塔,经过重构,得到最终的运动能量流。

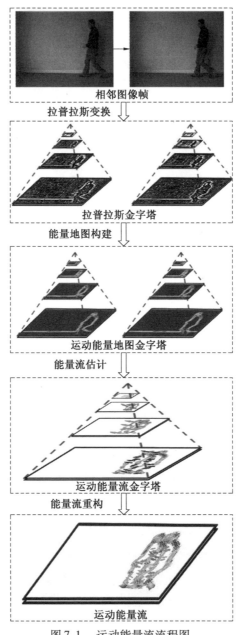

图 7.1 运动能量流流程图

7.1.1　运动能量地图构建

基于像素点强度的运动分析方法的精度往往不高,为此首先对图像的空间特征进行提取。对于一幅人体运动图像 I,以 $G(\sigma)$ 表示标准差为 σ 的二维高斯函数,用符号 $*$ 表示卷积操作,图像 I 可分解为 m 尺度的拉普拉斯金字塔描述算子:$\{L_S(I) \mid 0 \leqslant S \leqslant m\}$,其中

$$L_S(I) = \begin{cases} I - I * G(\sigma), & S = 0 \\ I * G(\sigma^S) - I * G(\sigma^{S+1}), & S > 0 \end{cases} \tag{7.1}$$

在式(7.1)中,将图像看作一个二维信号,首先对其进行低通滤波处理,得到一个模糊的二维信号;之后,对模糊的二维信号进行下采样,得到低通的近似图像,然后经过插值和滤波计算其与原始图像间的差值,便可得到一个尺度上的带通分量。类似地,得到一个尺度上的带通分量后,可将其看作新的原始二维信号,重复低通滤波、下采样、插值、滤波和差值计算过程,得到不同尺度上的带通分量,从而迭代地得到拉普拉斯金字塔。对于图像 I 中任意一个像素点 (x,y),其拉普拉斯金字塔特征可表示为

$$L_S(I) = G_S - G_{S+1}^L \tag{7.2}$$

其中

$$G_{S+1}^L(x,y) = \sum_{i,j} W(i,j) G_S(x+i, y+j) \tag{7.3}$$

$$G_{S+1}(x,y) = G_S^L(2x, 2y) \tag{7.4}$$

式中　$W(i,j)$—— 高斯滤波函数,由高斯分布的标准差和滤波器的尺寸决定。

拉普拉斯金字塔是图像处理常用的算法之一,它能够表征图像中的细节特征,但由于其不同尺度间频段的限制性,导致图像中存在许多误差。更重要的是,在每个尺度上探讨图像随着时间的变化特性时,由于拉普拉斯金字塔基于高斯滤波和各尺度间差分变换的特点,差分形成的金字塔层可能会将许多重要的特征减除,而过分注重每个图像在空间尺度上的变化,从而带来时域中动作特征分析的误差。

更进一步,在 S 尺度上,通过对数函数对拉普拉斯金字塔特征 $L_S(I)$ 进一步建立以下能量转换函数:

$$T_S(I) = \ln |L_S(I)| * G(\sigma^{S+1}) \tag{7.5}$$

对数函数是视觉分析中进行频域转换时最有效的函数,对于分布复杂且无规律的数据具有很好的映射效果。然而,在进行能量转换后,由于 $|L_S(I)|$ 在很多像素点的值为 0,导致其对数函数趋于无穷值,在计算上无法实现,因此做以下修正:

$$T_S'(I) = \ln |L_S'(I)| * G(\sigma^{S+1}) \tag{7.6}$$

式中

$$L_S'(I) = \begin{cases} |L_S(I)|, & L_S(I) \neq 0 \\ 1, & L_S(I) = 0 \end{cases} \tag{7.7}$$

式(7.6)的操作使基于对数函数的能量转换在计算上得以实现,但值得注意的是,该操作将能量值为0的像素点设置为1,带来了一定的误差。随后利用指数函数构建以下能量转换地图:

$$E_S(I) = |L_S(I)|e^{\lambda T_S'(I)} \tag{7.8}$$

式中 λ——调节算子。

考虑到在 $T_S'(I)$ 对 $T_S(I)$ 的修正过程中引入了零点周围的噪声,对运动能量转换地图进行以下修正:

$$P_S(I) = \begin{cases} e^{\lambda T_S'(I)}, & |e^{\lambda T_S'(I)} - e^{\lambda \rho}| > \varepsilon \\ 0, & 其他 \end{cases} \tag{7.9}$$

式中 ε——无穷小量;

ρ——图像质量参数。

式(7.9)可看成一个阈值处理过程,目的是消除式(7.6)操作引入的误差。最终,以拉普拉斯金字塔特征的绝对值为基准,利用能量转换地图为映射特征,将运动能量地图定义为

$$E_S(I) = |L_S(I)|P_S(I) \tag{7.10}$$

图7.2给出了运动图像及其运动能量地图的示例图,从左到右分别为图像运动图像以及尺度为0、1、2和3的运动能量地图。其中拉普拉斯金字塔尺度 m 值取4,且每层能量地图被显示为同一尺寸,尽管随着尺度的增大,运动能量地图仍以1/4的尺度缩小;此外,标准差 σ 值取2,λ 取 -0.3,ρ 的取值范围是(-2,-0.5),以上参数都通过实验进行验证取值。

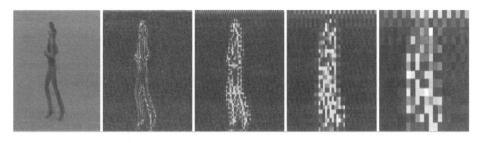

图7.2 运动图像及其运动能量地图的示例图

7.1.2 运动能量流估计

运动能量地图在每个尺度上对图像具有较好的表征能力,且每个尺度上图

像间的差异被弱化,更多较为明显的特征被保留,噪声也得到很好的抑制。基于运动能量地图的特点,同时考虑到运动在图像中的连续性,可做以下重要假设:运动在图像中所引起的较为明显的改变随时间均匀变化。基于以上假设,在分析图像中的运动时,可对细小特征进行忽略,从而降低光照变化的影响,同时,考虑到运动能量地图的优越性,在其基础上进一步规定:图像间的差异由能量的表观运动而引起。因此,可规定在每个尺度上每个像素点(x,y)的能量不随时间t发生剧烈变化,即在经过时间间隔δt后,有

$$E_S(x + \delta x, y + \delta y, t + \delta t) = E_S(x, y, t) \qquad (7.11)$$

式中　　δx——δt后x方向的位移;

δy——δt后y方向的位移。

式(7.11)便是用于运动分析的运动能量流不变方程。类似于HS光流法框架原理,将其运用泰勒级数展开,得

$$E_S(x, y, t) + \delta x \frac{\partial E_S}{\partial x} + \delta y \frac{\partial E_S}{\partial y} + \delta t \frac{\partial E_S}{\partial t} + e = E_S(x, y, t) \qquad (7.12)$$

其中,e是关于δx、δy和δt的泰勒公式余项。通过对式(7.12)进行化简,可得

$$\frac{\partial E_S}{\partial x} \frac{\mathrm{d}x}{\mathrm{d}t} + \frac{\partial E_S}{\partial y} \frac{\mathrm{d}y}{\mathrm{d}t} + \frac{\partial E_S}{\partial t} = 0 \qquad (7.13)$$

在S尺度上,对于在像素点(x,y)的速度(u_S, v_S),其直接表达公式为

$$u_S = \frac{\mathrm{d}x}{\mathrm{d}t} \qquad (7.14)$$

$$v_S = \frac{\mathrm{d}y}{\mathrm{d}t} \qquad (7.15)$$

又因为$E_{Sx} = \frac{\partial E_S}{\partial x}$,$E_{Sy} = \frac{\partial E_S}{\partial y}$,$E_{St} = \frac{\partial E_S}{\partial t}$,可得到基于运动能量地图特征的能量约束方程

$$E_{Sx} u_S + E_{Sy} v_S + E_{St} = 0 \qquad (7.16)$$

其中E_{Sx}、E_{Sy}和E_{St}可从图像序列中计算得出,因此式(7.16)是尺度S上关于每个像素点的速度,即运动能量流的二元约束方程。仅仅通过一个方程求解二元函数无法实现,因此,基于HS光流法的运动平滑性假设,对运动能量地图特征进行约束方程的求解,即限定在每个尺度上图像能量均匀变化,便可引入运动能量最小化约束条件:所有运动能量特征点的运动速度之和最小,其数学表达为

$$e_S = \iint \left[(u_{Sx}^2 + u_{Sy}^2) + (v_{Sx}^2 + v_{Sy}^2) \right] \mathrm{d}x \mathrm{d}y \qquad (7.17)$$

通过能量不变性和能量平滑性假设两个约束条件,可以将运动能量流的估计问题等价为限定条件下目标函数的最小化问题,即可构建以下拉格朗日目标函数:

$$\iint F(u_S, v_S, u_{Sx}, u_{Sy}, v_{Sx}, v_{Sy}) \, \mathrm{d}x\mathrm{d}y \tag{7.18}$$

通过对式(7.18)求导,可得其对应的欧拉公式为

$$F_{u_S} - \frac{\partial}{\partial x} F_{u_{Sx}} - \frac{\partial}{\partial y} F_{u_{Sy}} = 0 \tag{7.19}$$

$$F_{v_S} - \frac{\partial}{\partial x} F_{v_{Sx}} - \frac{\partial}{\partial y} F_{v_{Sy}} = 0 \tag{7.20}$$

又因为 $F = (u_{Sx}^2 + u_{Sy}^2) + (v_{Sx}^2 + v_{Sy}^2) + \lambda (E_{Sx} u_S + E_{Sy} v_S + E_{St})^2$,因此,$u_S$ 和 v_S 的拉普拉斯算子可分别表示为

$$\nabla^2 u_S = \lambda (E_{Sx} u_S + E_{Sy} v_S + E_{St}) E_{Sx} \tag{7.21}$$

$$\nabla^2 v_S = \lambda (E_{Sx} u_S + E_{Sy} v_S + E_{St}) E_{Sy} \tag{7.22}$$

此外,u_S 和 v_S 的拉普拉斯算子可从图像序列中估算为

$$\nabla^2 u_S \approx \kappa (\overline{u_{i,j,k}^S} - u_{i,j,k}^S) \tag{7.23}$$

$$\nabla^2 v_S \approx \kappa (\overline{v_{i,j,k}^S} - v_{i,j,k}^S) \tag{7.24}$$

其中,分别以 i、j 和 k 来对应图像序列中 x、y 和 t 的位置;κ 为可调的比例因子,根据经验值取为 3。之后,将式(7.23)和式(7.24)分别代入式(7.21)和式(7.22),通过高斯 – 塞德尔迭代法可以求得在 S 尺度上 (x,y) 位置的速度,即运动能量流为

$$u_S^{n+1} = \overline{u_S^n} - \frac{E_{Sx} \overline{u_S^n} + E_{Sy} \overline{v_S^n} + E_{St}}{1 + \lambda (E_{Sx} + E_{Sy})^2} E_{Sx} \tag{7.25}$$

$$v_S^{n+1} = v^n - \frac{E_{Sx} \overline{u_S^n} + E_{Sy} \overline{v_S^n} + E_{St}}{1 + \lambda (E_{Sx} + E_{Sy})^2} E_{Sy} \tag{7.26}$$

式中 $\overline{u_S^n}$、$\overline{v_S^n}$——图像能量流单元格在 x、y 方向的平均值;

   n——迭代次数。

本节中迭代次数 n 取 100,既保证了其计算精度,又实现了较高的效率。同时,本节规定初始帧的光速度为 0,即 $u_S^0 = 0$ 且 $v_S^0 = 0$。同时,根据变分法可知

$$\overline{u_{i,j,k}^S} = \frac{1}{6} \{ u_{i-1,j,k}^S + u_{i,j+1,k}^S + u_{i+1,j,k}^S + u_{i,j-1,k}^S \} +$$

$$\frac{1}{12} \{ u_{i-1,j-1,k}^S + u_{i-1,j+1,k}^S + u_{i+1,j+1,k}^S + u_{i+1,j-1,k}^S \} \tag{7.27}$$

$$\overline{v_{i,j,k}^S} = \frac{1}{6} \{ v_{i-1,j,k}^S + v_{i,j+1,k}^S + v_{i+1,j,k}^S + v_{i,j-1,k}^S \} +$$

$$\frac{1}{12} \{ v_{i-1,j-1,k}^S + v_{i-1,j+1,k}^S + v_{i+1,j+1,k}^S + v_{i+1,j-1,k}^S \} \tag{7.28}$$

从式(7.25)和式(7.26)可知,参数 λ 对运动能量流的估计有重要作用,其为图像能量地图特征相对于平滑性的权重比。当能量地图图像成像质量高时,

运动能量流主要依赖于图像的能量地图特征,λ 应减小;反之,运动能量流依赖于能量地图的平滑性,λ 应适时增大。此外,运动能量流的大小直接取决于运动能量地图邻域的选取。在本节中,由运动能量约束方程可知运动能量地图特征的方向垂直于运动能量流所决定的方向。因此,以运动能量流速度为二维坐标轴,并以运动能量地图特征方向构建如图 7.3 所示的三维坐标系。在三维空间中,取 $2 \times 2 \times 2$ 的像素单元格为邻域求取运动能量地图特点的梯度,可知像素点 (x, y) 在 t 时刻的运动能量地图特征的偏导数分别为

$$E_x \approx \frac{1}{4\delta x}(E_{i+1,j,k} + E_{i+1,j,k+1} + E_{i+1,j+1,k} + E_{i+1,j+1,k+1}) -$$

$$\frac{1}{4\delta x}(E_{i,j,k} + E_{i,j,k+1} + E_{i,j+1,k} + E_{i,j+1,k+1}) \qquad (7.29)$$

$$E_y \approx \frac{1}{4\delta y}(E_{i,j+1,k} + E_{i,j+1,k+1} + E_{i+1,j+1,k} + E_{i+1,j+1,k+1}) -$$

$$\frac{1}{4\delta y}(E_{i,j,k} + E_{i,j,k+1} + E_{i+1,j,k} + E_{i+1,j,k+1}) \qquad (7.30)$$

$$E_t \approx \frac{1}{4\delta t}(E_{i,j,k+1} + E_{i,j+1,k+1} + E_{i+1,j,k+1} + E_{i+1,j+1,k+1}) -$$

$$\frac{1}{4\delta t}(E_{i,j,k} + E_{i,j+1,k} + E_{i+1,j,k} + E_{i+1,j+1,k}) \qquad (7.31)$$

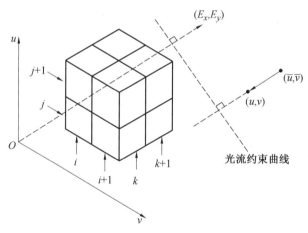

图 7.3　运动能量流像素梯度单元格中几何关系

7.1.3　运动能量流重构

通过运动能量流的估计,对于两个连续运动的图像,可以得到其多尺度的能量流表达:$\{ V_S = (v_{Sx}^{k+1}, v_{Sy}^{k+1}) \mid 0 \leqslant S \leqslant m \}$。对于尺度大的频段,基于拉普拉斯金字塔的图像表征方法会导致图像信息缺失,为平衡此信息缺失,定义以下方程对

运动能量流进行迭代重构,最终得到运动能量流为

$$L_S(V_S) = \begin{cases} V_S, & S = m \\ V_S + \dfrac{S+1}{S+2}V_{S+1} * G(\sigma^{S+1}), & S < m \end{cases} \tag{7.32}$$

同样,式(7.32)中的" * "表示卷积操作,$G(\sigma^{S+1})$ 表示在第 $S+1$ 个尺度上以 σ 为标准差的高斯核函数。对于动作图像而言,在每个尺度上利用高斯滤波器对像素点的运动能量流进行滤波后再进行插值计算,然后将得到的模糊值与上一尺度的能量流进行叠加,经过迭代,可以得到最底层的重构运动能量流为

$$L_S(V_S) = G_S + G_{S+1}^L \tag{7.33}$$

其中

$$G_{S+1}^L(x,y) = 4\sum_{m=-2}^{2}\sum_{n=-2}^{2} w(m,n) G_S\left(\frac{v_{Sx}^{k+1} - m}{2}, \frac{v_{Sy}^{k+1} - n}{2}\right) \tag{7.34}$$

$$G_{S+1}(x,y) = G_S^L(2x,2y) \tag{7.35}$$

7.2　实验结果及分析

从本质上,运动能量流是基于图像对应理论的差异检测算法,其应用范围是具有差异的相邻两幅运动图像,可以用于任意运动物体的运动过程及细节分析。为了讨论其性能,实验中通过目前机器视觉中两个最具代表性的应用领域对其进行验证:运动检测和人体动作识别。

7.2.1　运动检测及评估实验

运动检测一般选定流行且具有挑战性的公共数据库为基准。近年常用的运动检测数据库有 ChangeDetection. NET 2014 数据库、VOC 2012 数据库和 BMC 2012 数据库等。本实验首先选用 ChangeDetection. NET 2014 数据库进行运动能量流性能检测实验,直观地呈现运动能量流在不同场景下的检测效果,如图 7.4 ~ 7.6 所示。 实验结果中根据图像分辨率分别以 2×2 和 5×5 为单元格用矢量箭头对运动能量流进行显示,并将向量箭头的尺度设置为 5 或 10;同时,根据 $\arctan(v_{0y}^{101}/v_{0x}^{101})$ 的值采用颜色图对其进行显示。运动能量流的计算直接取决于前后两个相邻图像间的差异,本实验默认将后一帧图像作为运动能量流的显示图像。

图7.4 所示为在湖面和高速公路场景中的运动检测示例。在湖面场景下,不仅有游艇的运动,还包括湖水的细微运动以及岸上汽车的运动。从实验结果可以看出,运动光流法可以很好地实现细微运动的检测;高速公路场景中汽车的运

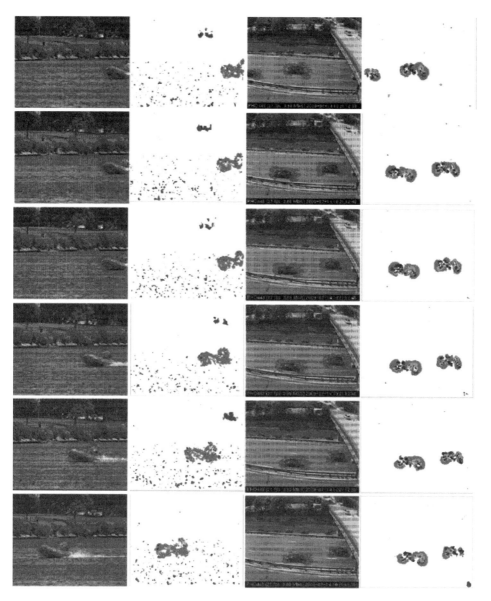

图 7.4　湖面和高速公路场景中的运动检测示例

动速度较快,图像序列间的时间间隔相对较大,对于运动能量不变假设具有一定的挑战性,但从实验结果可以看出,运动能量流算法实现了较好的检测精度;同时,传统光流法会对刚性物体内部具有一定的检测误差,而运动能量流算法很好地克服了这一缺陷。图 7.5(a) 所示为在背景复杂但不变的视觉场景中人体运动的检测示例图,从结果中可以看出,对于简单背景下物体的连续运动,不同于HS 等传统光流法,运动能量流算法不仅可以准确检测出关键点的运动情况及速度大小,而且对人体边缘的运动情况也实现了较好的检测,同时对部分自遮挡情况的情况也有较好的检测效果。图7.5(b)所示为在包含阴影的复杂背景以及人体运动和夜间不同光照条件下汽车运动的检测结果。从图中可以看出,在复杂背景和不同光照条件下,运动能量流均可以实现较好的特征提取。

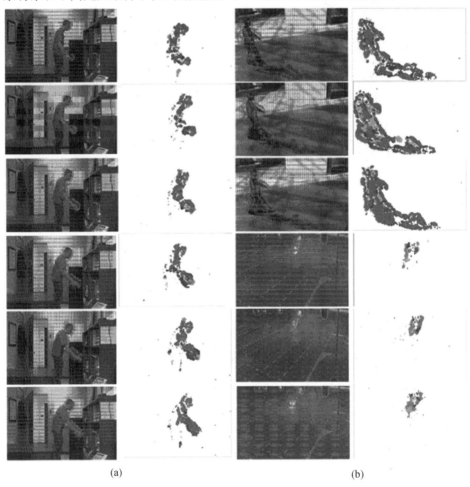

(a)   (b)

图7.5   复杂背景下运动检测示例

同时,为了进一步对运动能量流的性能进行评估,首先用矢量箭头和颜色图直观地对运动能量流与其他方法进行比较。图7.6给出了在ChangeDetection.NET 2014数据库同一个图像中分别用经典HS光流法、一种近期由Mahmoudi提出的光流法以及运动能量流算法的结果对比,在计算运动场时无任何预处理过程。从实验结果可以看到,由于运动能量流算法中运动能量转换过程的对数及指数函数去除了无穷值点,噪声得到了很好的抑制,同时保证了运动的准确检测。此外,运动能量流对于每帧图像 10 次检测的平均用时为 0.039 s,HS 光流法的平均用时为 0.918 s,Mahmoudi 提出的光流法的平均用时则为 1.714 s。3 种算法的运行环境均为配有 i5 处理器、内存为 6 GB 的个人计算机。

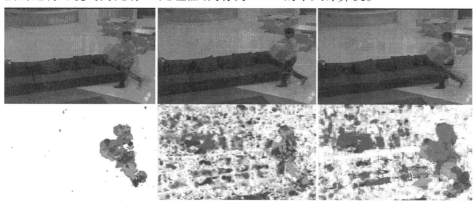

图 7.6　运动能量流及两种光流法结果比较示例

为了对光流的性能进行评估,首先需要有标定好的基准图像序列作为数据库。不同于机器视觉的其他领域,光流的标记序列通常要求在现实的视觉场景中用摄像头对非刚性物体的运动以亚像素的精度等级进行取样,因此其设计往往较为困难。光流法的性能评估中最常用的参数是角误差(AE)。一个光流向量 (μ,ν) 与标定的真实值 (μ_{GT},ν_{GT}) 间的角误差为二者在三维空间中点 $(\mu,\nu,1)$ 和点 $(\mu_{GT},\nu_{GT},1)$ 的夹角,其计算公式为

$$AE = \arccos\left(\frac{1+\mu\times\mu_{GT}+\nu\times\nu_{GT}}{\sqrt{1+\mu\times\mu+\nu\times\nu}\sqrt{1+\mu_{GT}\times\mu_{GT}+\nu_{GT}\times\nu_{GT}}}\right) \quad (7.36)$$

由于角误差计算中引入了第三维常量 1,其更适合光流较大的情况。另一个重要的评价参数是结点误差(EE),表示为

$$EE = \sqrt{(\mu-\mu_{GT})^2+(\nu-\nu_{GT})^2} \quad (7.37)$$

光流法的性能评估往往还考虑其光流误差参数(角误差、结点误差和插补误差等)整体的平均值和标准差。此外,近年来很多评价方法以每个像素点为基准采用固定间隔的尺度系数对图像中误差进行平均值和标准差的统计。

基于 UCL 数据库中标定的运动图像序("TxtRMovement""TxtLMovement""blow1Txtr1""drop1Txtr1""roll1Txtr1"和"roll9Txtr2"),通过对图像角误差进行均值计算,得到运动能量流算法、HS 光流法和 Mahmoudi 光流法的误差,比较结果如图 7.7 所示。图 7.8 对运动能量流和两种光流法的平均结点误差进行了比较。由比较结果可以看出,运动能量流在描述运动的细微运动和剧烈运动方面均具有比较明显的优势。

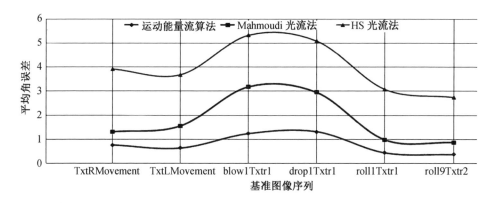

图 7.7　运动能量流及两种光流法的平均角误差

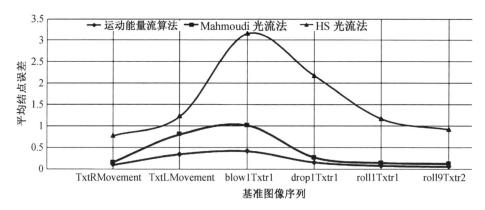

图 7.8　运动能量流及两种光流法平均结点误差

完成对运动能量流的性能评价后,还需要对其运动检测的整体效果进行评价。基于 *ChangeDetection. Net* 2014 数据库,本实验选取 3 个最流行的参数:查全率(Re)、假正率(F_{pr}) 和整体精度(Pr) 作为评价指标,其中

$$Re = \frac{N_{tp}}{N_{tp} + N_{fn}} \tag{7.38}$$

$$F_{pr} = \frac{N_{fp}}{N_{fp} + N_{fn}} \tag{7.39}$$

$$Pr = \frac{N_{tp}}{N_{tp} + N_{fp}} \tag{7.40}$$

式中　　N_{tp}、N_{tn}、N_{fp} 和 N_{fn}——真正、真负、假正和假负样本的数量。

表 7.1 给出了基于 Change Detection. Net 2014 数据库不同算法检测结果的对比。相比较于 HS 光流法和 Mahmoudi 光流法,运动能量流检测的识别率更高,可靠性更好;同时对运动能量流与基于背景建模法的运动检测方法进行了对比,从中可以看出运动能量流在检测性能上都不输于目前流行的背景建模法。

表 7.1　基于 Change Detection. Net 2014 数据库不同算法检测结果的对比

方法	查全率/%	假正率/%	整体精度/%
HS 光流法	0.68	0.030	0.56
Mahmoudi 光流法	0.69	0.022	0.65
高斯混合模型	0.62	0.025	0.60
Haines 背景建模	0.78	0.013	0.74
运动能量流	0.76	0.009	0.81

7.2.2　人体动作识别实验

运动能量流探索了由运动导致的图像变化规律,因此可被应用到动作识别中。本节利用提取的运动能量流作为动作特征,以 KTH、Weizmann 和 HMDB 人体动作数据库为基准,进一步验证运动能量流在人体动作识别中的识别率。

在 KTH 数据库中,按照原作者推荐的默认设置,选取 16 人的数据集作为训练样本,剩余的数据集作为测试样本,直接对提取的运动能量流特征运用 K –Means 聚类算法聚成 4 000 类,然后用经典的词袋模型进行解码,完成运动表征。在对运动进行分类时,利用经典的支持向量机架构进行分类,其中核函数选用以下非线性函数:

$$K(E_i, E_j) = \exp\Big[- \zeta \sum_{c \in C} \frac{1}{A_C} \chi^2(E_i, E_j) \Big] \tag{7.41}$$

其中,对于任意两个经过解码的 q 维动作描述算子 $\boldsymbol{D}_1 = (\alpha_1, \alpha_2, \cdots, \alpha_q)$ 和 $\boldsymbol{D}_2 = (\beta_1, \beta_2, \cdots, \beta_q)$,其 χ^2 距离为

$$\chi^2(E_i, E_j) = \frac{1}{2} \sum_{i=1}^{q} \frac{(\alpha_i - \beta_i)^2}{\alpha_i + \beta_i} \tag{7.42}$$

此外,令 ζ 为一个可调节参数,使用贪婪法对其最优值在 0 到 1 之间进行搜索,c 则表示特征元素的某一个通道,C 为某类特征通道的集合。

对 KTH 数据库中 6 种动作(拳击、拍手、挥手、跑、走和小跳)进行分类,其结果以混淆矩阵的形式给出,如图 7.9 所示。表 7.2 对基于 KTH 数据库的各种方法的平均识别率进行了比较,其中 SIFT 采用原作者推荐的设置,词袋模型与运动能量流处理中的设置相同。

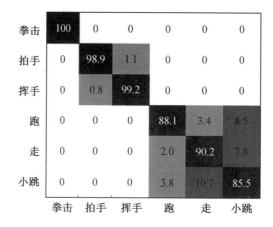

图 7.9   运动能量流算法在 KTH 数据库中的混淆矩阵

表 7.2   基于 KTH 数据库不同算法识别率的平均识别率对比

方　　法	平均识别率/%
Schuldt 和 Caputo 的方法	71.7
Derpanis 等人的方法	89.34
Laptev 等人的方法	91.8
Iosifidis 和 Pitas 的方法	92.13
SIFT + 词袋模型 + 支持向量机	80.46
HS 光流 + 词袋模型 + 支持向量机	79.59
运动能量流 + 词袋模型 + 支持向量机	93.65

从实验结果可以看出,运动能量流算法可以较好地实现差异度较大的运动识别,对于运动速度差别较大的动作(如跑和走)也具有较高的区分率。相比于经典 HS 光流法,运动能量流算法对人体动作的信息表征更加精确,也间接证明了其整体识别率优于类似的算法。

类似地,结合词袋模型和支持向量机框架,对运动能量流算法在 Weizmann 数据库中的 10 种动作(弯腰、托举、小跳、跳跃、跑步、侧身、跳远、走步、挥手 1 和挥手 2)进行了分类。图 7.10 给出了能量流算法在 Weizmann 数据库中的混淆矩阵。从图中可以看出,运动能量流算法对运动速度差别不大的动作在识别上具有一定难度,对速度和运动类型差异大的动作识别率较高。表 7.3 所示为基于 Weizmann 数据库不同算法识别率的平均识别率对比,可以看出其平均识别率相对较高。

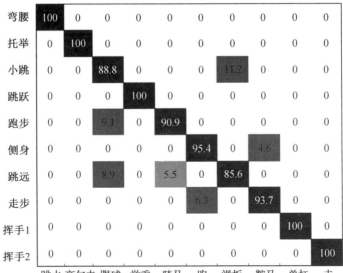

	跳水	高尔夫	踢球	举重	骑马	跑	滑板	鞍马	单杠	走
弯腰	100	0	0	0	0	0	0	0	0	0
托举	0	100	0	0	0	0	0	0	0	0
小跳	0	0	88.8	0	0	0	11.2	0	0	0
跳跃	0	0	0	100	0	0	0	0	0	0
跑步	0	0	9.1	0	90.9	0	0	0	0	0
侧身	0	0	0	0	0	95.4	0	4.6	0	0
跳远	0	0	8.9	0	5.5	0	85.6	0	0	0
走步	0	0	0	0	0	6.3	0	93.7	0	0
挥手1	0	0	0	0	0	0	0	0	100	0
挥手2	0	0	0	0	0	0	0	0	0	100

图 7.10　运动能量流算法在 Weizmann 数据库中的混淆矩阵

表 7.3　基于 Weizmann 数据库不同算法识别率的平均识别率对比

方　　法	平均识别率/%
Goudelis 等人的方法	95.42
Gorelick 等人的方法	97.5
Melfi 等人的方法	99.02
Laptev 等人的方法	100
SIFT + 词袋模型 + 支持向量机	78.97
HS 光流 + 词袋模型 + 支持向量机	86.38
运动能量流 + 词袋模型 + 支持向量机	95.44

　　表 7.4 给出了基于 HMDB 动作数据库不同算法识别率的平均识别率对比。由于 HMDB 数据库的复杂性,运动能量流的平均识别率只有 27.92%,虽然相比于光流(16.87%)和 SIFT(21.56%)有较大优势,但其在接近现实场景中的识别率并不理想,因此将运动能量流算法与其他动作特征及学习机制融合是未来其应用的一个方向。

表7.4　基于 HMDB 动作数据库不同算法识别率的平均识别率对比

方法	平均识别率/%
Kuehne 等人的方法	23.18
Sadanand 和 Corso 的方法	26.9
Cao 等人的方法	27.84
SIFT + 词袋模型 + 支持向量机	21.56
HS 光流 + 词袋模型 + 支持向量机	16.87
运动能量流 + 词袋模型 + 支持向量机	27.92

实验最后对算法中 3 个重要参数 m、σ 和 λ 的敏感度进行了研究。在 HMDB 数据库中,分别对 3 个参数取不同值,其他配置相同,记录其平均识别率,如图 7.11 所示。由实验结果可以看出,拉普拉斯金字塔尺度 m 越大,识别率越高,因此在保证识别率的情况下,m 尽量选取较大的值;高斯核函数的标准差 σ 和运动能量转换方程中的阈值 λ 在一定范围内有较高的识别率。

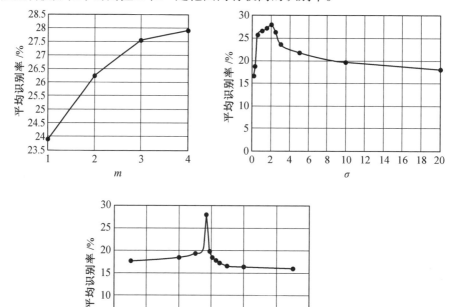

图 7.11　基于 HMDB 数据库运动能量流算法中不同参数的识别率曲线

7.3　本章小结

　　针对视觉中的运动分析问题,本章首先对其中最重要的光流法原理及其评价方法进行了介绍,进而提出了一种基于图像对应理论的运动能量流算法,实现了对连续运动中每个像素点运动的准确估计。运动能量流算法以运动能量地图为基础,利用能量不变性假设和能量地图光滑约束构建目标函数,在最小二乘法原理框架下实现最优解,即像素点运动速度的估计。其中,本章重点对基于拉普拉斯金字塔、高斯卷积和指数／对数变换为基础的运动能量地图构建进行了叙述。最后,利用流行的动作检测数据库和动作识别数据库对运动能量流在运动检测和动作识别应用方面的性能进行了验证,得出了较为理想的结果。

　　运动能量流对于实时场景中的运动分析有较高的精度和较好的鲁棒性,克服了传统运动分析方法中对于背景噪声和光照变化的敏感问题。尽管如此,运动能量流对于图像自身成像质量有一定要求,对于刚性物体内部的运动分析存在一定误差。因此,将运动能量流算法流融入其他算法架构中实现更复杂情况的运动分析是未来研究的重要方向。

第 8 章

基于梯度特征转换算法的动作检测及识别

在人体动作检测和识别任务中,梯度是最流行和重要的底层特征。其中,方向梯度直方图(Histogram of Oriented Gradients,HOG)是最基础和最具影响力的梯度表达算子。基于方向梯度直方图理论框架,近年来涌现出了许多相关的人体动作检测和识别方法。然而,虽然方向梯度直方图对于人体动作特征表征有着巨大的优越性,但其本质上是一种基于特征统计的方法,并不适用于时域中运动的变化及相互关系的研究。为了弥补基于梯度直方图算法在时域表达中的不足,本章提出一种梯度特征转换算法用于实现动作检测及识别,其流程图如图8.1 所示。

其具体过程如下:给定一个动作视频序列,首先基于梯度特征及高斯卷积操作提出一种梯度特征转换方法,实现动作在时空中的特征提取。在此基础上,通过统计动作序列的前/后向帧间差分二维投影特征,完成动作的快速检测;提出序列相关性融合决策,实现动作的时空表征,通过结合支持向量机框架,完成动作的精确识别。不同于传统帧间差分法,本章前/后向帧间差分法以转换的梯度特征为基础,解决了刚性运动中由图像差分导致的自遮挡问题,因此对慢速运动中人体动作的检测更精确。利用二维投影统计计算复杂度低的优势,本章可以快速地实现运动检测。序列相关性融合决策综合考虑了动作的时空特性,对于动作的时空表征具有很好的效果。

图 8.1　基于梯度特征转换算法的动作检测及识别流程图

8.1　梯度特征转换算法

梯度特征虽然在人体动作识别领域取得了重要突破,但其应用往往依赖于直方图统计这一经典方法。本节首先基于空间梯度特征进行特征转换,针对动作检测问题,提出一种基于前/后向帧间差分法的投影判别法;针对动作识别问题,提出一种空间梯度特征的时空融合策略。

8.1.1　空间梯度特征转换

给定一幅大小为 $m \times n$ 的图像,规定其一个像素点 (x,y) 在亮度空间内的表示为 $I(x,y)$。在空间域内,首先对这个像素点的梯度值进行二维高斯卷积,且规定卷积操作用 " $*$ " 表示,则可得到空间梯度转换算子:

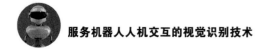

$$\nabla Gr(x,y) = Gr(x,y) * G(x,y,\sigma) \tag{8.1}$$

式中 σ——高斯函数的标准差；

$G(\cdot)$——高斯函数。

其中，定义像素点的梯度值 $Gr(x,y)$ 在 x 和 y 方向的二维表示为 $Gr(x,y) = Gr_x\boldsymbol{i} + Gr_y\boldsymbol{j}$，而 Gr_x 和 Gr_y 分别定义为

$$Gr_x = \begin{cases} [I(x+1,y) - I(x-1,y)]/2, & 1 < x < m \\ I(x+1,y) - I(x,y), & x = 1 \\ I(x,y) - I(x-1,y), & x = m \end{cases} \tag{8.2}$$

$$Gr_y = \begin{cases} [I(x,y+1) - I(x,y-1)]/2, & 1 < y < n \\ I(x,y+1) - I(x,y), & y = 1 \\ I(x,y) - I(x,y-1), & y = n \end{cases} \tag{8.3}$$

$\nabla Gr(x,y)$ 的二维表示可写作 $\nabla Gr(x,y) = \nabla Gr_x\boldsymbol{i} + \nabla Gr_y\boldsymbol{j}$。将空间梯度转换特征 $L(x,y)$ 定义为空间梯度转换算子与梯度的差值，其二维表示为

$$L(x,y) = L_x\boldsymbol{i} + L_y\boldsymbol{j}$$

其中

$$L_x = \nabla Gr_x - Gr_x \tag{8.4}$$

$$L_y = \nabla Gr_y - Gr_y \tag{8.5}$$

在进行二维高斯卷积时，将 σ 的默认值取 $\sqrt{5}$。

8.1.2 基于前／后向帧间差分的投影判别法

获得空间转换特征后，本节进一步在时域内根据不同动作帧的差异性，对由运动引起的动作进行检测。根据空间转换特征二维性的特点，首先分别在两个方向上对连续三帧运动图像 $\{F_{t-1}, F_t, F_{t+1}\}$ 进行差分操作，且规定动作时间范围为 $[2, t-1]$。F_t 和 F_{t-1} 之间的前向特征差分为

$$\Delta_{x,y,t}^{-1} = L(x,y,t) - L(x,y,t-1) \tag{8.6}$$

式中 $L(x,y,t)$——图像在时间 t 的空间转换特征。

$\Delta_{x,y,t}^{-1}$ 也可表示为 $\Delta_{x,t}^{-1}\boldsymbol{i} + \Delta_{y,t}^{-1}\boldsymbol{j}$。为了获取 t 时刻的有效特征，仅对由前一时刻到当前时刻变化明显的差分值 $D_{x/y,t}^{-1}$ 进行保留，即

$$D_{x/y,t}^{-1} = \begin{cases} \Delta_{x/y,t}^{-1}, & \Delta_{x/y,t}^{-1} > 0 \\ 0, & \Delta_{x/y,t}^{-1} \leqslant 0 \end{cases} \tag{8.7}$$

至此，可定义前向特征差分为 $D_{x/y,t}^{-1} = D_{x,t}^{-1}\boldsymbol{i} + D_{y,t}^{-1}\boldsymbol{j}$。

同理，F_t 和 F_{t+1} 之间的后向特征差分可定义为

$$D_{x/y,t}^{+1} = D_{x,t}^{+1}\boldsymbol{i} + D_{y,t}^{+1}\boldsymbol{j}$$

其中

$$D_{x/y,t}^{+1} = \begin{cases} \Delta_{x/y,t}^{+1}, & \Delta_{x/y,t}^{+1} > 0 \\ 0, & \Delta_{x/y,t}^{+1} \leqslant 0 \end{cases} \tag{8.8}$$

其中规定 $\Delta_{x/y,t}^{+1} = L(x,y,t) - L(x,y,t+1)$。

空间梯度转换特征在包含动作的区域内变化相对剧烈,因此,通过前向差分和后向差分操作,可以反映运动在连续三帧范围内的变化。同时,由于前向和后向差分操作仅对当前时刻 t 的有效信息进行保留,而忽略了 $t-1$ 和 $t+1$ 时刻部分不关联信息,因此,可以通过分析前向和后向差分的重叠区域对 t 时刻的动作进行准确检测。定义前 / 后向差分 $(d_{xy})_{m \times n}$ 如下:

$$d_{xy} = D_{x,y,t}^{-1} + D_{x,y,t}^{+1} = (D_{x,t}^{-1} + D_{x,t}^{+1})\boldsymbol{i} + (D_{y,t}^{-1} + D_{y,t}^{+1})\boldsymbol{j} \tag{8.9}$$

其简化表示为

$$d_{xy} = d_x \boldsymbol{i} + d_y \boldsymbol{j}$$

在此基础上,通过在两个方向上分别利用阈值法即可将动作区域分割出来:

$$d_{x/y} = \begin{cases} 1, & (D_{x/y,t}^{-1} + D_{x/y,t}^{+1}) \geqslant T \\ 0, & (D_{x/y,t}^{-1} + D_{x/y,t}^{+1}) < T \end{cases} \tag{8.10}$$

其中,阈值 T 是一个可变参数,由图像质量决定。

在 x 和 y 方向得到前 / 后向特征差分后,为了自动对图像中的动作进行区域标定,本节进一步介绍一种基于统计的投影判别法。前 / 后向差分在 x 方向的投影为 $P_x = \sum_{y=1}^{n} d_y$,而在 y 方向的投影为 $P_y = \sum_{x=1}^{m} d_x$,则通过阈值法可将动作区域 $\text{Area}(x,y)$ 标定为

$$\text{Area}(x,y) = \{(x,y) \mid P_x > 0, P_y > 0\} \tag{8.11}$$

根据前 / 后向帧间差分法直接作用于动作梯度这一低阶特征,其稳定性和实时性相比基于高阶特征的方法有明显优势。同时,利用空间梯度特征为差分对象,并对运动中无关联的信息进行忽略,克服了传统帧间差分法不能分割重叠动作区域的劣势。

8.1.3　基于投影判别法的物体区域检测

人体动作检测的目标是在视频中检测出是否包含人体动作及确定动作的区域,人体动作识别的目标则是对视频中的动作种类进行分类。从宏观上,动作检测技术可分为两类:一类是基于表观特征的阈值分割法,如最小软阈值法,实现了对人体目标的实时检测和追踪;另一类是基于特征训练的匹配法,如采用一种时变金字塔结合支持向量机对日常动作进行检测。而人体动作识别可以看作是首先进行动作特征提取,然后进行特征表征,最后实现特征学习的过程。尽管如此,人体动作检测和识别的最终精度都十分依赖于时空特征的提取及表征。

前／后向差分特征经过二维投影后，在二维方向会分别产生投影区域，根据此区域可实现运动物体区域的检测及定位。为了形象描述运动物体区域的检测过程，利用图8.2所示的长方形来表示运动位置，分别以 H_s^- 和 H_f^- 表示 F_{t-1} 帧在 x 轴方向的最小位置和最大位置，以 H_s^+ 和 H_f^+ 表示 F_{t+1} 帧在 x 轴方向的最小位置和最大位置，以 H_s 和 H_f 表示 F_t 帧在 x 轴方向的最小位置和最大位置，若运动过程较快，即

$$\left(H_f - H_f^-\right) + \left(H_s^+ - H_s\right) \geqslant \left(H_f - H_s\right) \tag{8.12}$$

则经过投影后运动物体在 x 轴方向的投影位置相互重叠，如图8.2(a) 所示，根据 H_s 和 H_f 可以确定运动物体的位置，实现动作检测。

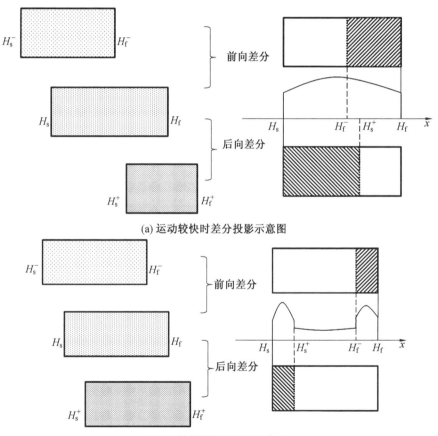

(a) 运动较快时差分投影示意图

(b) 运动较慢时差分投影示意图

图8.2　单个运动物体 x 轴方向差分投影示意图

反之，若运动过程较慢，即

$$\left(H_f - H_f^-\right) + \left(H_s^+ - H_s\right) < \left(H_f - H_s\right) \tag{8.13}$$

则经过投影后运动物体在 x 轴方向的投影极值位置部分重叠,在(H_s,H_s^+)和(H_f^-,H_f)确定的区域投影值较大,而在(H_s^+,H_f^-)区域投影值相对较小。同样,可以利用极值搜索的方式确定运动物体的位置。

同理,在 y 轴方向,对于单个运动物体,利用如图 8.3 所示的椭圆表示其位置,并分别以 V_s^- 和 V_f^- 表示 F_{t-1} 帧在 y 轴方向的最小位置和最大位置,以 V_s^+ 和 V_f^+ 表示 F_{t+1} 帧在 y 轴方向的最小位置和最大位置,以 V_s 和 V_f 表示 F_t 帧在 y 轴方向的最小位置和最大位置,若运动过程较快,即

$$(V_f - V_f^-) + (V_s^+ - V_s) \geqslant (V_f - V_s) \tag{8.14}$$

则经过投影后运动物体在 y 轴方向的投影极值位置相互重叠,如图 8.3(a) 所示,根据 V_s 和 V_f 可以确定运动物体的位置,实现动作检测。

反之,若运动过程较慢,即

$$(V_f - V_f^-) + (V_s^+ - V_s) < (V_f - V_s) \tag{8.15}$$

则经过投影后运动物体在 y 轴方向的投影极值位置部分重叠,在(V_s,V_s^+)和(V_f^-,V_f)确定的区域投影值较大,而在(V_s^+,V_f^-)区域投影值相对较小。同样,可以利用极值搜索的方式确定运动物体的位置。

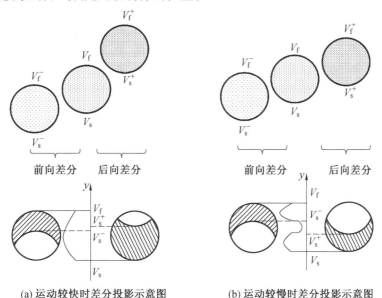

(a) 运动较快时差分投影示意图　　(b) 运动较慢时差分投影示意图

图 8.3　单个运动物体 y 轴方向差分投影示意图

至此可知,基于投影判别法的物体运动检测对物体自身运动导致的自遮挡问题具有很好的包容性。

对于包含多个运动的动作检测,其物体检测和定位方法与单个运动检测大致相同。以两个运动检测为例,根据运动过程的快慢及其相互位置关系可分为

4 种情况：两个运动同步且不重叠；两个运动不同步且重叠，如图 8.4 所示。同样，在 x 轴方向，经过前／后向差分投影后，可根据对两个运动的极致位置（H_{f1}^-、H_{f1}^+、H_{f2}^-、H_{f2}^+、H_{f1}、H_{f2}、H_{s1}^-、H_{s1}^+、H_{s2}^-、H_{s2}^+、H_{s1} 和 H_s）及其相互关系确定每个运动的位置，实现运动检测。同理，若在 y 轴方向存在运动，可以按照 y 轴方向投影关系确定运动位置，在此不再赘述。此外，若存在大于两个的运动，其原理与上述过程相同，但若需要精确判定每个运动的位置，需要对运动个数进行预判。

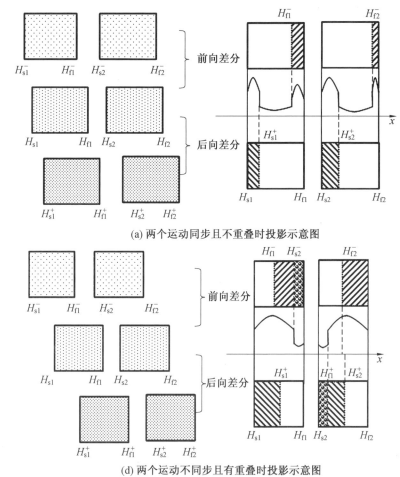

(a) 两个运动同步且不重叠时投影示意图

(d) 两个运动不同步且有重叠时投影示意图

图 8.4　多个运动物体 x 轴方向差分投影示意图

可以看出，得益于前／后向差分法的二值化阈值处理过程，当多个运动的强度具有较大差异时，可以较好地实现多个运动的检测；而当多个运动的强度相似且相互间的运动存在重叠时，投影判别法仅能够对多个运动的整体运动位置进行定位，而不能实现每个运动的精确检测。

8.1.4　噪声后处理

在相机视角或焦距发生变化时,运动过程中连续图像序列间往往不能完全对准,在此情况下利用前／后向差分对动作进行检测时便会产生误差。而且,运动时可能存在多个运动对象。因此,需要进一步对动作区域 $\text{Area}(x,y)$ 进行几何尺寸的校验,以区分不同运动物体或噪声。在 $\text{Area}(x,y)$ 区域的 x 方向,假定 x 取值范围是 $[x_{\min}, x_{\max}]$,首先在此区间内对投影 $P_x = 0$ 的拐点进行搜索,若不存在零点,则可判别沿 x 方向只有一种形式的运动,且运动发生的区间为 $W_a = x_{\max} - x_{\min}$;反之,若存在噪声或有多个运动且各个运动在 x 方向存在间隔,则 x 方向的第一个拐点 x_{seg} 可由下式计算:

$$x_{\text{seg}} = \arg\min_x (P_x = 0) \tag{8.16}$$

对应可知,x 方向第一个运动的范围是 $W_1 = x_{\text{seg}} - x_{\min}$,分割完第一个运动后,在 x_{seg} 到 $x_{\max}$ 范围内,继续对下一个拐点进行搜索,但原最小位置 $x_{\min}$ 更新为

$$x'_{\min} = \arg\min_x (P_x > 0) \tag{8.17}$$

其间若仍存在拐点,则其位置为

$$x'_{\text{seg}} = \arg\min_x (P_x = 0) \tag{8.18}$$

在 x_{seg} 到 $x_{\max}$ 的运动范围是 $W_{\text{can}} = x'_{\text{seg}} - x'_{\min}$。经过反复迭代,可将整个 x 方向的全部运动分割为长度为 L_{can}、L'_{can} 等的子区间。人体动作特征在 x 方向投影示例图如图 8.5 所示。

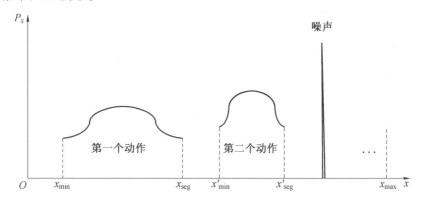

图 8.5　人体动作特征在 x 方向投影示例图

给定运动检测物体的个数,可由图 8.5 所示的迭代过程实现多运动检测。通过对运动长度区间设定阈值,可以实现去噪。类似地,在 y 方向的动作通过上述迭代搜索可实现多区域分割及去噪。

8.2 Interest – HOG 及序列融合机制

经过前／后向差分的梯度转换特征,可利用 HOG 原理统计其特征分布。HOG 是由 Dalal 和 Triggs 于 2005 年提出的最早被用于图像中人体检测的方法,由于其对人体特征提取的高效性,因此在动作识别领域也取得了巨大成功。

鉴于转换梯度特征 d_{xy} 的稀疏性,可以根据剪影轮廓像素点在梯度上的连续性对 HOG 描述子进行优化处理,进而得到 Interest – HOG 表征。假设 d_{xy} 的 HOG 表征算子为

$$H = \begin{bmatrix} f_{1,1} & \cdots & f_{1,n} \\ \vdots & & \vdots \\ f_{m,1} & \cdots & f_{m,n} \end{bmatrix} \tag{8.19}$$

则 Interest – HOG 算子 H_I 计算如下:

$$H_I = H - H_N = \begin{bmatrix} f_{1,1} & \cdots & f_{1,n} \\ \vdots & & \vdots \\ f_{m,1} & \cdots & f_{m,n} \end{bmatrix} \wedge \begin{bmatrix} f_{1,1} & \cdots & f_{1,n} \\ \vdots & & \vdots \\ f_{p_{\min}\pm1} & \cdots & f_{p_{\min}-1,n} \end{bmatrix} \wedge$$

$$\begin{bmatrix} f_{p_{\max}\pm1} & \cdots & f_{p_{\max}+1,n} \\ \vdots & & \vdots \\ f_{m,1} & \cdots & f_{m,n} \end{bmatrix} \wedge \begin{bmatrix} f_{p_{\min}\pm1} & \cdots & f_{p_{\min}-1,q_{\min}-1} \\ \vdots & & \vdots \\ f_{p_{\max}\pm1} & \cdots & f_{p_{\max}-1,q_{\min}-1} \end{bmatrix} \wedge$$

$$\begin{bmatrix} f_{p_{\min}+1,q_{\max}+1,} & \cdots & f_{p_{\min}+1,n} \\ \vdots & & \vdots \\ f_{p_{\max}-1,q_{\max}+1} & \cdots & f_{p_{\max}-1,n} \end{bmatrix} \tag{8.20}$$

其中边界点 $p_{\min}$、$p_{\max}$、$q_{\min}$ 和 $q_{\max}$ 的位置,通过在 HOG 特征矩阵中行和列的遍历非零值的最小位置与最大位置得到,如图 8.6 所示。值得注意的是,这些位置的特征值也可能会是 0。通过 Interest – HOG 表征的人体剪影特征,容量可以通过核主成分分析(Kernelbased Principal Component Analysis,KPCA)来进一步进行降维操作。KPCA 是通过使用核技巧将线性 PCA 拓为非线性 PCA 的一种方法,基本思路是将原始输入向量 x 映射到高维特征空间 $\Phi(x)$,然后在特征空间中对 $\Phi(x)$ 进行线性 PCA 计算,这样,在特征空间中对 $\Phi(x)$ 进行的线性 PCA 就相当于在输入空间 x 中的非线性 PCA。

同时,在梯度空间转换特征的基础上,首先利用前／后向帧间差分在时域连续序列特征中融合。对于一个 l 帧长度的动作视频 $\{F(x,y,i): i = 1,2,\cdots,l\}$,在 t 时

刻,图像在点 (x,y) 的前、后向差分分别为 $D_{x,y,t}^{-1}$ 和 $D_{x,y,t}^{+1}$,定义其序列融合机制为

$$C_t = C_{x,t}\boldsymbol{i} + C_{y,t}\boldsymbol{j} \tag{8.21}$$

其中,融合算子 C_t 在 x 和 y 方向的分量定义为

$$C_{x/y,t} = D_{x,y,t}^{-1} \cdot (D_{x,y,t}^{+1})^{\mathrm{T}} \tag{8.22}$$

最后,将融合算子 C_t 和 Interest – HOG 算子进行拼接,用来描述动作的时空特征。

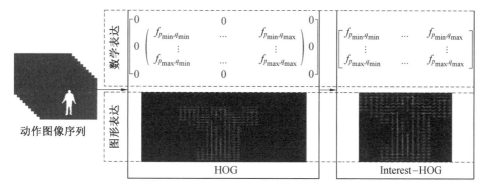

图 8.6　HOG 到 Interest – HOG 的示意图

8.3　实验结果及分析

为了对基于梯度转换特征的表征算法进行验证,选取 KTH 数据库、Weizmann 数据库、UCF Sports 数据库和 ChangeDetection. NET 数据库对动作检测及行为识别展开实验。

作为预处理过程,首先使用大小为 3×3 的滤波窗口对数据库中的原始图像进行中值滤波。在进行高斯卷积时,窗口大小也设置为 3×3,标准差设置为 1,从而在高效率的同时保证了精度。在进行阈值选取时,根据不同数据库中不同分辨率的图像,将阈值设置为沿 x 和 y 方向投影的均值,即

$$T_X = \sum_{x=1}^{m} P_x / m \tag{8.23}$$

$$T_Y = \sum_{y=1}^{n} P_y / n \tag{8.24}$$

图 8.7(a) 所示分别为 KTH 数据库、Weizmann 数据库、UCF Sports 数据库和 ChangeDetection. NET 数据库中人体动作空间特征示例图,其各自对应的空间梯度转换特征在显示时采用了颜色地图,如图 8.7(b) 所示;经过前/后向差分操作后的特征颜色地图,如图 8.7(c) 所示,可以看出经过差分后背景中轮廓明显的

冗余特征被消除;图8.7(d)则给出了前/后向差分特征经过阈值操作后的颜色地图,可以看出动作区域被很好地保留,噪声得到了很大抑制。

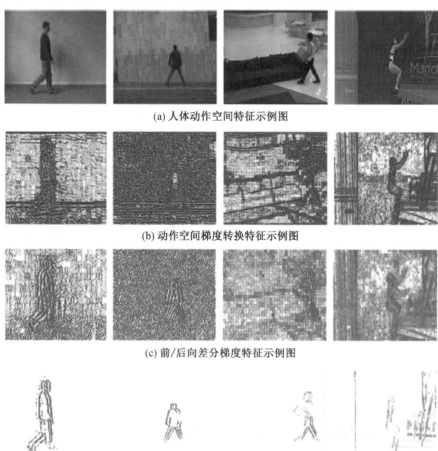

(a) 人体动作空间特征示例图

(b) 动作空间梯度转换特征示例图

(c) 前/后向差分梯度特征示例图

(d) 阈值操作后的差分梯度特征示例图

图8.7　人体动作空间特征示例图

8.3.1　动作检测实验

鉴于本章基于梯度转换特征的特点,主要选取相机视角变换不大的动作数据库作为动作检测实验平台。Weizmann 数据库和 KTH 数据库被用来校验单个目标动作的检测效果,而多目标动作检测时用到了部分 ChangeDetection. NET 数据库中的部分动作序列。

图 8.8 为 Weizmann 数据库中动作检测效果图,图中给出了梯度转换特征在 x 方向和 y 方向的投影曲线以及阈值法标定的动作区域。Weizmann 数据库中动

作场景固定,且场景噪声较少,因此本章提出的算法在动作检测时具有很高的精度。

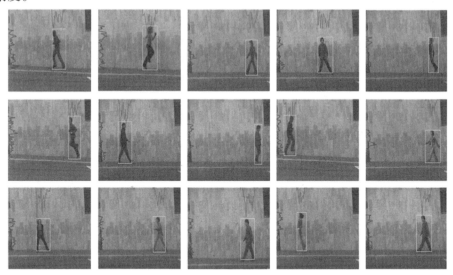

图 8.8　Weizmann 数据库中动作检测效果图

表 8.1 为经典高斯混合模型方法、基于视频编码的动作分割方法以及本章的动作检测算法在 Weizmann 数据库中的效率对比。以上算法的工作环境均为配有 i－5 处理器、内存为 6 GB 的笔记本电脑。Weizmann 数据库中视频长度(1 s 或 2 s)、视频的画面数(25)和比特率(15 552)都较为固定,图像成像质量高,GMM 算法检测用时相对较长,本章提出的算法直接作用于图像差分,其效率相对于其他方法具有很大的优势。

表 8.1　不同检测方法在 Weizmann 数据库中的效率对比

视频长度/s	画面数/(帧 · s⁻¹)	比特率/(bit · s⁻¹)	GMM 算法用时 /s	视频编码算法用时 /s	本章算法用时 /s
1	25	15 552	2.13	1.18	0.74
2	25	15 552	3.27	1.99	1.12

图 8.9 为 KTH 数据库中动作检测效果图。KTH 成像质量较差,分辨率低,相机视角有轻微变化且动作自身受阴影干扰。从检测结果可以看出,本章提出的算法具有良好的鲁棒性。表 8.2 为不同检测方法在 KTH 数据库中的效率对比。可以看出,动作检测算法的效率不仅受视频长度影响,而且比特率越高,其执行时间也越长。此外,本章算法的效率整体上更有优势,更适用于动作的实时检测。同时,对于图像边缘处的运动,本章算法也具有良好的检测效果。

图 8.9　KTH 数据库中动作检测效果图

表 8.2　不同检测方法在 KTH 数据库中的效率对比

视频长度 /s	画面数 /(帧·s⁻¹)	比特率 /(bit·s⁻¹)	GMM 算法 用时 /s	视频编码算法 用时 /s	本章算法 用时 /s
12	25	980	95.46	56.36	35.30
13	25	822	83.44	42.13	30.91
14	25	695	78.61	39.48	30.15
15	25	945	120.29	77.93	45.15
15	25	854	107.52	70.06	41.04
17	25	931	139.47	88.25	50.54
21	25	883	158.96	96.36	62.96
21	25	256	68.05	30.28	23.33
26	25	701	157.37	92.34	61.37
26	25	684	144.47	86.36	59.17

　　图 8.10 为多目标运动检测示例图。示例中的检测对象为 ChangeDetection. NET 数据库中包含人和自行车动作的"PTZ"序列以及分辨率较低且有动作重叠区域的"pedestrians"序列。从实验结果可以看出,本章算法对不重叠的多目标运动具有很好的检测效果;当动作区域相互重叠时,只能分割出整体的动作区域。同时,选取 ChangeDetection. NET 数据库中的"office"序列为对象,同样采用

3 个流行的检测评价参数,即整体精度、查全率和假正率,对本章算法的检测精度进行量化评价,其结果由表 8.3 给出。此外,表 8.3 列举了目前流行的动作检测方法在"office"序列的检测参数,通过对比可知,基于梯度转换特征的投影检测法具有良好的可靠性。

图 8.10　多目标动作检测示例图

表 8.3　不同检测方法的检测结果对比

方法	整体精度 /%	查全率 /%	假正率 /%
Huang 和 Wang 的方法	0.72	0.70	0.019
Mahmoudi 等人的方法	0.69	0.74	0.047
Stauffer 和 Grimson 的方法	0.60	0.68	0.025
Haines 和 Xiang 的方法	0.74	0.78	0.018
本章算法	0.76	0.79	0.016

8.3.2　动作识别实验

在进行动作识别时,本章采用支持向量机分类器,对基于解码的梯度特征转换表征算子进行分类。其中,解码算法选用 VLFeat 数据库提供的接口函数,支持向量机选用 LibSVM 数据库提供的接口函数。虽然梯度特征仅能够准确分割视觉场景相对固定的动作,但为了校验其对动作的时空表征特性,除 KTH 数据库和 Weizmann 数据库外,实验还选取场景视角有一定变化的 UCF Sports 数据库作为基准。

图 8.11 为本章算法在 KTH 数据库中动作识别的混淆矩阵。对于拳击、挥手和拍手这 3 种具有明显区别的动作,识别率都达到了 98% 以上;而对于跑和小跳这两种相似的动作,识别率仅有 88.1% 和 85.5%;走与跑和小跳这两个动作具有部分相似性,识别率为 90.2%。基于梯度转换特征的算法在 KTH 数据库中的平

均识别率为94.37%。表8.4比较了不同方法的平均识别率;此外,为了对梯度转换特征算子性能进行更好的评价,采用相同设置,分别用流行的 HOG 和 SIFT 算子替代梯度转换特征算子,其识别率也由表8.4 给出。从中可以看出,本书方法相比于其他算法识别精度更高,同时,相对于其他局部动作特征表征算子,本书提出的梯度特征转换算子的鲁棒性更好。

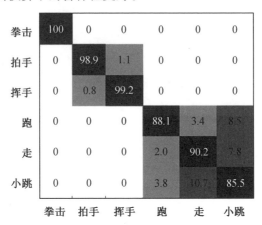

图8.11　本章算法在 KTH 数据库中动作识别的混淆矩阵

表8.4　不同方法在 KTH 数据库中的平均识别率

方　　法	平均识别率/%
Derpanis 等人的方法	89.33
Cao 等人的方法	92.15
Laptev 等人的方法	91.80
Kaaniche 和 Bremond 的方法	90.57
Iosifidis 和 Pitas 的方法	92.13
Le 等人的方法	91.8
HOG + BoW + SVM	83.76
SIFT + BoW + SVM	80.46
本章算法	94.37

　　图8.12 为本章算法在 Weizmann 数据库中动作识别的混淆矩阵。同样,对于相似性很大的动作类别,如跃、跳和跑,识别率相对较低;而对于彼此差异性大的动作类别,如弯腰和挥手等,识别率相对较高。在 Weizmann 数据库中,本章算法的平均识别率为93.31%。图8.13 为本章算法在 UCF Sports 数据库中动作识别的混淆矩阵。类似地,对于跑和走两种动作,本章算法并不能实现非常好的识别率。虽然 UCF Sports 数据库中动作视角变换明显且动作相对复杂,但基于梯度

转换特征的算子仍然具有很好的表征效果,平均识别率达到了 87.30% 。表 8.5 给出了在 Weizmann 数据库中不同算法平均识别率的比较,从中可以看出本章算法的优越性。在 UCF Sports 数据库中,不同方法的平均识别率对比见表 8.6,从中可以看出本章算法的鲁棒性较好。

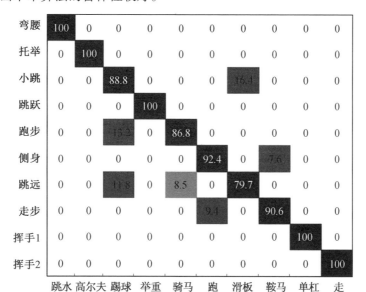

	跳水	高尔夫	踢球	举重	骑马	跑	滑板	鞍马	单杠	走
弯腰	100	0	0	0	0	0	0	0	0	0
托举	0	100	0	0	0	0	0	0	0	0
小跳	0	0	88.8	0	0	0	16.4	0	0	0
跳跃	0	0	0	100	0	0	0	0	0	0
跑步	0	0	13.2	0	86.8	0	0	0	0	0
侧身	0	0	0	0	0	92.4	0	7.6	0	0
跳远	0	0	11.8	0	8.5	0	79.7	0	0	0
走步	0	0	0	0	0	9.4	0	90.6	0	0
挥手1	0	0	0	0	0	0	0	0	100	0
挥手2	0	0	0	0	0	0	0	0	0	100

图 8.12　本章算法在 Weizmann 数据库中动作识别的混淆矩阵

	跳水	高尔夫	踢球	举重	骑马	跑	滑板	鞍马	单杠	走
弯腰	100	0	0	0	0	0	0	0	0	0
托举	0	94.9	3.3	0	0	0	0	0	0	4.8
小跳	0	0	82.8	0	0	11.2	0	0	0	6.0
跳跃	0	0	0	100	0	0	0	0	0	0
跑步	0	0	0	0	84.2	7.6	2.3	0	0	5.9
侧身	0	0	7.7	0	4.7	75.6	6.6	0	0	10.4
跳远	0	9.9	0	0	0	2.2	84.1	0	0	3.8
走步	0	0	0	0	0	0	1.0	96.2	0	2.8
挥手1	0	0	0	0	0	0	5.5	0	94.5	0
挥手2	0	2.3	10.9	0	1.6	17.4	4.1	0	0	63.7

图 8.13　本书算法对 UCF Sports 数据库中动作识别的混淆矩阵

表 8.5   不同方法在 Weizmann 数据库中的平均识别率

方　　法	平均识别率/%
Wang 等人的方法	92.22
Cao 等人的方法	86.56
Junejo 和 Aghbari 的方法	88.6
Niebles 和 Li 的方法	72.8
HOG + BoW + SVM	84.79
SIFT + BoW + SVM	78.97
本章算法	93.31

表 8.6   在 UCF Sports 数据库中不同方法的平均识别率对比

方　　法	平均识别率/%
Derpanis 等人的方法	81.47
Jiang 等人的方法	80.7
Ma 等人的方法	41.2
Kovashak 和 Grauman 的方法	87.27
Wang 等人的方法	88.7
Le 等人的方法	86.5
本章算法	87.30

　　从动作识别的效果来看,相对于目前流行的其他方法,本章算法在识别率上具有很强的竞争力。其中一个重要原因是该算法对梯度的空间特征进行了高效提取,并深度发掘了梯度空间特征的时空关系;同时,对于默认参数的设置也经过许多实验论证。图8.14给出了高斯卷积过程中标准差 σ 对于本章算法在 KTH 数据库、Weizmann 数据库和 UCF Sports 数据库中平均识别率的影响;图8.15 则校验了另一个重要参数 k(聚类中心数量)对于识别率的敏感度。

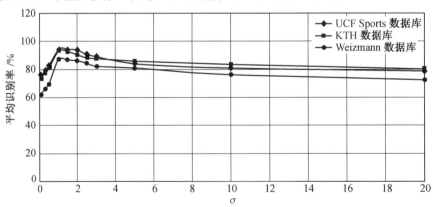

图 8.14   标准差对动作识别率影响评价图

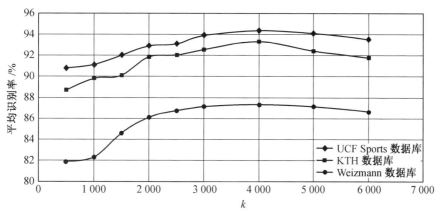

图 8.15　聚类中心数对于动作识别率影响评价图

8.3.3　时空表征算子比较实验

前文对 BoW、FV 和 VLAD 分别进行了介绍,这3种表征算子是目前动作检测及识别领域的研究重点,因此本节围绕它们对动作识别率的综合影响展开实验,以对比其各自的特点。

首先在 KTH 数据库、Weizmann 数据库和 UCF Sports 数据库中,按照推荐设置分别选择训练样本和测试样本,然后选取目前流行的 HOG、HOF、Improved Dense Trajectories 和本章提出的时空梯度转换特征为时空动作特征,分别利用 BoW、FV 和 VLAD 对时空动作特征进行编码表征,最后利用支持向量机作为分类器,完成动作分类实验,得到表 8.7 ~ 8.9 所示的分类结果。

表 8.7　不同表征算子在 KTH 数据库中的平均识别率

时空特征	平均识别率 /%		
	BoW	FV	VLAD
HOG	89.76	88.12	89.06
HOF	82.91	87.73	85.89
Improved Dense Trajectories	95.48	96.45	96.31
时空梯度转换特征	94.37	95.88	96.28

表 8.8　不同表征算子在 Weizmann 数据库中的平均识别率

时空特征	平均识别率 /%		
	BoW	FV	VLAD
HOG	88.79	86.29	87.32
HOF	82.73	84.57	86.04
Improved Dense Trajectories	96.15	98.57	97.36
时空梯度转换特征	93.31	95.12	94.69

表8.9　不同表征算子在 UCF Sports 数据库中的平均识别率

时空特征	平均识别率/%		
	BoW	FV	VLAD
HOG	68.77	66.37	61.26
HOF	68.94	73.23	71.08
Improved Dense Trajectories	90.95	91.89	90.73
时空梯度转换特征	87.30	90.90	89.23

通过实验可以看出,对于不同时空算子,表征算子 FV 和 VLAD 相比于 BoW 对于 HOF、Improved Dense Trajectories 以及时空梯度转换特征具有更好的表征效果,但对于 HOG 这一相对侧重于空间特征的算子,BoW 总体表征效果更好。此外,FV 在很多情况下都具有良好的特性,VLAD 对于高级特征如 Improved Dense Trajectories 具有更好的表征效果。

8.4　本章小结

本章基于梯度特征对人体动作的检测和识别进行了研究。首先提出一种梯度转换空间特征,对动作图像进行特征的快速提取;在此基础上,对梯度转换空间特征进行前/后向差分,并利用其差分投影实现了动作的实时检测。此外,提出了一种梯度空间特征时空融合策略,并针对稀疏动作图像的特点,将其与一种 Interest-HOG 特征进行融合,实现了动作的时空表征。通过在流行的动作数据库中的实验对比,验证了该算法的有效性。

基于梯度特征的动作表征算法实现了对单个及多个目标动作的准确检测,但值得注意的是,其并不适用于视角变化剧烈的情况。尽管如此,在进行动作识别时,对于视角变化较大的场景动作,依然可以实现有效的动作特征表征。

第9章

基于图像势能差分模板的动作识别

　　动作识别中最关键的问题是动作特征表征,而根据特征表征的类型可将动作识别分为基于动作模型和基于表观特征两类方法。总体来说,基于动作模型方法的效果主要依赖于所构建动作模型的精度,而一个稳定性好的模型往往较难获得。基于表观特征的动作识别方法是目前的研究重点,其中最具代表性的是特征词袋模型表征方法。特征词袋模型是一种将时空特征算子如三维哈里斯角点(Harris 3D)、方向梯度直方图/光流直方图(HOG/HOF)等进行表征的技术。虽然特征词袋模型对动作的顺序、时长、组合及噪声等具有良好的表征效果,但其忽略了空间动作特征在时域中的关系,导致部分有效信息损失。

　　本章提出一种基于表观特征的全局时空动作表征策略的图像势能差分模板,实现对复杂场景中动作的高效识别。基于图像势能差分模板的动作识别流程如图9.1所示。首先在图像中提取其空间特征,利用指数和对数变换对一种基于图像势能的算法进行优化;在此基础上,在时域上提出两种互补的表征向量,即归一化投影直方图(NPH)和运动动能速率(MKV)算子,对图像势能特征进行时空表征;最后将带有时间标签的图像势能差分模板融入传统词袋模型中,利用支持向量机完成对动作的分类。

　　图像势能本身是一种基于卷积运算的特征提取算法,对噪声具有良好的抑制,加上对其进一步的指数和对数变换,获取的空间特征相比于场景信息具有较高的区别性。同时,本章提出的归一化投影直方图和运动动能速率算子运算效率高,包含了动作间相互关系,在保证快速动作识别的同时,实现了高精度。

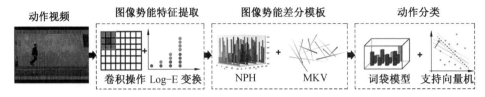

图 9.1　基于图像势能差分模板的动作识别流程图

9.1　传统 MHI 模板原理及缺陷

MHI 是文献[58]中介绍的针对人体动作的全局时空表征模板。不同于以 BoW 为代表的局部时空表征模板,MHI 更注重动作在时域中彼此间的联系,而且计算更为简单,并可直接通过不同模板的匹配实现动作识别。

MHI 首先需要对动作图像进行剪影特征提取,剪影特征可利用帧差法或背景减除法获得。之后,在 t 时刻,对于图像 I 中的像素点 (x,y),将其剪影特征表示为 $D(x,y,t)$。其中若该点为前景特征,则令其为 1;若该点为背景特征,则令其为 0。对于一个时长为 τ 及包含 τ 个图像帧的序列,为了表征其随时间的变化特征,可从最后一个时刻出发,从后向前依次比较其剪影特征,对前景特征进行累计叠加,而对背景特征进行忽略。通过以上操作可知,越靠近动作停止时刻的动作,特征越明显,同时初始时刻的特征相当于使用一个权值较大的算子进行处理后得以保留,因此 MHI 可以实现利用一个特征向量表征动作的时空变化。用 $H_\tau(x,y,t)$ 表示 t 时刻在 (x,y) 处累积得到的 MHI 特征,则其计算公式为

$$H_\tau(x,y,t)=\begin{cases} \tau, & D(x,y,t)=1 \\ \max[0,H_\tau(x,y,t-1)-1], & D(x,y,t)=0 \end{cases} \tag{9.1}$$

从式(9.1)可以看出,MHI 为动作图像序列中的图像赋予了一个时间标签,巧妙地实现了不同动作图像间时域联系的表征。

对不同时间间隔的动作进行识别时,MHI 需要考虑动作时长的影响。假设最小时长和最大时长分别为 $\tau_{\min}$、$\tau_{\max}$,MHI 默认计算的 $H_\tau(x,y,t)$ 为相对于 $\tau_{\max}$ 的值,为了方便其与较小时长图像序列的匹配,在表征时定义一个时间窗口算子 $\Delta\tau=(\tau_{\max}-\tau_{\min})/(n-1)$,其中 n 表示需要的窗口数量,并按以下公式额外计算每个 $\Delta\tau$ 对应的 MHI:

$$H_{\tau-\Delta\tau}(x,y,t)=\begin{cases} H_\tau(x,y,t)-\Delta\tau, & H_\tau(x,y,t)>\Delta\tau \\ 0, & H_\tau(x,y,t)\leqslant\Delta\tau \end{cases} \tag{9.2}$$

MHI 在动作识别领域有深远影响。然而,MHI 通过前后图像帧间亮度特征的差分来完成动作特征提取,通过阈值法得到动作时空特征,并通过时空特征在

时间坐标的累积实现动作特征表征,其方法不适合在复杂情况下的动作表征识别;更为重要的是,对于没有经过训练的动作序列样本,在对未知样本进行 MHI 特征匹配时,精度往往较差。

9.2　图像势能差分模板

首先构建势能地图,对图像中的动作进行特征提取,然后利用两种时空特征向量,即归一化投影直方图和运动动能速率算子对图像势能地图的差分关系进行表征,并最终融合到带有时间标签的全局模板中,实现动作的时空表征。

9.2.1　图像势能地图

图像势能的概念最早由 Su 等人提出,它是一种分析图像中像素点相互关系的特征提取方法。给定一副动作图像 I,首先计算其梯度幅值 G 在一定区间内的平均值,即

$$G_I = | \ G \ | \ * \ G_\sigma \tag{9.3}$$

式中　G_σ——高斯核函数。

然后,在对数空间内对图像进行滤波,得到像素点间的相互关系为

$$R_I = \ln(G_I) - \ln(G_I) * G_\sigma \tag{9.4}$$

最后,将图像势能定义为

$$P = I e^{-kR_I} \tag{9.5}$$

式中　k——可变因子,根据图像成像质量取 2 或 3。

图像势能虽然对图像中像素点关系具有很好的分析能力,但其存在的冗余信息过多,不能完全适用于人体动作的特征提取。因此,基于原有图像势能,本节对其做如下改进:对于一幅 $m \times n$ 大小的图像,根据其梯度平均值及像素点相关关系,利用对数函数对其进行去噪,然后在指数函数区间内将图像势能表示为

$$\nabla Gr(x,y) = \gamma \big[\varphi \big(e^{\eta | [\ln \Omega(| Gr(x,y) |)] \ * \ G(x,y,\sigma) | } \big) \big] \tag{9.6}$$

式中　$G(x,y,\sigma)$——高斯窗口函数。

其中,将梯度函数 $Gr(x,y)$ 定义为 sobel 梯度,令 $Gr(x,y) = Gr_x i + Gr_y j$,则

$$Gr_x = I(x-1,y+1) + 2I(x,y+1) + I(x+1,y+1)$$
$$- I(x-1,y-1) - 2I(x,y-1) - I(x+1,y-1) \tag{9.7}$$
$$Gr_y = I(x-1,y-1) + 2I(x-1,y) + I(x-1,y+1)$$
$$- I(x+1,y-1) - 2I(x+1,y) - I(x+1,y+1) \tag{9.8}$$

其中,规定 $x \in (1, m-1), y \in (1, n-1)$。

对于图像,在进行 sobel 梯度计算时,其过程可看作分别利用 sobel 核窗口对图像二维矩阵进行卷积的操作,其中 x 和 y 方向的 sobel 核窗口分别为

$$K_x = \begin{bmatrix} -1 & 0 & +1 \\ -2 & 0 & +2 \\ -1 & 0 & +1 \end{bmatrix} \qquad (9.9)$$

$$K_y = \begin{bmatrix} -1 & -2 & -1 \\ 0 & 0 & 0 \\ +1 & +2 & +1 \end{bmatrix} \qquad (9.10)$$

通过 sobel 滤波得到图像亮度的模糊特征后,将模糊特征映射到 $\ln(*)$ 函数空间。由于模糊特征值存在负数和零值,在映射时取模糊特点的绝对值,且利用 $\Omega(\cdot)$ 函数将 0 转化为 1,即

$$\Omega(x) = \begin{cases} 1, & x = 0 \\ x, & \text{其他} \end{cases} \qquad (9.11)$$

此操作可以保证 $\ln(x)$ 函数不会趋于无穷值,且噪声被很好抑制。然后,利用高斯核函数对映射的特征进行滤波,根据默认推荐设置,将标准差 σ 的值取 2。η 是可变因子,默认值取 -3;随后,将 $\ln$ 空间特征转换到 $\exp(\cdot)$ 函数空间。同时,由于 η 算子及 $\Omega(\cdot)$ 的处理会带来误差,因此利用 $\phi(\cdot)$ 函数对 $\exp(\cdot)$ 函数空间的特征进行处理,且将 $\phi(\cdot)$ 定义如下:

$$\phi(x) = \begin{cases} x, & x \geqslant e^0 \\ 1/x, & x < e^0 \end{cases} \qquad (9.12)$$

其中,$\phi(x)$ 中 x 的取值总是大于零。最后,将 $\gamma(x)$ 函数定义为

$$\gamma(x) = \begin{cases} x, & x \geqslant T_e \\ 0, & x < T_e \end{cases} \qquad (9.13)$$

T_e 的值设置为 $e^0 + \sigma/2$,即对高斯分布中中间概率密度大的区间进行保留,忽略冗余的概率区间,实现进一步去噪。

9.2.2　归一化投影直方图

通过图像势能地图的构建,实现图像亮度特征到势能特征的转化。在此基础上,提出一种归一化投影直方图对其进行时空特征表征。

首先对图像势能特征进行时空局部表征,其同样遵循差分投影原理:首先将图像势能 $\nabla Gr(x,y)$ 分解为二维向量表示 $\nabla Gr_x \boldsymbol{i} + \nabla Gr_y \boldsymbol{j}$,对于 l 帧的图像序列 $\{F_{t-1}, F_t, F_{t+1} : 2 \leqslant t \leqslant l-1\}$,求取差分 $D_{x,y,t}^{-1} = \nabla Gr(x,y,t) - \nabla Gr(x,y,t-1)$,并将其中小于 0 的值全部设置为 0,得到前向图像势能差分 $\nabla D_{x,y,t}^{-1}$;然后求取差分 $D_{x,y,t}^{+1} = \nabla Gr(x,y,t) - \nabla Gr(x,y,t+1)$,并将小于 0 的值置 0,从而得到后向图像势

能差分 $\nabla D_{x,y,t}^{+1}$。在此基础上,定义前 - 后向图像势能差分为

$$D_{x,y,t} = \nabla D_{x,y,t}^{-1} + \nabla D_{x,y,t}^{+1} \tag{9.14}$$

经过阈值化处理后,得到图像势能差分在 x 和 y 两个方向的特征,分别为

$$\widetilde{D}_{x,t}^{y} = \begin{cases} 1, & |D_{x,t}^{y}| \geqslant T_1 \\ 0, & |D_{x,t}^{y}| < T_1 \end{cases} \tag{9.15}$$

$$\widetilde{D}_{y,t}^{x} = \begin{cases} 1, & |D_{y,t}^{x}| \geqslant T_2 \\ 0, & |D_{y,t}^{x}| < T_2 \end{cases} \tag{9.16}$$

式中　　$D_{x,t}^{y}$ 和 $D_{y,t}^{x}$——$D_{x,y,t}$ 在 x 和 y 方向的标量;

　　　　T_1 和 T_2—— 可变的阈值。

最后定义图像势能差分兴趣区域 $S(x,y,t)$ 为

$$S(x,y,t) = \{(x,y):\widetilde{D}_{x,t}^{y} > 0, \widetilde{D}_{y,t}^{x} > 0\} \tag{9.17}$$

在 $S(x,y,t)$ 区域内搜寻沿着 x 和 y 方向的 4 个极值位置:$x_{\min}^{t}, x_{\max}^{t}, y_{\min}^{t}$ 和 $y_{\max}^{t}$;在极值位置确定的区间内进行二维投影,可以分别得

$$P_{x,t} = \{(x,P_x = \sum_{y=1}^{n} \widetilde{D}_{y,t}^{x}):x \in (x_{\min}^{t}, x_{\max}^{t})\} \tag{9.18}$$

$$P_{y,t} = \{(y,P_y = \sum_{x=1}^{m} \widetilde{D}_{x,t}^{y}):y \in (y_{\min}^{t}, y_{\max}^{t})\} \tag{9.19}$$

至此,可得到图像势能差分投影特征,为了对投影特征进行表征,构建图9.2所示的归一化投影直方图。考虑到动作在图像中的随机性,首先在空间尺度进行归一化:由于 $P_{x,t}$ 和 $P_{y,t}$ 在图像中的位置及尺度都具有随机性,因此进一步对其位置参数进行归一化以消除随机误差,获得位置归一化投影直方图 $\widetilde{P}_{x,t}$ 和 $\widetilde{P}_{y,t}$,其操作如下:

$$\widetilde{P}_{x,t} = \left\{ \left(\frac{x - x_{\min}}{x_{\max} - x_{\min}}, P_x \right) :x \in (x_{\min}^{t}, x_{\max}^{t}) \right\} \tag{9.20}$$

$$\widetilde{P}_{y,t} = \left\{ \left(\frac{y - y_{\min}}{y_{\max} - y_{\min}}, P_y \right) :y \in (y_{\min}^{t}, y_{\max}^{t}) \right\} \tag{9.21}$$

同时,由于在投影过程中,图像势能差分特征受光照条件、成像质量和视角等条件的影响,其投影值 P_x 和 P_y 在尺度上具有很大差异,因此,本节对投影尺度上进行归一化处理,且规定:

$$\widetilde{P}_x = \frac{P_x}{\max P_i}, \quad i \in (x_{\min}^{t}, x_{\max}^{t}) \tag{9.22}$$

$$\widetilde{P}_y = \frac{P_y}{\max P_j}, \quad j \in (y_{\min}^{t}, y_{\max}^{t}) \tag{9.23}$$

图9.2 中的三色直方图表示包含 3 个差分投影特征的动作区域,假设 4 个动作类型相同,但由于成像质量及视角等因素的影响,4 种相同类型的动作经过差分投影后其表征算子维数和尺度存在较大差异。空间尺度归一化的作用是使相同动作在位置和范围上对齐,从而可以横向比较每个动作投影值的大小;投影尺度归一化的作用是消除相同动作由于光照等条件影响导致的差异,从而得到归一化的图像势能差分投影特征。在此基础上,在(0,1) 区间内对每个区域的投影情况进行统计,并规定统计频数的间隔为 0.05,频率为每个频数区间内所有归一化投影值的总和。因此,经过两次归一化的图像势能差分投影特征可表示为

$$\widetilde{P}_{x,t} = \left\{ \left(\frac{x - x_{min}}{x_{max} - x_{min}}, \widetilde{P}_x \right) : x \in (x^t_{min}, x^t_{max}) \right\} \tag{9.24}$$

$$\widetilde{P}_{y,t} = \left\{ \left(\frac{y - y_{min}}{y_{max} - y_{min}}, \widetilde{P}_y \right) : y \in (y^t_{min}, y^t_{max}) \right\} \tag{9.25}$$

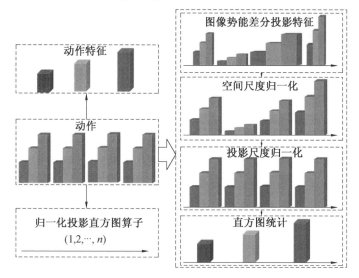

图9.2 归一化投影直方图

9.2.3 运动动能速率算子

经过归一化投影直方图表征的图像势能差分特征虽然包含了丰富的信息,但其本质上是一个基于统计的特征,因此可能存在随机误差。为此,本节进一步提出用运动动能速率算子对图像势能差分特征进行全局描述,作为归一化投影直方图特征的互补算子。图像势能是一种图像特征在能量空间的表达,对于 l 帧连续图像序列 $\{F_1, \cdots, F_l\}$ 中的任意两幅图像 F_{t-1} 和 $F_t (2 \leqslant t \leqslant l)$,像素点 (x,y) 处的图像势能为 $\nabla Gr(x,y)$。在此,做如下假设:在运动过程中,动能变化仅转换

为图像势能的变化。基于以上能量守恒假设可知，F_{t-1} 和 F_t 中的势能变化为 $-D_{x,y,t}^{-1}$；从物理学的角度出发，将图像的动能定义为 $\frac{1}{2}mV_{x,y,t}^2$，其中 m 表示图像质量，$V_{x,y,t}$ 表示图像中像素点 (x,y) 处在 t 时刻的速度，则可将能量不变假设表达为

$$-D_{x,y,t}^{-1} = \frac{1}{2}mV_{x,y,t}^2 - \frac{1}{2}mV_{x,y,t-1}^2 \qquad (9.26)$$

对式（9.26）进行变形，可推导出

$$V_{x,y,t} = \sqrt{-2D_{x,y,t}^{-1} + mV_{x,y,t-1}^2} \qquad (9.27)$$

对式（9.27）进行分析可知，t 时刻的速度算子 $V_{x,y,t}$ 与 $-D_{x,y,t}^{-1}$、m 和 $t-1$ 时刻的速度相关。假设动作序列图像时刻为 1 处的速度 $V_{x,y,1}$ 为 0，且图像质量恒定不变，对其进行忽略，则可得到以下速度算子迭代公式：

$$V_{x,y,t} = \begin{cases} \sqrt{\displaystyle\sum_{i=2}^{t} -2D_{x,y,i}^{-1}}, & \displaystyle\sum_{i=2}^{t} -D_{x,y,i}^{-1} \geqslant 0 \\[4ex] -\sqrt{\displaystyle\sum_{i=2}^{t} -2D_{x,y,i}^{-1}} & \displaystyle\sum_{i=2}^{t} -D_{x,y,i}^{-1} < 0 \end{cases} \qquad (9.28)$$

在实际动作识别中，往往更关心动作的变化轨迹，因此图像在两个时刻点的相对速度更易于表征动作。因此，可对式（9.28）进行简化，得到运动动能相对速率算子的表达式为

$$V_{x,y,t} = \begin{cases} \sqrt{-2D_{x,y,i}^{-1}}, & -D_{x,y,i}^{-1} \geqslant 0 \\[3ex] -\sqrt{-2D_{x,y,i}^{-1}} & -D_{x,y,i}^{-1} < 0 \end{cases} \qquad (9.29)$$

最终，将归一化投影直方图算子 $P_{x,y,t}$ 和运动动能速率算子拼接到带有时间标签 t 的向量中，完成对一个动作序列表征，即图像势能差分模板：$X = \{P_{x,y,t}, V_{x,y,t}, t : 2 \leqslant t \leqslant l-1\}$。

9.3　图像势能差分模板后处理及分类

动作序列经过图像势能差分模板表征后维数较大，在进行分类时有很大冗余误差且效率较低，因此，首先对其进行主成分分析及白化（PCA - Whitening）处理。PCA - Whitening 对于动作特征算子的表征具有重要作用。

PCA 的主要过程是首先计算样本矩阵 X 的协方差矩阵 C，然后对 C 的本征向量和本征值进行计算并按照大小排列，最后通过选取部分本征向量将 X 映射到 C 空间中，形成新的矩阵 Y，从而达到降维和去冗余的目的。对于图像势能差分模

板向量 X,假设 $X = (x_1, x_2, \cdots, x_n)^T$,其中 n 表示 X 的个数,并令 $x_i = (x_{i1}, x_{i2}, \cdots, x_{ip})^T$,其中 p 表示图像势能差分模板特征的维数,并规定 $n > p$,首先进行以下标准化变换:

$$Z_{i,j} = \frac{x_{i,j} - \overline{x_j}}{s_j}, \quad i = 1, 2, \cdots, n; j = 1, 2, \cdots, p \tag{9.30}$$

其中

$$\overline{x_j} = \frac{\sum_{i=1}^{n} x_{ij}}{n} \tag{9.31}$$

$$s_j^2 = \frac{\sum_{i=1}^{n} (x_{ij} - \overline{x_j})^2}{n-1} \tag{9.32}$$

定义 Z 为标准化矩阵,并对其求相关系数矩阵:

$$R = [r_{ij}]_p x_p = \frac{Z^T Z}{n-1} \tag{9.33}$$

其中

$$r_{ij} = \frac{\sum_{k=1}^{n} z_{ki} \cdot z_{kj}}{n-1} \tag{9.34}$$

通过对 R 的特征方程 $|R - \lambda I_p| = 0$ 进行求解,可得到 p 个特征根。为了对运动进行精确分析,本节将 PCA 的贡献率设置为 95%,即按照

$$\frac{\sum_{j=1}^{m} \lambda_j}{\sum_{j=1}^{p} \lambda_j} \geq 0.85 \tag{9.35}$$

对 m 值进行求解。同时,对于每个 λ_j,通过求解 $Rb = \lambda_j b$ 得到单位向量 b_j^0。

最后,将标准化后的向量通过映射转换为主成分,完成数据的降维:

$$U_{ij} = z_i^T b_j^0, \quad j = 1, 2, \cdots, m \tag{9.36}$$

经过 PCA 处理的数据相互间仍有较大的关联度,因此目前流行的做法是进一步进行白化处理,白化处理的普遍做法是将每一维数据都除以其标准差。得到 PCA - Whitening 处理的特征后,利用 BoW 模型,重复 5 次 K - Means 算法,对所有特征进行聚类,取平均值为聚类中心。然后将动作特征重新映射到每组特征相对于最近的聚类中心的检索值,并利用直方图对其进行统计,完成动作的时空表征。

9.4　实验结果及分析

本书在 KTH 数据库、UCF Sports 数据库、UCF101 数据库和 HMDB 数据库进行实验,实验平台为配有 i5 处理器、6 GB 内存的笔记本电脑。其中 K – Means 聚类算法使用了 VLFeat 数据库,支持向量机则使用 LibSVM 数据库。

9.4.1　KTH 评价

首先对 KTH 数据库中的 6 种动作:走、跑、拳击、小跳、挥手和拍手进行识别。图9.3 所示为 KTH 数据库中 6 种动作的图像势能差分模板特征示例图,其中第一行是图像势能地图;第二行为图像势能地图经过前 / 后向差分后的阈值特征;第三行是阈值特征在原图像中投影及其所包含的动作兴趣区域;第四行是归一化投影直方图;第五行则是动作速度算子的颜色图及矢量箭头表达。

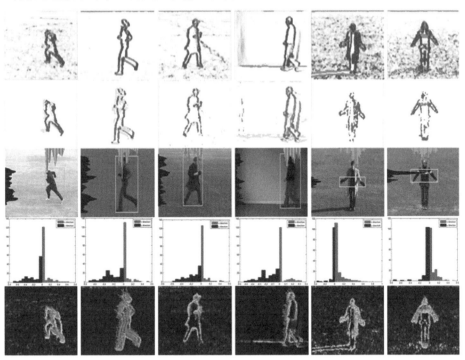

图 9.3　KTH 数据库中 6 种动作的图像势能差分模板特征示例图

从不同特征图中可以看出,图像势能地图在对动作进行空间特征提取时,保留了大部分有效动作特征,但其中存在噪声较大的情况,尤其是在动作场景边缘轮廓明显的区域,其随机噪声较大,且图像势能地图对复杂背景的干扰较为敏感;经过差分和阈值化处理后,得到的动作局部时空特征噪声明显减小,同时,经过图像势能差分投影的区域可以明显对动作特征区域进行对应,证明了基于图像势能地图差分算法的有效性。基于图像势能地图差分特征,本章构建的归一化投影直方图和运动动能速率算子在直观上也具有一定的有效性。

在对图像势能差分模板特征进行分类时,按照原作者推荐的设置进行训练集和测试集的取样,其分类结果如图9.4(a)所示的混淆矩阵。同时,为了验证归一化投影直方图和运动动能速率算子各自的有效性与互补性,分别单独对其分类性能进行了测试,其结果如图9.4(b)和图9.4(c)所示。

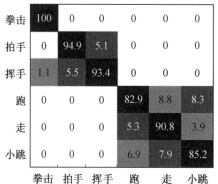

(a) 基于归一化投影直方图的混淆矩阵

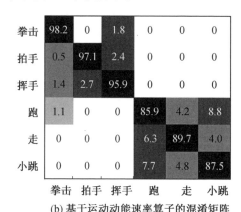

(b) 基于运动动能速率算子的混淆矩阵

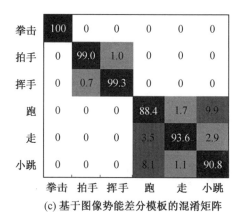

(c) 基于图像势能差分模板的混淆矩阵

图9.4　本章算法在KTH数据库中的动作识别混淆矩阵

从实验结果可以看出,本章算法对KTH数据库中动作的整体识别率较高(平均识别率为95.18%),对于拳击动作没有误判,对于挥手和拍手两种动作有较小的误认率。走、跑和拳击3种动作的类似度较大,是目前识别中的难点,图像势能差分模板的算法对走的识别率达到了93.6%,而对跑和小跳有一定的误认率。利用归一化投影直方图进行动作识别时,平均动作识别率为91.2%,且对跑、跳和走动作具有较大的识别误差,而对拳击动作可完全识别。而利用运动动能速率算子进行动作识别时,平均识别率为92.4%,比归一化投影直方图的略高,但对拳击动作不能完全识别,对容易混淆的动作如跑和走等识别率更高。

　　基于KTH数据库,表9.1对图像势能差分模板与其他流行的时空特征表征算子的识别率进行了对比。其中,Harris 3D、Hessian、HOG、HOF及HOG/HOF均按照默认参数设置进行特征提取,然后利用本章默认的支持向量机进行分类。从结果可以看出,相比较于前6种策略,这一效果有很好的表征策略,图像势能差分模板因其融合了各个算法的优势特点而具有更精准的表征效率。表9.2从整体上比较了本章方法与其他最先进的动作识别算法的平均识别率,可知图像势能差分模板在KTH数据库上具有良好的动作表征性能。

表9.1　　不同动作表征策略在 KTH 数据库中的平均识别率比较

动作表征策略	平均识别率/%
Harris 3D + HOG	80.9
Harris 3D + HOF	92.1
Harris 3D + HOG/HOF	91.8
Hessian + HOG	77.7
Hessian + HOF	88.6
Hessian + HOG/HOF	88.7
归一化投影直方图	91.2
运动动能速率算子	92.4
图像势能差分模板	95.18

表9.2　　不同方法在 KTH 数据库中的平均识别率比较

方　　法	平均识别率/%
Kaaniche 和 Bremond 的方法	90.57
Wang 等人的方法	94.4
Wu 等人的方法	94.5
Kovashka 和 Grauman 的方法	94.53
Ballas 等人的方法	94.6
Sheng 等人的方法	94.99
图像势能差分模板	95.18

9.4.2 UCF Sports 评价

由于 KTH 数据库中的动作相对简单且视角变化不大,为了验证本章算法的鲁棒性,进一步在 UCF Sports 数据库中进行实验。对于 10 种动作:跳水、打高尔夫、踢球、举重、骑马、跑、滑板、鞍马、单杠和走,在 UCF Sports 数据库中利用图像势能差分模板算法结合词袋模型和支持向量机所得到的平均动作识别率为88.6%。表 9.3 给出了不同动作表征策略与图像势能差分模板在 UCF Sports 数据库中的平均识别率对比,其中,实验均采用相同设置。通过对比可知,图像势能差分模板的精度更高。表 9.4 综合对比了本章方法与近 3 年其他方法,从中可以看出图像势能差分模板在动作识别领域具有较大的竞争力。

表 9.3 不同动作表征策略在 UCF Sports 数据库中的平均识别率比较

动作表征策略	平均识别率/%
Harris 3D + HOG	71.4
Harris 3D + HOF	75.4
Harris 3D + HOG/HOF	78.1
Hessian + HOG	66.0
Hessian + HOF	75.3
Hessian + HOG/HOF	79.3
图像势能差分模板	88.6

表 9.4 不同方法在 UCF Sports 数据库中的平均识别率比较

方　　法	平均识别率/%
Kaaniche 和 Bremond 的方法	85.3
Le 等人的方法	86.5
Kovashka 和 Grauman 的方法	87.27
Sheng 等人的方法	87.33
Wang 等人的方法	88.7
Wang 等人的方法	89.1
图像势能差分模板	88.6

图 9.5 分别给出了基于归一化投影直方图、运动动能速率算子和图像势能差分模板的动作识别混淆矩阵。从实验结果中可以看出,归一化投影直方图整体

表征效果不如运动动能速率算子,且二者对于跑和走以及单杠、骑马、踢球的识别率并不十分理想,但总体来说,二者均具有良好的动作时空表征效果。将归一化投影直方图算子和运动动能速率算子融合为图像势能差分模板后,动作时空表征效果明显提高,由此证明了二者的互补性。同时,对于跑和走等动作图像势能差分模板在识别上具有一定的困难,存在一定的误差,但总体来说,图像势能差分模板在复杂场景的动作识别中具有较好的效果。

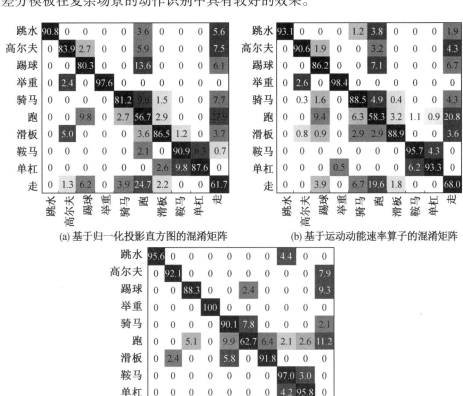

	跳水	高尔夫	踢球	举重	骑马	跑	滑板	鞍马	单杠	走
跳水	90.8	0	0	0	0	3.6	0	0	0	5.6
高尔夫	0	83.9	2.7	0	0	5.9	0	0	0	7.5
踢球	0	0	80.3	0	0	13.6	0	0	0	6.1
举重	0	2.4	0	97.6	0	0	0	0	0	0
骑马	0	0	0	0	81.2	9.6	1.5	0	0	7.7
跑	0	0	9.8	0	2.7	56.7	2.9	0	0	27.9
滑板	0	5.0	0	0	0	3.6	86.5	1.2	0	3.7
鞍马	0	0	0	0	0	2.1	0	90.9	7.3	0.7
单杠	0	0	0	0	0	0	2.6	9.8	87.6	0
走	0	1.3	6.2	0	3.9	24.7	2.2	0	0	61.7

(a) 基于归一化投影直方图的混淆矩阵

	跳水	高尔夫	踢球	举重	骑马	跑	滑板	鞍马	单杠	走
跳水	93.1	0	0	0	1.2	3.8	0	0	0	1.9
高尔夫	0	90.6	1.9	0	0	3.2	0	0	0	4.3
踢球	0	0	86.2	0	0	7.1	0	0	0	6.7
举重	0	2.6	0	98.4	0	0	0	0	0	0
骑马	0	0.3	1.6	0	88.5	4.9	0.4	0	0	4.3
跑	0	0	9.4	0	6.3	58.3	3.2	1.1	0.9	20.8
滑板	0	0.8	0.9	0	2.9	2.9	88.9	0	0	3.6
鞍马	0	0	0	0	0	0	0	95.7	4.3	0
单杠	0	0	0	0.5	0	0	0	6.2	93.3	0
走	0	0	3.9	0	6.7	19.6	1.8	0	0	68.0

(b) 基于运动动能速率算子的混淆矩阵

	跳水	高尔夫	踢球	举重	骑马	跑	滑板	鞍马	单杠	走
跳水	95.6	0	0	0	0	0	0	4.4	0	0
高尔夫	0	92.1	0	0	0	0	0	0	0	7.9
踢球	0	0	88.3	0	0	0	2.4	0	0	9.3
举重	0	0	0	100	0	0	0	0	0	0
骑马	0	0	0	0	90.1	7.8	0	0	0	2.1
跑	0	0	5.1	0	9.9	62.7	6.4	2.1	2.6	11.2
滑板	0	2.4	0	0	0	5.8	91.8	0	0	0
鞍马	0	0	0	0	0	0	0	97.0	3.0	0
单杠	0	0	0	0	0	0	0	4.2	95.8	0
走	0	0	5.9	0	0	20.5	0.7	0	0	72.9

(c) 基于图像势能差分模板的混淆矩阵

图 9.5　本书算法在 UCF Sports 数据库中的动作识别混淆矩阵

9.4.3　UCF101 和 HMDB 评价

　　KTH 数据库和 UCF Sports 数据库相对较小,且动作场景较为简单。随着动作识别技术的发展,选用复杂的动作数据库成为动作识别研究的趋势。UCF101 数据库和 HMDB 数据库是目前容量最大的两个数据库。UCF101 数据库包含 101

类共计 13 320 个动作视频,视频来源于网络和电视节目,其分辨率均为 320 × 240。HMDB 数据库则是目前人体动作识别中复杂性最高的数据库,包含 51 类动作的 6 849 段视频。

在 UCF101 数据库进行动作分类实验时,采用 three train/test split 设置分别选取训练和测试样本;在 HMDB 数据库进行实验时,则按照原作者推荐设置,对于每种动作种类选取 70 段视频作为训练样本,30 段视频作为测试样本。在此基础上,利用本章提出的归一化投影直方图、运动动能速率算子和图像势能差分模板分别进行动作分类实验。此外,采用相同的设置,将 3 种时空算子分别替换为目前效果最好的 HOG、HOF、Harris 3D、Hessian 及其相互融合的算子,分别进行动作分类,其结果见表 9.5。从表中可以看出,归一化投影直方图和运动动能速率算子具有不错的动作时空特征表征效果,且运动动能速率算子对于动作表征能力更强,其融合后的图像势能差分模板对复杂动作的识别也具有更好的效果。HOF 比 HOG 的整体识别效果更好,Harris 比 Hessian 的整体识别率更高,且 HOG/HOF 比 HOG 和 HOF 的识别效果略好。此外,表 9.6 比较了本章算法与目前最先进的算法在 UCF101 数据库和 HMDB 数据库中的识别率,可知基于图像势能差分模板的动作算法具有较大的竞争力。

表 9.5   不同动作时空表征算子在 UCF101 动作数据库和 HMDB 动作数据库中的识别率

时空表征算子	识别率 /%	
	UCF101 数据库	HMDB 数据库
HOG	47.3	28.9
HOF	56.7	38.4
归一化投影直方图	67.8	46.5
运动动能速率算子	70.1	49.2
Harris 3D + HOG	60.4	37.1
Harris 3D + HOF	69.8	43.7
Harris 3D + HOG/HOF	74.2	48.5
Hessian + HOG	57.2	33.9
Hessian + HOF	63.3	40.5
Hessian + HOG/HOF	70.9	46.7
图像势能差分模板	78.67	53.92

表 9.6　不同算法在 UCF101 动作数据库和 HMDB 动作数据库中的识别率

方　　　法	识别率/%	
	UCF101	HMDB
Kuehne 等人	—	23.18
Sadanand 和 Corso	—	26.9
Cao 等人	—	27.84
Ballas 等人	—	51.8
Wang 等人	76.2	57.2
Karpathy 等人	65.4	—
Xin 等人	88.2	61.1
图像势能差分模板	78.67	53.92

9.4.4　参数敏感度评价

可变因子 η 对整个动作表征的效率有重要影响,其默认值设置为 -3;$K-$Means 算法中聚类中心 k 的数值对动作识别率也具有重要影响。本节在其他设置相同的情况下,分别调节 η 和 k,探讨其敏感度,在 KTH 数据库、UCF Sports 数据库、UCF101 数据库和 HMDB 数据库中分别记录其对应的识别率,如图 9.6 和图 9.7 所示。其中,η 的取值范围为 $-10 \sim 10$,可以看出,在 -3 附近的一定范围内,η 对整个动作识别率的影响变化较为剧烈,超出这个范围后,对识别率的影响趋于平稳。k 分别取目前流行的 100、500、1 000、2 000、4 000 和 5 000,通过实验可以看出,由于动作信号的复杂性,较小的取值会导致动作特征聚类重叠,不能实现好的动作表征效果;同时,若 k 取值过大,会导致动作特征聚类后过度分散,进而影响动作的识别率。

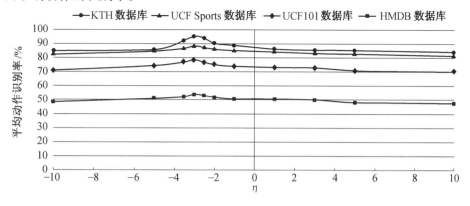

图 9.6　可变因子 η 对动作识别率的敏感度

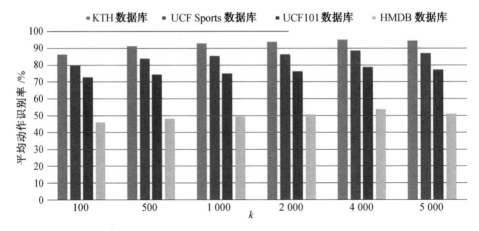

图9.7 聚类算子 k 对动作识别率的敏感度

9.4.5 动作分类器评价

前文实验中默认的动作分类器是支持向量机,本节进一步通过实验探讨 K 近邻、贝叶斯分类器和支持向量机对不同动作时空表征特征的分类性能。在实验过程中,K 近邻和支持向量机分类器选用 VLFeat 数据库中提供的执行策略。贝叶斯分类器则是一个基于 Matlab 的工具箱:Bayes Net Toolbox for Dynamic Bayesian Network,使用动态贝叶斯网络。

在动作分类过程中,动作时空表征特征分别选取 HOG、HOF、Improved Dense Trajectories 和本章提出的图像势能差分模板,并在词袋模型中进行表征。K 近邻(KNN)、动态贝叶斯网络(DBN)和支持向量机(SVM)在 KTH 数据库、UCF Sports 数据库及 HMDB 数据库中的分类结果见表9.7 ~ 9.9。值得注意的是,除了分类器参数,所选用特征以及实验参数配置均相同。

表9.7 不同分类器在 KTH 数据库中的平均识别率

时空特征	平均识别率 /%		
	KNN	DBN	SVM
HOG	85.37	88.12	89.76
HOF	79.96	81.03	82.91
Improved Dense Trajectories	90.37	92.96	95.48
图像势能差分模板	91.25	90.90	95.18

表9.8　不同分类器在 UCF Sports 数据库中的平均识别率

时空特征	平均识别率/%		
	KNN	DBN	SVM
HOG	66.13	66.62	68.77
HOF	63.78	64.78	68.94
Improved Dense Trajectories	81.24	86.25	90.95
图像势能差分模板	80.99	82.33	88.6

表9.9　不同分类器在 HMDB 数据库中的平均识别率

时空特征	平均识别率/%		
	KNN	DBN	SVM
HOG	36.62	35.19	38.47
HOF	35.32	37.97	39.93
Improved Dense Trajectories	49.13	53.18	57.72
图像势能差分模板	50.15	50.27	53.92

从实验结果可以看出,相比于 KNN 和 DBN,SVM 对于各种动作时空特征均具有更好的分类效果,在小规模及大容量数据库中分类结果均最好;同时,SVM 具有更好的鲁棒性,更加适用于人体动作特征的分类。KNN 由于其基于最小距离的分类策略,对于小样本数据(如 KTH 数据库)分类效果相对更好,但对于大样本和高维数据分类效果较差。DBN 由于其动态性能及各种假设条件限定,对于时间上联系更紧密的 HOF 和 Improved Dense Trajectories 特征分类效果相对更理想。

9.5　本章小结

本章提出了利用图像势能差分模板对动作进行全局时空表征。特别地,构建的图像势能差分模板是一个动作特征二层表征结构:第一层,在空间图像中利用像素点的关系基于梯度卷积和指数、对数变换提出图像势能地图,实现特征提取;第二层,利用直方图这一有效工具对图像势能特征的前/后向差分投影进行统计,并实现归一化;同时将图像势能的变化假设为图像动能的变化,从而提出动作速度描述算子;最后将归一化直方图和速度描述算子融合,完成动作的时空表征,并在多个复杂的数据库中进行了实验,验证了算法的有效性。

基于图像势能差分模板的动作识别虽然取得了良好的效果,但其对于数据量非常大或者现实随机动作的高效识别,在实现上仍有一定困难,因此研究适用于更为复杂的动作数据库的动作识别算法是今后工作的方向。

第 10 章

基于三通道卷积神经网络的动作识别

随着计算机计算能力的提升,近年来深度学习框架被大量应用到机器视觉领域。在现有深度学习框架中,卷积神经网络(Convolutional Neural Networks, CNNs)因其基于对每层神经元卷积和池化操作的特点非常适用于图像及视频的特征提取及分类问题,其在动作识别领域中的应用也越来越受到国内外研究人员的重视。

本章在传统二通道卷积神经网络(Two – stream CNNs)的基础上,提出一种包含空间、局部时域和全局时域三个通道的卷积神经网络(Three – stream CNNs)算法,对人体动作进行深度表征和识别,其流程图图 10.1 所示。首先对动作图像序列进行特征图构建,作为深度学习框架即 Three – stream CNNs 框架的输入;Three – stream CNNs 框架包含如图 10.1 所示的 5 个卷积层(Conv1 ~ Conv5),对两个卷积层进行归一化处理(Norm1 和 Norm2),并连接到 3 个池化层(Pooling1、Pooling2 和 Pooling5),同时将最后一个池化层(Pooling5)连接到两个全连接层(Full6 和 Full7);在 3 个通道(空间通道、局部时域通道和全局时域通道)经过深度学习后,得到深度特征,其中空间通道 CNNs 对动作图像进行深度学习,局部时域通道 CNNs 对光流特征进行深度学习,全局时域通道 CNNs 对本章提出的动作差分图像积(Motion Stacked Difference Image,MSDI)进行深度学习。

许多基于 CNNs 的动作识别方法直接利用 Softmax 回归对深度学习的特征进行分类,而 Three – stream CNNs 在每个 CNNs 通道上将 Softmax 分类层忽略,利用一种软局部聚积算子向量(Soft Vector of Locally Aggregated Descriptors,Soft – VLAD)对 CNNs 框架中最后一层的映射特征进行重新表征,并结合支持向量机对各个通道的深度学习特征进行分类,最后实现融合。考虑到现有动作数据库的缺乏,本章还将介绍一种用于动作数据增强的算法。

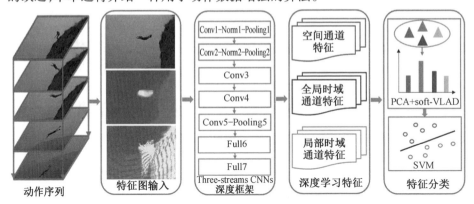

图 10.1　基于三通道卷积神经网络的动作识别流程图

Three – stream CNNs 弥补了传统 CNNs 对于动作全局时域特征信息的缺失,相比于其他基于 CNNs 的方法,其深度学习框架更加全面。同时,由于对深度网络框架中的分类层进行忽略,将经过深度学习的特征利用 Soft – VLAD 进行表征并利用 SVM 对其进行分类,很好地结合了传统识别方法的优点,使其具有更高的识别率。此外,基于现有最大容量数据库(UCF101 和 HMDB)的数据增强方法也是本章的重要贡献。

10.1　传统 Two – stream CNNs 方法及其缺陷

深度学习通常是指具有多个(3 个及以上)连接层且具有非线性激活节点的前馈网络框架。其具有两个明显特点:一是深度学习框架具有处理非线性信息能力的多个层;二是深度学习框架在连续的更高层或更抽象层上具有对于特征表征的监督学习或非监督学习能力。图 10.2 为深度学习框架示意图,其中,输入信号集合 x 经过输入层上神经元的传递,由隐含层的神经元进行信号处理,最后经由输出层输出得到输出信号集合 y,实现深度学习。同时,每个神经元在前向传递信号时其变换均为非线性变换,权重值集合 W 也不尽相同。

卷积神经网络(CNNs)则是受基于猫的视觉系统的 neocognitron 思想启发的一种简化的多层前馈神经网,它认为神经细胞(或神经元)只在特定感受区域对激励进行响应,这样在 CNNs 框架中便可以假设每个层间的连接是局部的,而非全连接;同时,利用卷积和池化操作对信号进行操作也不会导致重要信息的缺失。局部连接、卷积及池化处理可以大大减少传统多层前馈神经网络的复杂度。此外,CNNs 的另一个基本假设是权值共享,即假设在同一层内每个神经元的权值相同,这样便可以进一步减小计算的复杂度。CNNs 的两个基本假设使得视觉信号的深度学习成为可能。

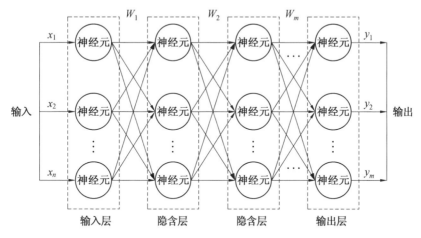

图 10.2　　深度学习框架示意图

CNNs 起初被应用在图像分类领域,在基于 CNNs 框架对动作进行识别时,CNNs 框架一般采用图像分类中的经典框架及其改进框架,如 LeNet – 5、AlexNet 和 VGGNet 等。2012 年,Two – stream CNNs 框架被提出,实现了当时最好的动作识别率。Two – stream CNNs 方法的目的是实现动作的深度特征表征。鉴于动作的三维特性,Two – stream CNNs 首先将动作分解为一个空间的物体量和一个时域中的动作量。基于动作分解假设,CNNs 在设计框架结构时包含两个通道:空间通道和时域通道。空间通道直接将图像作为输入利用 CNNs 进行学习,而时域通道进行 CNNs 学习的输入则是图像之间的光流特征图,通常由 2 个、5 个和 10 个图像间的光流信息直接连接融合而成。Two – stream CNNs 的 2 个通道均由 5 个卷积层(Conv1 – Conv5)、3 个池化层(Pool1、Pool2 和 Pool5)和 2 个全连接层(Full6 和 Full7)组成,各个层间的激励函数选择 ReLU 函数。

Two – stream CNNs 在对空间通道进行训练时,采用 ImageNet ILSVRC – 2012 图像数据库作为预训练(Pre – training)样本,输入的图像被随机裁剪为 224×224 大小,随后,利用动作图像进行微调训练(Fine – tuning),并利用 Mini – batch 随机梯度下降法对模型参数进行估计。类似地,对时域通道 CNNs 进行训练时,将光流特征图作为输入并随机裁剪为 224×224 大小,在同样的架构下利用 Mini – batch 随机梯度下降法对模型进行估计。最后,对输出层的 2 048 维向量分别利用 Softmax 回归进行分类,并将每个图像或光流分类的结果取平均值,得到整个动作的分类。

虽然 Two - stream CNNs 取得了很好的识别率,但其忽略了动作的全局时空联系。Two - stream CNNs 空间将动作视频序列分割为单独的动作图像作为输入,而时域通道则将局部图像间的光流特征图像作为输入,进而通过深度框架学习得到离散的深度特征,之后将每个特征的分类结果进行融合,得到动作视频的识别率,因此误差存在的可能性较大。同时,Two - stream CNNs 方法的训练样本相对较小,影响了动作识别的结果。

10.2　Three - stream CNNs

大多数基于 CNNs 的方法直接将动作视频分割成独立的图像,进而构建图像的空间 CNNs 框架,并通过对动作图像分类结果的融合完成整个视频的分类。然而,动作是一个三维时空量,虽然忽略动作的时域性简单方便,但其在理论及实际应用中都不能实现很好的效果。另一种基于 CNNs 的动作识别策略是利用三维卷积算子对动作视频进行卷积、池化等相关操作,但是在精度上仍然不能达到预期的结果。为了克服传统 Two - stream CNNs 对动作时空联系表征不足的缺陷,本节在其基础上提出一种全局的动作深度特征提取方法 ——Three - stream CNNs,同时为了减少由数据样本较小而产生的过拟合误差,本节提出一种基于人体动作数据库的数据增强算法。

10.2.1　Three - stream CNNs 配置

基于 Two - stream CNNs 的动作分解假设,Three - stream CNNs 将动作进一步分解为空间、局部时域和全局时域 3 个通道。空间通道的输入采用动作静态图像;局部时域通道采用光流特征,在 RGB 3 个颜色空间分别对光流进行计算;全局时域通道输入采用一种基于动作历史图像的动作差分图像集(Motion Stacked Difference Image,MSDI)。Three - stream CNNs 框架图如图 10.3 所示,其中输入层分别为运动图像帧、光流特征图和 MSDI 特征图;输入层的信号首先连接一个卷积层,卷积核大小设为 7×7,步长设为 2,在 96 个通道上进行卷积;第一个卷积层连接一个池化层,池化核窗口大小设为 3×3,步长设置为 2;然后重复 4 个卷积和 2 个池化过程,其对应的参数均由图 10.3 给出;最后,将最后一个池化层连接到两个神经元个数为 4 096 和 2 048 的全连接层。

给定一个视频序列 V,首先对图像帧进行全采样,并调整为 224×224 大小作为空间通道 CNNs 的输入,然后将调整后的图像矩阵信号传递到卷积层。在对图像进行卷积处理时,若一幅图像的特征(亮度或光流等)表示为 $f(x,y)$,当核算子为 $h(k,l)$ 时,卷积结果为

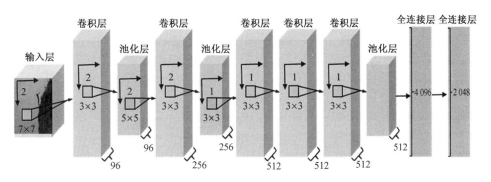

图 10.3　Three – stream CNNs 框架图

$$g(x,y) = \sum_{k,l} f(x-k, y-l)h(k,l) \tag{10.1}$$

在 Three – stream CNNs 中,由于卷积核算子分别选 7×7、5×5 和 3×3,第一和第二卷积层步长设置为 2,其余卷积层步长设置为 1,在对不同图像特征矩阵进行卷积时,其步长和卷积核的大小对卷积结果有直接影响:当以步长为 1 进行卷积时,卷积核选为 3×3 的矩阵,假定图像为图 10.4 中左侧所示的二维矩阵,核卷积为右侧所示二维矩阵,则卷积层操作过程及结果如图 10.4 中所示。从图 10.4 可知,图像卷积运算过程为卷积核分别与图像对应模块进行乘积并累加的过程,得到卷积算子的结果由图像自身成像质量、步长大小和卷积核算子的大小共同决定,执行效率较高。在池化层进行操作时,池化算子均定义为 3×3 大小,前两

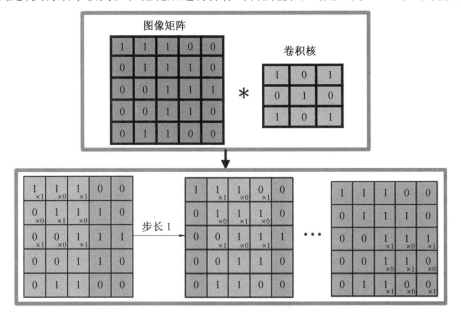

图 10.4　卷积层操作过程及结果

个池化层步长设置为 2,其余设置为 1。Three − stream CNNs 池化操作时选用最大池化操作,即在池化算子大小范围内选择最大值,如图 10.5 所示。由图可以看出,池化算子的尺寸直接决定了池化过程的结果,其选择对于整个深度学习过程具有重要作用。此外,均值池化也是深度学习框架中被普遍采用的技术。

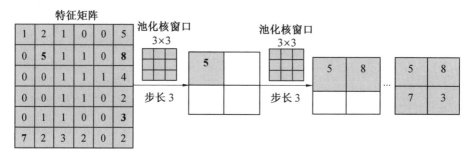

图 10.5　池化层操作示意图

在局部时域通道,采用光流特征图作为输入,按照图 10.3 所示深度学习框架对其进行深度学习。在构建光流特征图时,对于给定图像序列中相邻的帧 I_1 和 $I_2(I_1, I_2 : (\Omega \subset \mathbb{R}^2))$,保留图像在 RGB 空间的所有成像值,即 d 取 3;同时,用 $\boldsymbol{x} = (x, y)$ 表示图像空间 Ω 中某一个像素点的成像值,$\boldsymbol{w} = (u, v)$ 表示其光流,即 Ω 到实数空间 $\mathbb{R}^2$ 的映射。通过在颜色、梯度和速度空间进行约束,可构建以下约束方程:

$$E(\boldsymbol{w}) = E_{\text{color}} + \gamma E_{\text{gradient}} + \alpha E_{\text{smooth}} \tag{10.2}$$

分别令

$$E_{\text{color}}(\boldsymbol{w}) = \int_{\Omega} \Psi(\,|\,I_2[\,\boldsymbol{x} + w(\boldsymbol{x})\,] - I_1(\boldsymbol{x})\,|\,)\,\mathrm{d}\boldsymbol{x} \tag{10.3}$$

$$E_{\text{gradient}}(\boldsymbol{w}) = \int_{\Omega} \Psi(\,|\,\nabla I_2[\,\boldsymbol{x} + w(\boldsymbol{x})\,] - \nabla I_1(\boldsymbol{x})\,|\,)\,\mathrm{d}\boldsymbol{x} \tag{10.4}$$

$$E_{\text{smooth}}(\boldsymbol{w}) = \int_{\Omega} \Psi(\,|\,\nabla u(\boldsymbol{x})\,|^2 + |\,\nabla v(\boldsymbol{x})\,|^2)\,\mathrm{d}\boldsymbol{x} \tag{10.5}$$

其中,$\Psi(s^2) = \sqrt{s^2 + 10^{-6}}$;$\nabla$ 表示梯度方向。同时,增加图像间匹配约束和 HOG 特征约束:

$$E_{\text{match}}(\boldsymbol{w}) = \int \delta(\boldsymbol{x})\rho(\boldsymbol{x})\Psi[\,|\,w(\boldsymbol{x}) - w_1(\boldsymbol{x})\,|^2]\,\mathrm{d}\boldsymbol{x} \tag{10.6}$$

$$E_{\text{HOG}}(w_1) = \int \delta(\boldsymbol{x})\,|\,HOG_2[\,\boldsymbol{x} + w_1(\boldsymbol{x})\,] - HOG_1(\boldsymbol{x})\,|^2\mathrm{d}\boldsymbol{x} \tag{10.7}$$

其中定义 $\delta(\boldsymbol{x})$ 为判别函数,若在像素点处存在匹配特征,则其值为 1;若不存在,则为 0。定义 $\rho(\boldsymbol{x})$ 为匹配距离算子,若在像素点处两幅图像最佳匹配距离为 d_1,第二最佳匹配距离为 d_2,则

$$\rho(x) = \frac{d_2 - d_1}{d_1} \tag{10.8}$$

HOG($\cdot$) 表示 HOG 特征函数,本章将其模板大小设置为 7×7,在 15 个方向上对其梯度进行统计;匹配算法采用经典的 SIFT 算法,参数选择默认值。最后,利用梯度下降法对式(10.2)、式(10.6)和式(10.7)确定的方程组进行求解,然后按照图 10.4 和图 10.5 所示的步骤进行卷积和池化处理,并最终输出结果。

在对全局时域通道的输入特征(MSDI)进行计算时,用 $I(x,y,t)$ 来表示在时间 t 图像中 (x,y) 像素点的亮度值,首先在图像间做差分并取其绝对值 $D(x,y,t)$:

$$D(x,y,t) = \left| I(x,y,t) - I(x,y,t-1) \right| \tag{10.9}$$

然后将全局特征 $E_\tau(x,y,t)$ 表征为

$$E_\tau(x,y,t) = \bigcup_{i=0}^{\tau-1} D(x,y,t-i) \tag{10.10}$$

最后将 $E_\tau(x,y,t)$ 随机裁剪为 224×224 大小作为输入传递到图 10.3 所示的 Three – stream CNNs 框架中,按照图 10.4 和图 10.5 所示的步骤进行卷积与池化处理,并最终输出结果。为了使深度学习框架具有处理非线性问题的能力,往往通过对每个神经元输出取一个非线性的激活函数,如早期流行的 sigmoid 函数和 tanh 函数。在 Three – stream CNNs 框架中,考虑到 sigmoid 函数求导计算量大且在饱和区内导数消失的劣势,本节采用 ReLU 函数作为激励函数: $f(x) = \max(0, x)$。

10.2.2　Three – stream CNNs 框架训练

在定义完 Three – stream CNNs 的结构框架后,首先将权重 W 和参数 b 随机初始化为符合正态分布的值:$\mathrm{Normal}(0, 0.01^2)$。然后用后向传播算法对框架中各个参数进行估计,即通过从后向前对代价函数(一般为差方和函数与权重衰减项的拉格朗日乘子)相对于每个神经元权重 W 的偏导数进行计算;最后利用预设的权重减去一个学习速率算子与偏导数的乘积,实现每个权重的更新。在估计时,训练集的输入集合 x 经过参数集合 $\boldsymbol{\theta}$ 决定的模型学习后,可得到输出集合 $h_\theta(x) = \boldsymbol{w}x + b$,根据最小二乘法,将输出集合与真实值集合 $\boldsymbol{y}$ 间的差方和作为代价函数:

$$J(\boldsymbol{\theta}) = \frac{1}{2} \sum_{i=1}^{m} \left[h_\theta(\boldsymbol{x}^{(i)}) - \boldsymbol{y}^{(i)} \right]^2 \tag{10.11}$$

式中　$\boldsymbol{x}^{(i)}$——输入集合 x 中第 i 个向量;

$\boldsymbol{y}^{(i)}$——输出集合 y 中第 i 个向量;

m——集合向量的维数。

然后利用初始 $\boldsymbol{\theta}$ 值对其进行迭代更新:

$$\boldsymbol{\theta}_j := \boldsymbol{\theta}_j - \alpha \frac{\partial}{\partial \boldsymbol{\theta}_j} J(\boldsymbol{\theta}) \tag{10.12}$$

式中 j—— 迭代次数；

  α—— 学习效率。

将式(10.12)偏导数展开计算：

$$
\begin{aligned}
\frac{\partial}{\partial \boldsymbol{\theta}_j} J(\boldsymbol{\theta}) &= \frac{\partial}{\partial \boldsymbol{\theta}_j} \frac{1}{2} \left[h_\theta(\boldsymbol{x}) - \boldsymbol{y} \right]^2 \\
&= 2 \cdot \frac{1}{2} \left[h_\theta(\boldsymbol{x}) - \boldsymbol{y} \right] \cdot \frac{\partial}{\partial \boldsymbol{\theta}_j} \left[h_\theta(\boldsymbol{x}) - \boldsymbol{y} \right] \\
&= \left[h_\theta(\boldsymbol{x}) - \boldsymbol{y} \right] \cdot \frac{\partial}{\partial \boldsymbol{\theta}_j} \left(\sum_{i=0}^{n} \boldsymbol{\theta}_i \boldsymbol{x}_i - \boldsymbol{y} \right) \\
&= \left[h_\theta(\boldsymbol{x}) - \boldsymbol{y} \right] \boldsymbol{x}_j
\end{aligned} \tag{10.13}
$$

至此，对于一个训练样本集合，第 j 次参数更新的结果为

$$\boldsymbol{\theta}_j := \boldsymbol{\theta}_j - \alpha \sum_{i=1}^{m} \left[\boldsymbol{y}^{(i)} - h_\theta(\boldsymbol{x}^{(i)}) \right] \boldsymbol{x}_j^{(i)} \tag{10.14}$$

由于式(10.14)对每个训练样本的每次迭代都进行更新计算，通常称为批量梯度下降法。但在 CNNs 框架中，样本数量和参数规模都十分大，因此计算往往不能实现，所以在训练过程中，在所有样本中选择部分样本，即 Mini – batch，从而提高 Three – stream CNNs 参数估计的效率；同时较小的 Mini – batch 可以避免模型训练时陷入局部最优解，可找到全局最优解。

然而，由于 Three – stream CNNs 模型的复杂性，需要进行估计的参数较多，效率较低，带 Mini – batch 的批量梯度下降法仍然不能满足 Three – stream CNNs 训练时效率的要求，为此，本节进一步使用带 Mini – batch 的随机梯度下降法，即首先选择 n 个训练样本，其中 $n < m$；然后在这 n 个样本中进行 n 次迭代，每次仅使用其中一个样本；之后，将参数更新为对 n 次迭代所求得参数的加权均值；经过迭代以上步骤，便可以实现模型参数的最终估计。考虑到权重 W 幅值误差所带来的过拟合问题，本节将式(10.11)所定义的 Three – stream CNNs 模型代价函数修订为

$$
\begin{aligned}
J(\boldsymbol{W}, \boldsymbol{b}) &= \left[\frac{1}{m} \sum_{i=1}^{m} J(\boldsymbol{W}, \boldsymbol{b}; (\boldsymbol{x}^{(i)}, \boldsymbol{y}^{(i)})) \right] + \frac{\lambda}{2} \sum_{l=1}^{n_l-1} \sum_{i=1}^{s_l} \sum_{j=1}^{s_{l+1}} \left[\boldsymbol{W}_{ji}^{(l)} \right]^2 \\
&= \left[\frac{1}{m} \sum_{i=1}^{m} \frac{1}{2} \sum_{i=1}^{m} \left[h_{W,b}(\boldsymbol{x}^{(i)}) - \boldsymbol{y}^{(i)} \right]^2 \right] + \frac{\lambda}{2} \sum_{l=1}^{n_l-1} \sum_{i=1}^{s_l} \sum_{j=1}^{s_{l+1}} (\boldsymbol{W}_{ji}^{(l)})^2
\end{aligned}
$$

$$\tag{10.15}$$

对应地，一次迭代后，参数 W 和 b 更新为

$$\boldsymbol{W}_{ij}^{(l)} = \boldsymbol{W}_{ij}^{(l)} - \alpha \frac{\partial}{\partial \boldsymbol{W}_{ij}^{(l)}} J(\boldsymbol{W}, \boldsymbol{b}) \tag{10.16}$$

$$b_i^{(l)} = b_i^{(l)} - \alpha \frac{\partial}{b_i^{(l)}} J(W,b) \tag{10.17}$$

其中,代价函数 J 关于 W 和 b 的偏导数分别为

$$\alpha \frac{\partial}{W_{ij}^{(l)}} J(W,b) = \left[\frac{1}{m} \sum_{i=1}^{m} \alpha \frac{\partial}{W_{ij}^{(l)}} J[W,b;(x^{(i)},y^{(i)})] \right] + \lambda W_{ij}^{(l)} \tag{10.18}$$

$$\alpha \frac{\partial}{b_i^{(l)}} J(W,b) = \frac{1}{m} \sum_{i=1}^{m} \alpha \frac{\partial}{b_i^{(l)}} J[W,b;(x^{(i)},y^{(i)})] \tag{10.19}$$

一个稳定的深度学习框架需要超大规模的样本对其进行训练;反之,深度学习策略的优势也在于其对于超大规模样本的良好处理能力。完成模型参数估计后,对于测试动作样本,通过 Three – stream CNNs 框架学习,可得空间通道输出特征算子为

$$C_1(V) = \{C_1^s, C_1^s, \cdots, C_n^s\} \tag{10.20}$$

同理,对于局部时域通道,根据默认设置将图像序列个数 n 设置为 10,并计算相应的光流后融合输入层,通过训练完成模型参数估计。对于测试样本,经过 Three – stream CNNs 框架学习后可获得局部通道输出特征算子为

$$C_2(V) = \{C_1^t, C_1^t, \cdots, C_{10}^t\} \tag{10.21}$$

在全局时域通道,经过深度学习后得到的全局时域通道算子为 $C_3(V) = \{C^g\}$。最后,对于视频序列 V,将其 3 个通道的特征算子进行融合,可得到动作 Three – stream CNNs 深度特征算子 $C(V)$:

$$C(V) = \{C_1(V), C_2(V), C_3(V)\} \tag{10.22}$$

10.2.3 Three – stream CNNs 数据增强

在深度学习训练过程中,由于数据的缺乏以及参数的复杂性,过拟合问题对于训练效果有较大的影响。在人体动作识别过程中,降低过拟合影响的一个有效方法是对动作数据集进行增强。一个常用的方法是首先对图像进行随机采样,然后利用成分分析对样本进行处理,之后加入高斯噪声来扩大数据库样本数量实现增强。此方法忽略了动作的时域特性,且有一定的随机误差和计算冗余度。

对于一个 l 帧的动作视频 $V(x,y,l)$,考虑到高斯噪声的随机性,直接从第一帧开始利用固定步长进行取样,并取到动作序列的结尾,组成一系列新的视频序列。结束后,将初始取样帧设置为第二帧,并重复固定步长的取样,如此反复迭代。为了降低数据增强的重复性,将迭代次数定义为每次增强时的步长 s 大小,同时,去除每次采样中的最后几帧,使得增强序列的长度一致,其数据增强采样示意图如图 10.6 所示。在每次迭代后,可以得到一个包含 (l/s) 个帧的图像序列。为了将每个图像序列进行对齐,且保证 (l/s) 的值为整数,将动作视频中的

最后一个或几个帧去除,至此,经过迭代采样后动作图像序列的长度为 $\mathrm{INT}(l/s)$,同时,对于一个利用步长为 s 进行采样的视频,可得到如下增强的数据:

$$
\left\{
\begin{aligned}
&\{\overline{V}(x,y,1),\overline{V}(x,y,1+s),\cdots,\overline{V}(x,y,1+(\mathrm{INT}(l/s)-1)s)\}\\
&\{\overline{V}(x,y,2),\overline{V}(x,y,2+s),\cdots,\overline{V}(x,y,2+(\mathrm{INT}(l/s)-1)s)\}\\
&\vdots\\
&\{\overline{V}(x,y,s),\overline{V}(x,y,s+s),\cdots,\overline{V}(x,y,s+(\mathrm{INT}(l/s)-1)s)\}
\end{aligned}
\right.
\quad (10.23)
$$

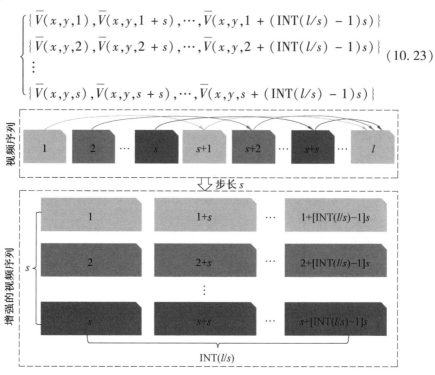

图 10.6　数据增强采样示意图

考虑到不同视频的时长特点,对于时长较短的视频(小于 1 s),步长设置为 2;对于中等时长的视频([1 s,5 s]),步长设置为 2 和 3;对于时长较大的视频(大于 5 s),将步长设置为 2、3 和 5。相对应,短、中、长的视频数据可分别增强为 2 倍、5 倍和 10 倍。在对最后的连接层进行分类时,通常采用 Softmax Regression 方法,即利用 sigmoid 函数对输入变量进行映射来构建代价函数,并利用梯度下降法对其进行最小化问题求解,得到相应的概率分布。

10.3　基于 Soft – VLAD 的动作分类

通过 Three – stream CNNs 框架得到动作深度特征后,传统基于 CNNs 的动作识别方法往往将其输出到一个分类层,即直接利用 Softmax 回归对各个特征进行分类,最后计算均值得到动作的类型。本章将分类层忽略,并将动作深度特征看作提取的特征,进一步利用一种基于 VLAD 的 Soft – VLAD 算法对其进行表征,并通过 SVM 实现最后的动作分类。

VLAD 是一种根据特征向量间及其最近的聚类中心间的距离硬性地对数据实现编码的算法,而软性编码由于考虑了特征向量与多个潜在解码点的关系而更加适合于动作特征的表征。此外,VLAD 中的聚类算法 K – Means 也是一种硬性分配策略,它只对最近的中心进行估计,忽略了原始数据相对于其他中心点的相对位置,容易受随机误差的影响。

为此,本节对 VLAD 进行改进,将全连接层输出量看作动作深度表征特征,进一步提出一种 soft – VLAD 对其进行表征。首先,将动作深度特征算子利用 PCA –Whitening 技术进行降噪处理。

利用 $\{d_1,\cdots,d_m : m \geqslant 2\}$ 表示降噪后的数据集,然后选取高斯混合模型 (Gaussian Mixture Model,GMM) 对数据集进行概率分布估计,即选取 K 个高斯函数 $g(\boldsymbol{x})$ 作为数据分布的概率密度函数:

$$P(\boldsymbol{x}) = \sum_{i=1}^{K} w_i g(\boldsymbol{x} \mid i) \tag{10.24}$$

其中,w_i 表示 $\boldsymbol{x}$ 服从第 k 个高斯分布的概率,同时

$$g(\boldsymbol{x}) = \frac{1}{\sqrt{2\pi\boldsymbol{\Sigma}}} \exp\left[-\frac{1}{2} (\boldsymbol{x} - \boldsymbol{\mu})^{\mathrm{T}} \boldsymbol{\Sigma}^{-1} (\boldsymbol{x} - \boldsymbol{\mu}) \right] \tag{10.25}$$

此外,GMM 规定样本集 $\{\boldsymbol{x}^{(1)},\boldsymbol{x}^{(2)}\cdots,\boldsymbol{x}^{(m)}\}$ 及其标签满足

$$p[\boldsymbol{x}^{(i)}, z^{(i)}] = p[\boldsymbol{x}^{(i)} \mid z^{(i)}] p[z^{(i)}] \tag{10.26}$$

且标签集满足多项分布:

$$z^{(i)} \sim \Phi_j = p[z^{(i)} = j] : \Phi_j \geqslant 0, \sum_{j=1}^{k} \Phi_j = 1 \tag{10.27}$$

为了求解 GMM 的参数,定义以下目标函数:

$$f(\boldsymbol{x}_i) = \sum_{i=1}^{m} \log\left\{ \sum_{k=1}^{K} P(\boldsymbol{x}_k) \right\} \tag{10.28}$$

由于隐变量 $z^{(i)}$ 的存在,应用梯度下降法无法直接求取式(10.28),应用最大期望(Expection Maximization,EM)算法进行求解,首先将期望 $\boldsymbol{\mu}$ 和方差 $\boldsymbol{\Sigma}$ 进行随机初始化,然后定义 E – 过程为

$$w^{(i)} = Q_i[z^{(i)} = j] = P[z^{(i)} = j \mid x^{(i)}; \Phi, \boldsymbol{\mu}, \boldsymbol{\Sigma}] \tag{10.29}$$

同时,将 M – 过程代价函数定义为

$$\sum_{i=1}^{m} \sum_{z^{(i)}} Q_i[z^{(i)}] \log \frac{P[\boldsymbol{x}^{(i)}, z^{(i)}; \Phi, \boldsymbol{\mu}, \boldsymbol{\Sigma}]}{Q_i[z^{(i)}]}$$

$$= \sum_{i=1}^{m} \sum_{j=1}^{k} Q_i[z^{(i)}] \log \frac{p[x^{(i)} \mid z^{(i)} = j; \boldsymbol{\mu}, \boldsymbol{\Sigma}] p[z^{(i)} = j; \boldsymbol{\Phi}]}{Q_i[z^{(i)}]}$$

$$= \sum_{i=1}^{m} \sum_{j=1}^{k} w_j^{(i)} \log \frac{\dfrac{1}{(2\pi)^{\frac{n}{2}} \mid \boldsymbol{\Sigma}_j \mid^{\frac{1}{2}}} \exp\left[-\dfrac{1}{2} (x^{(i)} - \boldsymbol{\mu}_j)^{\mathrm{T}} \boldsymbol{\Sigma}_j^{-1} (x^{(i)} - \boldsymbol{\mu}_j) \right] \cdot \boldsymbol{\Phi}_j}{w_j^{(i)}}$$

$$(10.30)$$

对期望 $\boldsymbol{\mu}$ 的每个分量 μ_l 求偏导数并简化可得

$$\mu_l := \frac{\sum_{i=1}^{m} w_l^{(i)} x^{(i)}}{\sum_{i=1}^{m} w_l^{(i)}} \qquad (10.31)$$

对方差 $\boldsymbol{\Sigma}$ 的每个分量 $\boldsymbol{\Sigma}_j$ 求偏导数并简化可得

$$\Sigma_j := \frac{\sum_{i=1}^{m} w_j^{(i)} [x^{(i)} - \boldsymbol{\mu}_j] [x^{(i)} - \boldsymbol{\mu}_j]^{\mathrm{T}}}{\sum_{i=1}^{m} w_j^{(i)}} \qquad (10.32)$$

对于参数 $\boldsymbol{\Phi}_j$ 进一步构造以下目标函数：

$$\max \sum_{i=1}^{m} \sum_{j=1}^{k} w_j^{(i)} \log \boldsymbol{\Phi}_j \qquad (10.33)$$

由于 $\sum_{j=1}^{k} \boldsymbol{\Phi}_j = 1$，可将其作为约束条件构造拉格朗日目标函数：

$$L(\boldsymbol{\Phi}) = \sum_{i=1}^{m} \sum_{j=1}^{k} w_j^{(i)} \log \boldsymbol{\Phi}_j + \beta \left(\sum_{j=1}^{k} \boldsymbol{\Phi}_j - 1 \right) \qquad (10.34)$$

通过对式(10.34)求偏导数，可以求得

$$\boldsymbol{\Phi}_j := \frac{\sum_{i=1}^{m} w_l^{(i)}}{m} \qquad (10.35)$$

得出 GMM 最优模型参数后，可得到 K 个高斯分布的中心 $\{c_1, c_2, \cdots, c_K\}$。然后，对数据集 $\{d_1, \cdots, d_m : m \geqslant 2\}$ 中任意数据 d_i，定义其 Soft - VLAD 的编码值为 d_i 与各个分布中心间的距离与相应概率的乘积，即

$$e_i = \sum_{j=1}^{K} w_{ij}(d_i - c_j) \qquad (10.36)$$

经过 soft - VLAD 对 3 个通道的深度表征算子进一步的表征后，通过利用 LibSVM 数据库中的 SVM 接口函数对其进行分类，实现动作的识别。

10.4　实验结果及分析

对于基于深度学习的动作识别,选用目前容量最大的 UCF101 数据库、HMDB 数据库和 Hollywood2 数据库来对识别率进行判定。UCF101 数据库包含 101 种动作的 13 320 段视频,动作的场景复杂;Hollywood2 数据库包含 12 类视频,视频数量为 1 707。在选择动作训练样本时,为了与其他方法进行对比,采用默认设置。在进行 CNNs 学习时,采用 Caffe 工具箱,运行平台为 4 个 NVIDIA 的 GPU,soft － VLAD 和 SVM 的执行环境采用 VLFeat 工具箱。

在对 Three － stream CNNs 进行训练时,梯度下降法中的 Mini － batch 大小设置为 256,dropout 率设置为 0.9。空间通道 CNNs 在进行预训练时,初始学习率选为常用的 10^{-2},经过 5 万次迭代后变更为 10^{-3},7 万次迭代后变更为 10^{-4},9 万次迭代后停止;时域通道 CNNs 在进行微调训练时,初始学习率也设置为 10^{-2},经过 1.5 万次迭代后变更为 10^{-3},迭代 3 万次后停止。Three － stream CNNs 整个训练过程执行时间约为 25 h。此外,局部时域通道 CNNs 中的输入序列个数选为 10,在对 CNNs 学习的各个表征算子进行 PCA 时,数据贡献率的阈值设为 95%,利用 GMM 进行聚类时,初始聚类中心个数选为 512。

为了对 Three － stream CNNs 的综合性能进行评价,首选对其每个通道的动作识别率进行实验。同时,采用典型 CNNs 框架中 Softmax 回归算法作为分类层,基于 UCF101 数据库和 HMDB 数据库进行动作分类,其结果见表 10.1。在 Two － stream CNNs 方法中,空间通道在 UCF101 数据库中的平均识别率为 72.8%,在 HMDB 数据库中的平均识别率未给出;局部时域通道在 UCF101 数据库中的平均识别率为 81.2%,在 HMDB 数据库中的平均识别率为 55.4%。对空间通道和局部时域通道进行融合后,Two － stream CNNs 在 UCF101 数据库中的平均识别率提升到了 88.0%,而在 HMDB 数据库中的平均识别率提升到了 59.4%。Three － stream CNNs 采用了与 Two － stream CNNs 相同的空间通道和局部时域通道设置,两个通道在 UCF101 数据库中的平均识别率与原实验结果相当(分别为 72.4% 和 81.6%),在 HMDB 数据库中的平均识别率也与原实验结果基本相同(为 56.0%)。而全局时域通道在 UCF101 数据库中和 HMDB 数据库的平均识别率分别是 78.8%、52.9%。在 Hollywood2 数据库中,Two － stream CNNs 方法并没有给出实验验证,本实验利用 Three － stream CNNs 算法,在 3 个通道利用 Softmax 回归分类的平均结果分别是 50.9%、62.6% 和 63.3%,而融合后其平均识别率为

70.6% 。由此可知,空间通道、局部时域通道和全局时域通道的深度特征学习能力逐渐增强,且彼此间互补。

表 10.1 各个通道 CNNs 的平均识别率

方法	平均识别率 /%		
	UCF101 数据库	HMDB 数据库	Hollywood2 数据库
默认空间通道特征 + Softmax 分类	72.8	—	—
默认局部时域通道特征 + Softmax 分类	81.2	55.4	—
Two – stream CNNs 特征 + 融合分类	88.0	59.4	—
空间通道特征 + Softmax 分类	72.4	—	50.9
局部时域通道特征 + Softmax 分类	81.6	56.0	62.6
全局时域通道特征 + Softmax 分类	78.8	52.9	63.3
Two – stream CNNs 特征 + 融合分类	89.7	61.3	70.6

同时,为了对 Soft – VLAD 算法的有效性进行探究,基于 Three – stream CNNs 深度特征,实验在采用 Softmax 分类层作为动作分类器的基础上,进一步利用 BoW、FV、VLAD 和 Soft – VLAD 分别对 3 个通道的特征算子进行表征,然后结合 SVM 进行最后的动作分类,不同表征分类机制在 UCF101 数据库、HMDB 数据库 和 Hollywood2 数据库中的动作识别率见表 10.2。

表 10.2 不同分类机制基于 Three – stream CNNs 动作特征的平均识别率

分类机制	平均识别率 /%		
	UCF101 数据库	HMDB 数据库	Hollywood2 数据库
Softmax	89.7	61.3	70.6
BoW + SVM	88.4	62.2	70.1
FV + SVM	91.7	65.0	73.3
VLAD + SVM	90.9	66.6	72.9
Soft – VLAD + SVM	92.2	67.2	73.4

由表 10.2 可知,Softmax 分类机制的整体分类效果最不理想,HMDB 动作数据库的平均识别率普遍低于其他分类机制;而将深度学习特征进行进一步表征后,平均识别率会有明显提高,由此证明了动作时域特征的重要性和动作的可分解行。此外可知,BoW 模型具有较好的时空表征能力,但其精度逊于 FV 和 VLAD;FV 和 VLAD 在不同数据库中对于动作表征各有优势,本章提出的 Soft –

VLAD 算法相比于其他表征模板具有更好的精度和鲁棒性。

　　为了对本章所提数据增强算法的效果进行验证,基于 Two – stream CNNs 和 Three – stream CNNs 动作特征,并结合 Soft – VLAD 表征和 SVM 分类机制,在 UCF101 数据库、HMDB 数据库和 Hollywood2 数据库中展开了动作识别实验,分别采用原作者推荐设置的无数据增强数据库,然后在保持实验设置的基础上,将各个数据库利用本章数据增强算法进行增强,并进行分类实验,其结果见表 10.3。 从结果可以看出,本章提出的数据增强对于 Three – stream CNNs 各个通道的深度特征表征具有重要作用,对 Hollywood2 数据库的增强效果较为明显,且对 Two – stream CNNs 的识别率具有更显著的影响。

表 10.3　CNNs 动作特征在无增强及增强的数据中的平均识别率

动作数据库特征	平均识别率 /%		
	UCF101 数据库	HMDB 数据库	Hollywood2 数据库
Two – stream CNNs + 无数据增强	88.0	59.4	62.1
Two – stream CNNs + 数据增强	89.3	61.9	65.5
Three – stream CNNs + 无数据增强	92.1	67.2	73.4
Three – stream CNNs + 数据增强	93.4	68.3	74.6

　　根据经验,本实验将 dropout 率默认值设为 0.9,其一般的取值范围是 [0.3, 0.9];局部通道输入序列个数选择 5,其推荐参数为 5 或 10;而 GMM 的聚类中心数一般选 2^6 ~ 2^{11},本实验选择 2^6。 基于 Three – stream CNNs 特征,结合 Soft – VLAD 表征算法和 SVM 分类器,通过对 UCF101 数据库、HMDB 数据库和 Hollywood2 数据库进行数据增强,进行动作识别实验,3 个参数对应的平均识别率如图 10.7 ~ 10.9 所示。

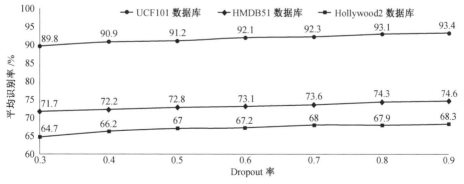

图 10.7　Dropout 率对平均识别率的影响

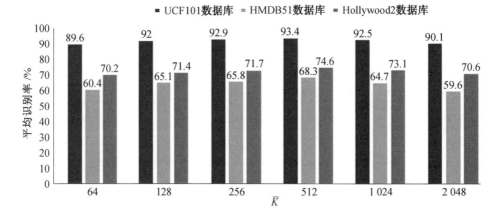

图 10.8　GMM 聚类中心数对动作识别率的影响

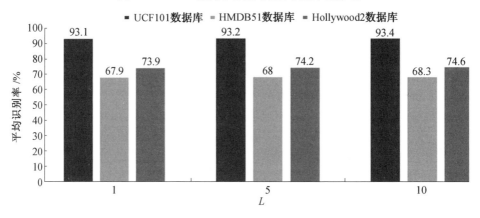

图 10.9　局部时域通道输入序列长度对动作识别率的影响

　　从结果可以看出,dropout 率对于 UCF101 数据库的敏感度最高,且其值设置较小时对动作识别率有较大影响;过大或过小聚类中心数的选取都会对识别率有一定程度的影响,特别是对 HMDB 数据库;局部时域通道输入序列长度在效率允许的情况下应尽量取较大的值,同时,也验证了默认参数为 Three - stream CNNs 框架的最优设置。

　　最后,表 10.4 综合比较了本章算法与其他基于手工特征提取及深度学习特征的动作识别算法在 UCF101 数据库、HMDB 数据库和 Hollywood2 数据库中的平均识别率。通过比较可以看出,由于种种限制,目前基于 CNNs 的动作识别算法虽然在一定程度上取得了成功,但其仍然没有完全超越基于手工特征的动作识别方法。同时,可以看到相比于目前较为先进的动作识别方法,本章提出的 Three - stream CNNs 算法具有较强的竞争力,在 UCF101 数据库和 HMDB 数据库中的识别率超过了其他方法。

表 10.4　不同方法的平均识别率

方法		平均识别率/%		
		UCF101 数据库	HMDB 数据库	Hollywood2 数据库
基于 CNNs	Karpathy 等人	65.4	—	
	Sun 等人	88.1	59.1	—
	Simonyan 和 Zisserman	88.0	59.4	—
	Wang 等人	89.1	59.7	—
	Xin 等人	85.3	61.1	63.1
	Wang 和 Tang	91.5	65.9	—
基于手工特征	Liu 等人	76.3	—	78.5
	Yuan 和 Lu	79.7	28.2	—
	Wu 和 Lin	78.4	48.3	—
	Wang 等人	—	57.2	64.3
	Yang 等人	—	60.8	—
Three – stream CNNs		93.4	68.3	74.6

10.5　本章小结

　　本章基于深度学习技术对动作识别问题进行了研究,提出了一种基于卷积神经网络的 Three – stream CNNs 深度学习框架,并将其学习的动作特征通过一种基于数据解码的 Soft – VLAD 表征算法,对现有动作数据库的数据增强,利用支持向量机实现了高精度的动作分类。

　　Three – stream CNNs 包含 3 个通道:空间、局部时域和全局时域通道,能够对人体三维动作信息进行很好的深度特征提取;Soft – VLAD 利用 GMM 模型将符合硬分配原则的 VLAD 算法改进为软分配机制,提高了动作表征的精度。实验验证了本章方法的有效性。

参考文献

[1] KREIMAN G, KOCH C, FRIED I. Imagery neurons in the human brain[J]. Nature, 2000, 408(6810):357-361.

[2] RUSSELL S, HAUERT S, ALTMAN R, et al. Robotics: ethics of artificial intelligence[J]. Nature, 2015, 521(7553):415-418.

[3] BEYERER J, LEÓN F P, FRESE C. Machine vision: automated visual inspection: theory, practice and applications[J]. Consciousness & Cognition, 2015, 2(2):89-108.

[4] SENECHAL T, BAILLY K, PREVOST L. Impact of action unit detection in automatic emotion recognition[J]. Pattern Analysis & Applications, 2014, 17(1):51-67.

[5] PATIL R A, SAHULA V, MANDALA S. Features classification using geometrical deformation feature vector of support vector machine and active appearance algorithm for automatic facial expression recognition[J]. Machine Vision & Applications, 2014, 25(3):747-761.

[6] RAPP V, BAILLY K, SENECHAL T, et al. Multi-Kernel appearance model[J]. Image & Vision Computing, 2013, 31(8):542-554.

[7] ZHANG X, CHEN X, LI Y, et al. A framework for hand gesture recognition based on accelerometer and emg sensors[J]. IEEE Transactions on Systems Man & Cybernetics Part A Systems & Humans, 2011, 41(6):1064-1076.

[8] POPPE R. A survey on vision-based human action recognition. [J]. Image &

Vision Computing, 2010, 28(6):976-990.

[9] SCH C, LAPTEV I, CAPUTO B. Recognizing human actions: a local SVM approach [C]. Cambridge: IEEE International Conference on Pattern Recognition, 2004.

[10] DERPANIS K G, SIZINTSEV M, CANNONS K J, et al. Action spotting and recognition based on a spatio-temporal orientation analysis [J]. IEEE Transactions on Pattern Analysis & Machine Intelligence, 2013, 35 (3): 527-40.

[11] LIU A A, SU Y T, NIE W Z, et al. Hierarchical clustering multi-task learning for joint human action grouping and recognition [J]. IEEE Transactions on Pattern Analysis & Machine Intelligence, 2016, 39(1):102-114.

[12] DU T, BOURDEV L, FERGUSR, et al. Learning spatiotemporal features with 3D convolutional networks [C]. Santiago IEEE International Conference on Computer Vision, 2015.

[13] WANG L, QIAO Y, TANGX. Action recognition with trajectory-pooled deep-convolutional descriptors [C]. Boston: IEEE Conference on Computer Vision and Pattern Recognition, 2015.

[14] KONG Y, FU Y. Max-margin action prediction machine [J]. IEEE Transactions on Pattern Analysis & Machine Intelligence, 2015, 38 (9): 1844-1858.

[15] LEE D, OH J, LOH W K, et al. GeoVideoIndex: indexing for georeferenced videos[J]. Information Sciences, 2016, 374:210-223.

[16] CHIU C Y, TSAI T H, HSIEH C Y. Efficient video segment matching for detecting temporal-based video copies[J]. Neurocomputing, 2013, 105(3): 70-80.

[17] LU J, XU R, CORSO J J. Human action segmentation with hierarchical supervoxel consistency [C]. Boston: IEEE International Conference on Computer Vision and Pattern Recognition, 2015.

[18] ZHOU Z, SHI F, WU W. Learning spatial and temporal extents of human actions for action detection [J]. IEEE Transactions on Multimedia, 2015, 17(4):512-525.

[19] ZHU Y, NAYAK N M, ROYCHOWDHURY A K. Context-aware activity modeling using hierarchical conditional random fields. [J]. IEEE Transactions on Pattern Analysis & Machine Intelligence, 2015, 37(7):1360-1372.

[20] LEI J, ZHANG J, LI G, et al. Continuous action segmentation and recognition

using hybrid convolutional neural network-hidden Markov model model[J]. IET Computer Vision, 2016, 10(6):537-544.

[21] BHANDARI A K, KUMAR A, CHAUDHARY S, et al. A novel color image multilevel thresholding based segmentation using nature inspired optimization algorithms[J]. Expert Systems with Applications, 2016, 63(C):112-133.

[22] ZHANG J, SCLAROFF S. Exploiting surroundedness for saliency detection: A boolean map approach[J]. IEEE Transactions on Pattern Analysis & Machine Intelligence, 2016, 38(5):889-902.

[23] JOHN V, YONEDA K, LIU Z, et al. Saliency map generation by the convolutional neural network for real-time traffic light detection using template matching[J]. IEEE Transactions on Computational Imaging, 2015, 1(3): 159-173.

[24] GONG J, ASARE P, QI Y, et al. Piecewise linear dynamical model for action clustering from real-world deployments of inertial body sensors [J]. IEEE Transactions on Affective Computing, 2016, 7(3):231-242.

[25] SAARLANDES U D. Optic flow in harmony [J]. International Journal of Computer Vision, 2011, 93(3):368-388.

[26] WANG H, SCHMID C. Action recognition with improved trajectories [C]. Sydney: IEEE International Conference on Computer Vision, 2013.

[27] PENG X, ZOU C, QIAO Y, et al. Action recognition with stacked fisher vectors[C]. Berlin: European Conference on Computer Vision, 2014.

[28] DALAL N, TRIGGS B. Histograms of oriented gradients for human detection [C]. San Diego: IEEE Computer Society Conference on Computer Vision & Pattern Recognition, 2005.

[29] SUN L, JIA K, YEUNG D Y, et al. Human action recognition using factorized spatio-temporal convolutional networks [C]. Santiag: IEEE International Conference on Computer Vision, 2015.

[30] KARPATHY A, TODERICI G, SHETTY S, et al. Large-scale video classification with convolutional neural networks [C]. Columbus: IEEE Conference on Computer Vision and Pattern Recognition, 2014.

[31] DONAHUE J, HENDRICKS L A, ROHRBACH M, et al. Long-term recurrent convolutional networks for visual recognition and description[C]. Columbus: IEEE Conference on Computer Vision and Pattern Recognition, 2015.

[32] DENG L. A tutorial survey of architectures, algorithms, and applications for deep learning[J]. Apsipa Transactions on Signal & Information Processing,

2014(3):1-29.

[33] VEERIAH V, ZHUANG N, QI G J. Differential recurrent neural networks for action recognition[C]. Santiago: IEEE International Conference on Computer Vision, 2015.

[34] XIN M, ZHANG H, WANG H, et al. ARCH: Adaptive recurrent-convolutional hybrid networks for long-term action recognition[J]. Neurocomputing, 2015, 178:87-102.

[35] CAO X, ZHANG H, DENG C, et al. Action recognition using 3D DAISY descriptor[J]. Machine Vision and Applications, 2014, 25(1):159-171.

[36] IOSIFIDIS A, TEFAS A, PITAS I. Discriminant bag of words based representation for human action recognition[J]. Pattern Recognition Letters, 2014, 49:185-192.

[37] RIVERA A R, CASTILLO J R, CHAE O O. Local directional number pattern for face analysis: Face and expression recognition[J]. IEEE Transactions on Image Processing A Publication of the IEEE Signal Processing Society, 2013, 22(5):1740-1752.

[38] LYONS M J, BUDYNEK J, AKAMATSU S. Automatic classification of single facial images[J]. Pattern Analysis & Machine Intelligence IEEE Transactions on, 2002, 21(12):1357-1362.

[39] GU W, XIANG C, VENKATESH Y V, et al. Facial expression recognition using radial encoding of local Gabor features and classifier synthesis[J]. Pattern Recognition, 2012, 45(1):80-91.

[40] WANG L, LI R F, WANG K, et al. Feature representation for facial expression recognition based on FACS and LBP[J]. International Journal of Automation and Computing, 2014, 11(5): 459-468.

[41] WANG L, LI R F, WANG K. A novel automatic facial expression recognition method based on AAM[J]. Journal of Computers, 2014, 9(3):608-617.

[42] WANG L, LI R F, WANG K. Automatic facial expression recognition using svm based on AAM[C]. Hangzhou: Proceedings-2013 5th International Conference on Intelligent Human-Machine Systems and Cybernetic, 2013.

[43] WANG L, LI R F, WANG K. Feature representation by multiple local binary patterns for facial expression recognition[C]. Shenyang: The 11th World Congress on Intelligent Control and Automation, 2014.

[44] WANG L, LI R F, WANG K. OLPP-based gabor feature dimensionality reduction for facial expression recognition[C]. Hailar: 2014 IEEE International

Conference Information and Automation In conjunction with IEEE International Conference on Automation and Logistics, 2014.

[45] WANG L, WANG K, LI R F. Unsupervised feature selection based on spectral regression from manifold learning for facial expression recognition [J]. Computer Vision Iet. , 2015, 9(5):655-662.

[46] CAO C, SUN Y, LI R F, et al. Hand posture recognition via joint feature sparse representation[J]. Optical Engineering, 2011, 50(12):7210.

[47] WANG L, LI R F, FANG Y. Energy flow: Image correspondence approximation for motion analysis[J]. Optical Engineering, 2016, 55(4): 043109.

[48] WANG L, LI R F, FANG Y. Gradient-layer feature transform for action detection and recognition[J]. Journal of Visual Communication & Image Representation, 2016, 40: 159-167.

[49] WANG L, LI R F, FANG Y. Power difference template for action recognition [J]. Machine Vision & Applications, 2017,28(5-6):1-11.

[50] WANG L, GE L, LI R F, et al. Three-stream CNNs for action recognition[J]. Pattern Recognition Letters, 2017, 92(C):33-40.

[51] 程光. 人机交互系统中手势和姿势识别算法的研究[D]. 北京:清华大学, 2014.

[52] 顾立忠. 基于表观的手势识别及人机交互研究[D]. 上海:上海交通大学,2008.

[53] 王亮, 胡卫明, 谭铁牛. 人运动的视觉分析综述[J]. 计算机学报, 2002, 25(3):225-237.

[54] 凌志刚, 赵春晖, 梁彦, 等. 基于视觉的人行为理解综述[J]. 计算机应用研究, 2008, 25(9):2570-2578.

[55] 于秀丽,魏世民,廖启征. 仿人机器人发展及其技术探索[J]. 机械工程学报, 2009, 45(3): 71-75

[56] 王丽, 李瑞峰, 王珂. 多尺度局部二值模式傅里叶直方图特征的表情识别 [J]. 计算机应用,2014, 34(7): 2036-2039, 2065.

[57] 李瑞峰,王亮亮,王珂. 人体动作行为识别研究综述[J]. 模式识别与人工智能, 2014, 27(1): 35-48.

[58] 李瑞峰,曹雏清,王丽. 基于深度图像和表观特征的手势识别[J]. 华中科技大学学报(自然科学版), 2011, 39(S2), 88-91.

名词索引

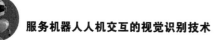